21世纪高等学校系列教材 | 计算机应用

U0655879

C语言课程设计

郭琛 戚海英 谷晓琳 主编

清华大学出版社
北京

内 容 简 介

本课程设计旨在深入探讨 C 语言的高级特性和应用,通过一系列实践项目,学生能够巩固和提升 C 语言编程技能。课程内容涵盖从 C 语言的基础语法到指针、函数、链表等核心概念。学生将通过完成多个实践项目提升对问题的解决能力和编程实践能力。此外,课程通过游戏编程,拓展编程思维,为学生将来开发复杂软件系统打下坚实基础。通过本课程的学习,学生不仅能掌握 C 语言的基础和精髓,还能理解软件开发基本流程,提高独立完成项目的能力。

本书可作为高等学校计算机类相关专业的本科教材,也可作为非计算机类本科教材和参考用书。本书同样适用于成人教育及自学考试用书,或作为计算机技术人员的学习参考书。

图书在版编目(CIP)数据

C 语言课程设计 / 郭琛,戚海英,谷晓琳主编. -- 北京:清华大学出版社,2025.9.
(21 世纪高等学校系列教材). -- ISBN 978-7-302-70316-7

Ⅰ. TP312.8

中国国家版本馆 CIP 数据核字第 20255LV340 号

责任编辑:贾 斌 薛 阳
封面设计:傅瑞学
责任校对:胡伟民
责任印制:沈 露

出版发行:清华大学出版社
　　　　网　　　址:https://www.tup.com.cn,https://www.wqxuetang.com
　　　　地　　　址:北京清华大学学研大厦 A 座　　　　邮　　编:100084
　　　　社 总 机:010-83470000　　　　　　　　　　　邮　　购:010-62786544
　　　　投稿与读者服务:010-62776969,c-service@tup.tsinghua.edu.cn
　　　　质量反馈:010-62772015,zhiliang@tup.tsinghua.edu.cn
　　　　课件下载:https://www.tup.com.cn,010-83470236
印 装 者:三河市科茂嘉荣印务有限公司
经　　销:全国新华书店
开　　本:185mm×260mm　　　印　　张:19.5　　　　　　字　　数:490 千字
版　　次:2025 年 9 月第 1 版　　　　　　　　　　　　　印　　次:2025 年 9 月第 1 次印刷
印　　数:1～1500
定　　价:59.80 元

产品编号:111973-01

前　言

课程设计是高等院校人才培养计划的重要组成部分,是对学生专业知识、综合素质和实际能力训练的重要方法,是人才培养质量的重要体现。目前,C语言课程设计方面的辅导资料非常少,学生在做课程设计时遇到了很大困难。基于这种情况,我们编写了这本《C语言课程设计》,以帮助学生深入理解C语言的各项知识点,熟练掌握利用C语言进行程序设计的原理和方法,提高C语言的编程能力,掌握高级程序设计语言的编程技巧,同时也帮助老师和学生解决在课程设计过程中遇到的一些常见的问题。

本书中所有程序都是基于C语言实现的,针对C语言的特点,本书共分为9章和附录。

第1章介绍了C语言的概念和常用的开发工具。简单介绍了C语言开发环境的下载、安装和使用方法,本书选用Dev-C++、Visual C++ 6.0和Linux C作为开发工具,所有程序均编译通过。

第2章主要介绍课程设计的指导工作,帮助指导老师和学生顺利地开展课程设计工作。

第3章是C语言基本知识点的概要介绍。

第4～8章按照"顺序和分支结构—循环结构—数组—结构体—函数"等知识点的顺序循序渐进,介绍各个案例的开发和实现过程。其中,第4章顺序和分支结构共包括6个案例,第5章循环结构共包括5个案例,第6章数组应用共包括7个案例,第7章结构体共包括4个案例。这4章的内容涉及的C语言知识点相对简单,有助于学生快速掌握C语言的基本语法、基本结构。第8章函数用法共包括7个案例,帮助学生在实践过程中,逐步建立起模块化的编程思想。第9章综合练习共包括7个案例,这部分涉及的知识点比较多,既帮助学生加深对C语言模块化设计、链表及文件操作等知识的掌握,也帮助学生理解系统开发的原理及流程。附录部分给出了两个经典小游戏——贪吃蛇和俄罗斯方块的设计和实现过程,帮助学生掌握C语言编程的技能,也帮助学生理解游戏开发的思想和原理。

全书共包括38个程序,由浅入深,每个程序都是典型的课程设计的案例。

本书可作为高等学校计算机、通信、电气电子等相关专业的本科生教材,也可作为成人教育及自学考试使用教材,或作为计算机技术人员的学习参考用书。

本书第1～7章和附录由郭琛编写,第8章由戚海英编写,第9章由谷晓琳编写。

由于编者水平有限,书中不足之处在所难免,欢迎广大同行和读者批评指正。

编　者

2025年1月

目 录

第 **1** 章

C语言简介

1.1 C语言的出现和发展

C语言诞生于20世纪70年代早期,早在1967年,英国剑桥大学的Martin Richards对CPL(Combined Programming Language)进行了简化,于是产生了BCPL(Basic Combined Programming Language)。

1970年,美国贝尔实验室的Ken Thompson以BCPL为基础,设计出简单且接近硬件的B语言(取BCPL的首字母),并且用B语言写了第一个UNIX操作系统。

1972年,美国贝尔实验室的D. M. Ritchie在B语言的基础上最终设计出了一种新的语言,他取BCPL的第二个字母作为这种语言的名字,这就是C语言。

1978年,美国电话电报公司(AT&T)的贝尔实验室正式发表了C语言。同一年,由B. W. Kernighan和D. M. Ritchie合著了著名的 *The C Programming Language* 一书,书中介绍的C语言成为后来广泛使用的C语言的基础,通常简称为K&R,也有人称之为K&R标准。

1983年,美国国家标准化协会(American National Standards Institute,ANSI)在此基础上制定了一个C语言标准,称为ANSI C。

1989年,修订了ANSI C标准,提出了ANSI 89 C。

1990年,国际标准化组织(International Organization for Standards,ISO)接受了ANSI 89 C为ISO C的标准(ISO 9899—1990)。

后来,国际标准化组织ISO又多次对C标准进行了修订。

目前流行的C语言编译系统大多是以ANSI C为基础进行开发的,但不同版本的C编译系统所实现的语言功能和语法规则略有差别。

C语言既具有低级语言的特性,可以访问硬件,又具有一般高级语言的特性,受到广大计算机爱好者的喜爱和学习。2001—2020年的TIOBE编程语言排行榜中,C语言始终位列前三,TIOBE编程榜中的数据来源于著名的搜索引擎(如Google、MSN、Yahoo!、Wikipedia、YouTube以及Baidu等),这一排行虽不能单纯地评价某一门编程语言的好与坏,但足以说明计算机爱好者们对于C语言的热爱程度。表1-1给出了1985—2020年间各编程语言受热爱程度的排行榜。

表 1-1　1985—2020 年编程语言受热爱程度排行榜

Programming Language	2020	2015	2010	2005	2000	1995	1900	1985
Java	1	2	1	2	3	-	-	-
C	2	1	2	1	1	2	1	1
Python	3	7	6	6	20	20	-	-
C++	4	3	3	3	2	1	2	9
C#	5	5	5	7	9	-	-	-
JavaScript	6	8	8	10	6	-	-	-
PHP	7	6	4	5	19	-	-	-
SQL	8	-	-	-	-	-	-	-
Switch	9	16	-	-	-	-	-	-
R	10	12	52	-	-	-	-	-

1.2　C 语言的特点

C 语言的特点有以下几个方面。

（1）简洁、紧凑，使用方便、灵活。C 语言一共有 32 个关键字和 9 种控制语句，程序书写自由灵活。32 个关键字由系统定义，不能用作其他用途，如下所示。

auto	break	case	char	const
continue	default	do	double	else
enum	extern	float	for	goto
if	int	long	register	return
short	signed	sizeof	static	struct
switch	typedef	unsigned	union	void
volatile	while			

（2）运算符丰富。C 语言共有 34 种运算符。C 语言把括号、赋值、逗号等都作为运算符处理，因此 C 语言的运算类型极为丰富，可以实现其他高级语言难以实现的功能。

（3）数据结构类型丰富。C 语言的数据类型有整型、实型、字符型、数组类型、指针类型、结构体类型、共用体类型等，能用来实现各种复杂的数据类型的运算，计算功能、逻辑判断功能强大。C 语言还引入了指针概念，使程序效率更高。另外，C 语言具有强大的图形功能，支持多种显示器和驱动器。

（4）具有结构化的控制语句。

（5）语法限制不严格，程序设计自由度大。

（6）C 语言允许直接访问物理地址。C 语言能进行位（bit）操作，能实现汇编语言的大部分功能，可以直接对硬件进行操作。因此有人称 C 语言为中间语言。

（7）生成的目标代码质量高，程序执行效率高。

（8）与汇编语言相比，用 C 语言编写的程序可移植性好。C 语言对程序员要求也较高，程序员用 C 语言写程序会感到限制少、灵活性大、功能强，但较其他高级语言在学习上要困难一些。

1.3　C语言上机调试的步骤和方法

C语言上机调试的步骤可以分为以下 4 步。

(1) 编辑：选择适当的编辑程序，将 C 语言源程序通过键盘输入计算机，并以文件的形式(C语言的源文件扩展名为".c")存入磁盘。

(2) 编译：编译是将源程序翻译成机器语言程序的过程。编译出来的程序称为目标程序(目标文件的扩展名是".obj")。

(3) 连接：编译后生成的目标文件经过连接后生成最终的可执行程序(可执行程文件的扩展名是".exe")。

(4) 运行：运行是将可执行的程序投入运行，以获取程序的运行结果。在操作系统中可以直接执行扩展名为.exe 的文件。

1.4　C语言的集成开发环境简介

C语言的开发工具有很多，常用的有 Visual C++、Dev-C++、Code∷Blocks、Visual Studio 等。

下面以 Dev-C++和 Visual C++ 6.0 为例，简单介绍 C 语言程序的开发环境。

1.4.1　Dev-C++的下载、安装和使用

1. Dev-C++的下载和安装

打开浏览器，在地址栏中输入下面的 Dev-C++开发工具的官方网站地址，下载 Dev-C++，官网下载页面如图 1-1 所示。

https://sourceforge.net/projects/orwelldevcpp/

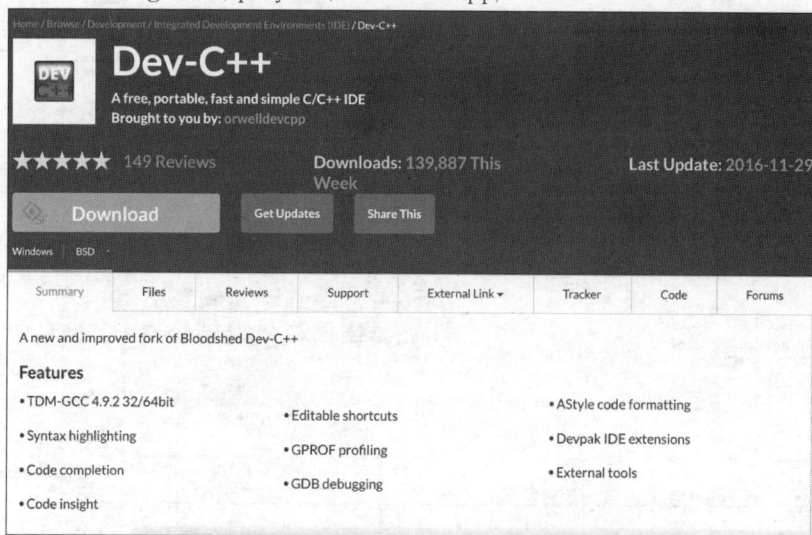

图 1-1　Dev-C++开发工具的官方网站下载页面

单击 Download 按钮即开始下载 Dev-C++的安装文件"Dev-Cpp 5.11 TDM-GCC 4.9.2 Setup.exe",用户可将其保存在计算机中指定的位置。

双击已下载的 Dev-C++安装文件"Dev-Cpp 5.11 TDM-GCC 4.9.2 Setup.exe",按照安装过程的提示进行安装即可。

2. Dev-C++的使用

第一次启动 Dev-C++,首先进入选择语言界面,如图 1-2 所示。单击 Next 按钮进入选择主题页面,如图 1-3 所示,在这个页面用户可以根据自己的喜好选择字体、颜色以及图标的样式。单击 Next 按钮进入开发主界面,如图 1-4 所示。

在菜单上选择"文件"→"新建"→"源代码",就新建了一个 C 语言源程序文件。下面开始编写第一个 C 语言程序。

```
#include "stdio.h"
main()
{
    printf("Hello World!");
}
```

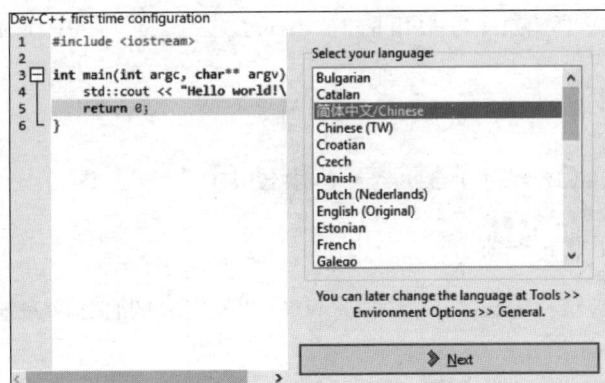

图 1-2　选择操作语言

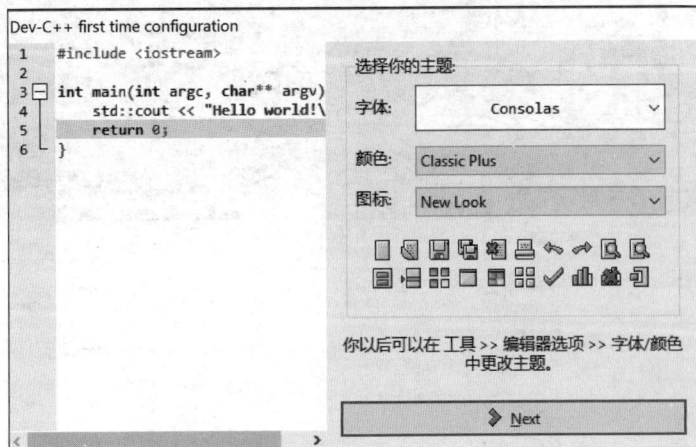

图 1-3　选择主题页面

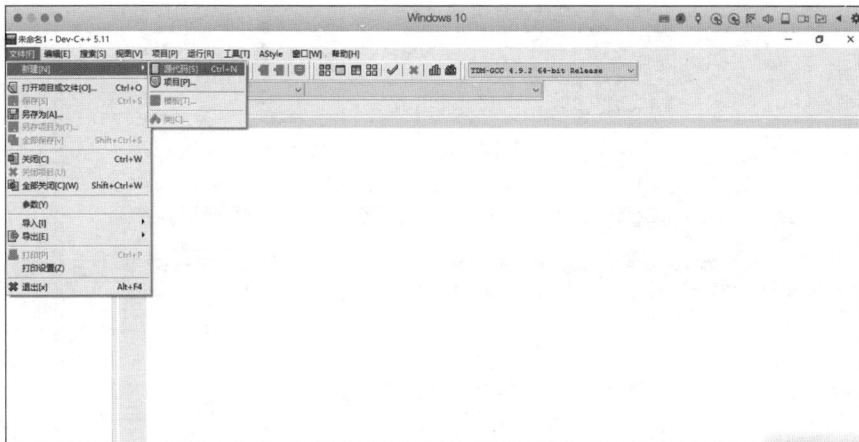

图1-4 Dev-C++程序开发主界面

编写完程序,在菜单中单击"文件"→"保存"后,将编写好的C语言源程序文件保存到计算机上,注意Dev-C++中源程序文件的扩展名是".cpp"。单击菜单"运行"→"编译"开始编译程序,Dev-C++的"编译"菜单如图1-5所示,如果编译通过,就可以单击"运行"执行编译通过的程序了;如果编译不通过,用户需要再次检查程序写得是否规范、是否合理。然后再执行"编译"→"运行"的过程。

1.4.2 VC++编程开发环境

Visual Studio(又名Developer Studio)是一个通用的应用程序集成开发环境,它不仅支持Visual C++,还支持Visual Basic、Visual J++、Visual InterDev等Microsoft系列开发工具。

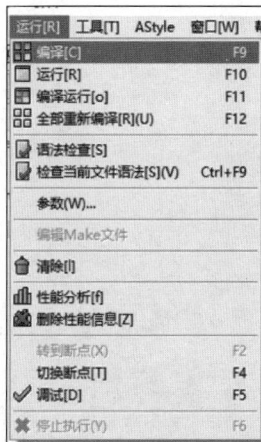

图1-5 Dev-C++程序"编译"菜单

1. 建立工程

Visual C++ 6.0提供工程(Project)来管理源程序文件,因此首先要学会建立自己的工程。例如,建立一个名为"c01"的工程,步骤如下。

Step 1:建立一个文件夹。本例中在C盘下建立一个名为"C LANGUAGE"的文件夹。

Step 2:在Visual C++ 6.0环境下,单击"文件"菜单,选择下拉菜单中的"新建"子菜单。在弹出的"新建"对话框中选择"工程"选项卡中的"Win32 Console Application(控制台应用程序)"。在"工程名称"文本框中填写工程名,即"c01",在"位置"文本框中选择Step 1中建好的文件夹,即"C:\C LANGUAGE"。单击"确定"按钮即完成工程的建立,如图1-6所示。

2. 建立文件

建完工程后,就可以建立文件了,建立文件的步骤如下。

Step 1:单击"文件",选择"新建"后,进入建立文件主界面,如图1-7所示。

Step 2:选择C++ Source File(C++源程序文件),填入文件名即可,此处取名为"helloworld",系统默认的扩展名是".cpp"。单击"确定"按钮即完成文件的建立。

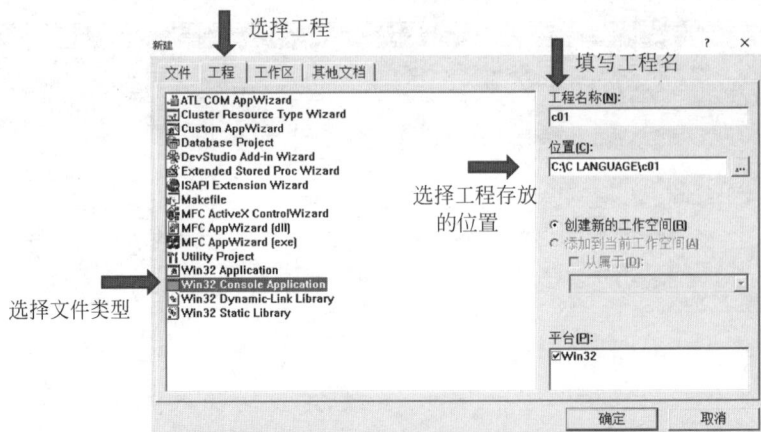

图 1-6　建立工程界面

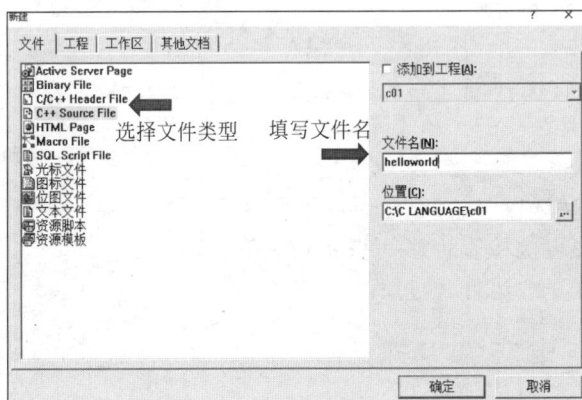

图 1-7　建立文件界面

3. 编译调试

　　建立文件后,就可以进入 Visual C++ 6.0 的开发主界面,如图 1-8 所示。写好程序后,单击"组建"菜单,选择"编译"子菜单进行编译,编译通过后单击"执行"就开始执行程序了。注意,只有编译后才会出现"执行"项操作,如图 1-9 所示。

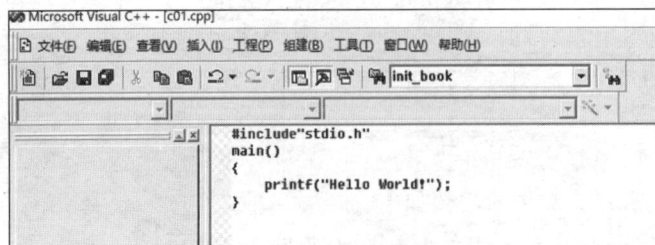

图 1-8　Visual C++ 6.0 的开发主界面

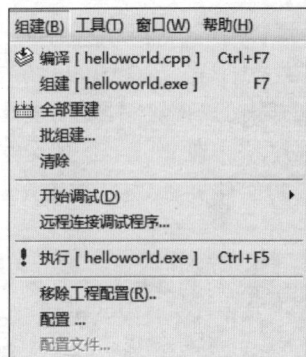

图 1-9　编译通过后才可以执行

1.4.3　Linux C 语言开发环境介绍

1. 文本编辑器

vim 和 emacs 是 Linux 下最常用的文本编辑器。vim 的前身是 vi 编辑器，vi 是 1976 年由 Bill Joy 开发的，后来他和其他人一起成立了 Sun Microsystems 公司并成为 Sun 的首席科学家。基于 vi 扩展出来的文本编辑器有很多，其中移植性最好、使用最广泛的就是 vim。vim 的界面如图 1-10（a）所示。emacs 也是一个很强大的文本编辑器，使用的人数仅次于 vim。emacs 的强大之处不仅在于它的文本编辑功能，它是一个全能的 IDE（集成开发环境），不但可以编写代码，还可以收邮件、管理 CVS（一个管理文件版本的工具）、上 irc（类似于 QQ 或 MSN 的即时通信工具）、看日历、听 MP3、管理文件、写 Wiki（知识库）甚至玩游戏。emacs 的界面如图 1-10（b）所示。

(a) vim的界面　　　　　　　　　　　　(b) emacs的界面

图 1-10　vim 和 emacs

相对来说，这两种文本编辑器都有一个陡峭的学习曲线。但是，学会以后双手即可以不离开键盘来完成所需要的全部功能并且速度飞快。许多著名的程序员或者黑客都使用这样的文本编辑器，包括影视作品中都有这样的场景，操纵这样的文本编辑器就如同驾驶宇宙飞船。由于篇幅限制，这里不详细讲解其使用方法。读者可以参考软件自带的帮助文档，该帮助文档如同软件本身一样是非常出色的。

2. 编译与调试

用文本编辑器编写完源代码文件以后需要经过编译连接才能生成可执行文件在计算机上运行。那么，Linux 下编译连接的工具是什么呢？就是大名鼎鼎的 GCC（GNU Compiler Collection，GNU 编译器集合）。那么 GNU 又是什么呢？GNU 是 GNU's not UNIX 的缩写，单从英文表面上看，GNU 是个递归的解释，其实，GNU 是基金会组织的代号。该组织在 1984 年开发了一套很像 UNIX 的自由软件 GNU system，GCC 就是其中之一。在 Linux 系统下的开发，绝大多数使用的都是 C 语言，而 GCC 是 Linux 下最常用的 C 语言编译器，它是 GNU 项目中符合 ANSI C 标准的编译系统，能够编译 C 和 C++。GCC 不仅功能非常强大，结构也非常灵活。

对源代码编译以后,还需要对代码进行调试,Linux下的调试器最著名的当属gdb了。gdb(GNU DeBugger)是GNU的调试器,一般和GCC配搭使用。gdb可以设置断点,让程序在希望的地方停下来,此时可以查看变量、寄存器、堆栈以及内存的值,更进一步地还可以修改内存中的值。当然,gdb仅仅是一个调试器,没有图形化的界面,虽然能用但是不太方便,如果想更方便地使用它,则需要一些外壳程序或者使用集成开发环境(IDE)。

3. make 与 makefile

如果一个应用程序的源代码个数比较少,层次结构比较简单,还是可以使用GCC直接在终端控制台下编译的。但是在通常情况下,一个应用程序不会那么简单,都有复杂的层次结构等,这样的程序在编译时,直接用控制台编译是不现实的,这就需要使用GNU make来构建和管理自己的工程。GNU的make工具能够比较容易地构建一个属于自己的工程,整个工程的编译只需要一个命令就可以完成编译、连接直至最后的执行。不过,使用这个工具就需要学习编写所谓的makefile文件。makefile文件是使用make工具的基础。那么makefile文件中究竟有什么内容呢?

makefile文件描述了整个工程的编译、连接等规则,其中包括工程中的哪些源文件需要编译以及如何编译、需要连接哪些库文件以及如何产生最终的可执行文件等。尽管看起来可能是很复杂的事情,然而编写一个makefile之后的好处是,以后只要在需要的时候就能够使用一行命令来完成"自动化编译",编译整个工程需要做的就是在Shell提示符下输入make命令。整个工程完全自动编译,极大地提高了效率。

make是一个命令行工具,它用来解释makefile中的规则。这些规则告诉make有哪些源代码以何种方式编译,编译的时候有哪些库文件需要连接,连接完的程序是什么样子的等。学会使用make工具和编写makefile文件是学会Linux编程必不可少的一部分。同样,在接下来要介绍的IDE中虽然看不到它们,但这些工具使用的也是make和makefile。

4. 集成开发环境

正如在Windows下使用的Visual C++一样,Linux下也有很多集成开发环境(IDE)。它们的功能同样出色,虽然在一些地方不如Visual C++那样方便,但它们都有一个共同的特点,那就是免费。下面主要介绍4个著名的IDE,课程设计的源代码就是使用下面介绍的Code::Blocks编辑、编译并调试的。读者可以选择自己喜欢的开发工具进行开发。

1) Anjuta

Anjuta是一个C/C++的集成开发环境(IDE),它是为GTK+/GNOME编写的,并具备一系列高级开发功能。它为Linux/UNIX系列的各种命令行程序工具提供图形接口。Anjuta致力于解决复杂问题并为功能强大的字符工具提供简单易用的GNOME图形用户接口,其尽可能地被设计成用户友好的操作方式。

Anjuta DevStudio的官方网址为http://anjuta.sourceforge.net/。

Anjuta DevStudio具有以下功能特点。

(1) 完全可定制的集成编辑器,支持自动亮显语法、代码折叠/隐藏和代码自动完成等。

(2) 高度交互的源代码级别的调试器,能够使用单步执行以及断点/观察/信号/堆栈操作。

（3）内建应用程序向导用来创建终端/GTK/GNOME 应用程序。

（4）动态标记浏览、函数定义、结构和类等，可以通过鼠标单击来打开。

（5）支持多种语言，如 Java、Perl、Pascal 等。

Anjuta 界面如图 1-11 所示。

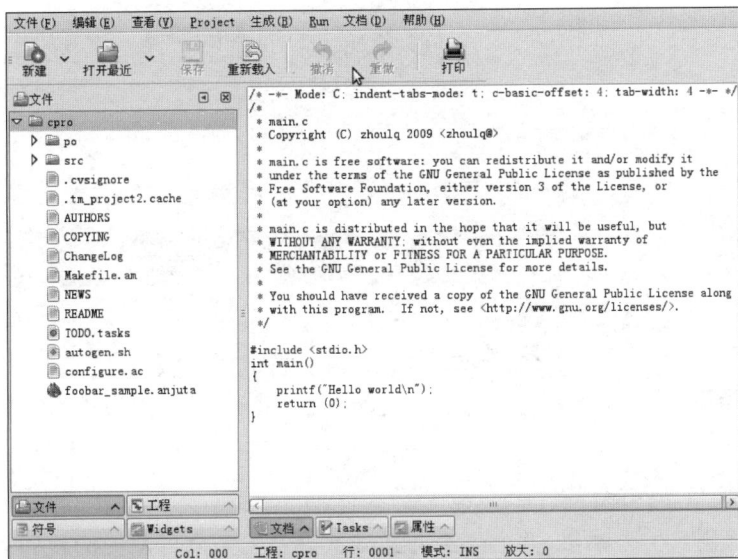

图 1-11　Anjuta 界面

2）Code：：Blocks

Code：：Blocks 是一个开放源码的全功能的跨平台 C/C++ 集成开发环境。Code：：Blocks 由纯粹的 C++ 语言开发完成，使用了著名的图形界面库 wxWidgets。它支持 Windows 和 Linux 的主要版本。

Code：：Blocks 的官方网址为 http：//www.codeblocks.org。

Code：：Blocks 具有以下功能特点。

（1）提供了许多工程模板，包括控制台应用、动态连接库、静态库、OpenGL 应用、wxWidgets 应用等。另外，它还支持用户自定义工程模板。

（2）支持语法彩色醒目显示，支持代码完成以及工程管理、项目构建和调试。

（3）支持插件，目前的插件包括代码格式化工具 AStyle、代码分析器、类向导、代码补全和代码统计等。

（4）具有灵活而强大的配置功能，除支持自身的工程文件、C/C++ 文件外，还支持 Python、D 语言文件等。

Code：：Blocks 界面如图 1-12 所示。

3）Eclipse

Eclipse 是由 IBM 等公司资助的免费的开源开发环境，其功能可以通过插件方式进行扩展。尽管 Eclipse 主要是一个 Java 开发环境，但其体系结构确保了对其他编程语言的支持。最新的集成了 Mylyn 的 Eclipse C/C++开发环境可以从 Eclipse 的官方网址下载得到。Eclipse 本身是 Java 应用程序，因此在使用之前需要先安装 Java 运行环境。

Eclipse 的官方网址为 http：//www.eclipse.org。

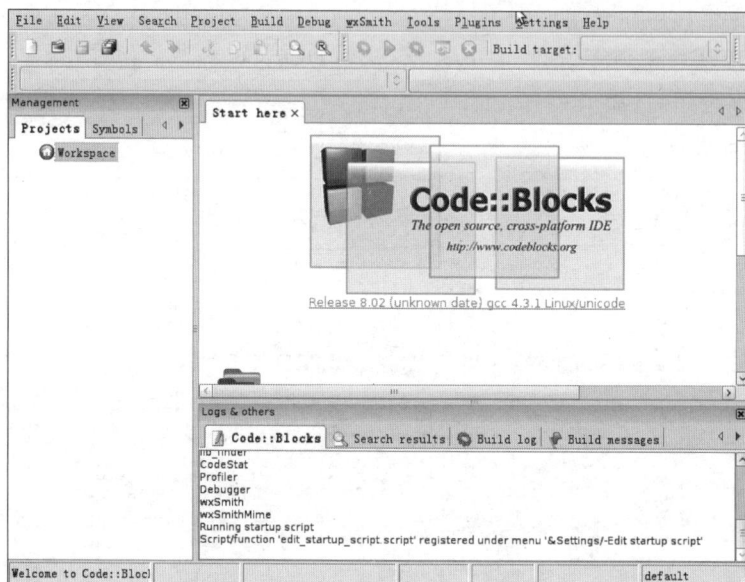

图 1-12   Code::Blocks 界面

Eclipse 具有以下功能特点。

（1）能够识别 C/C++语法，并为语法突出显示提供了完全可配置的代码着色以及代码格式化功能。

（2）提供了 Outline 窗口模块，为代码中的有关变量、声明以及函数提供了快速视图。

（3）代码完成功能，使用标准 C/C++语言语法结构的代码模板来实现代码完成功能。

（4）可以跟踪项目源代码中的本地更改的历史记录。

Eclipse 界面如图 1-13 所示。

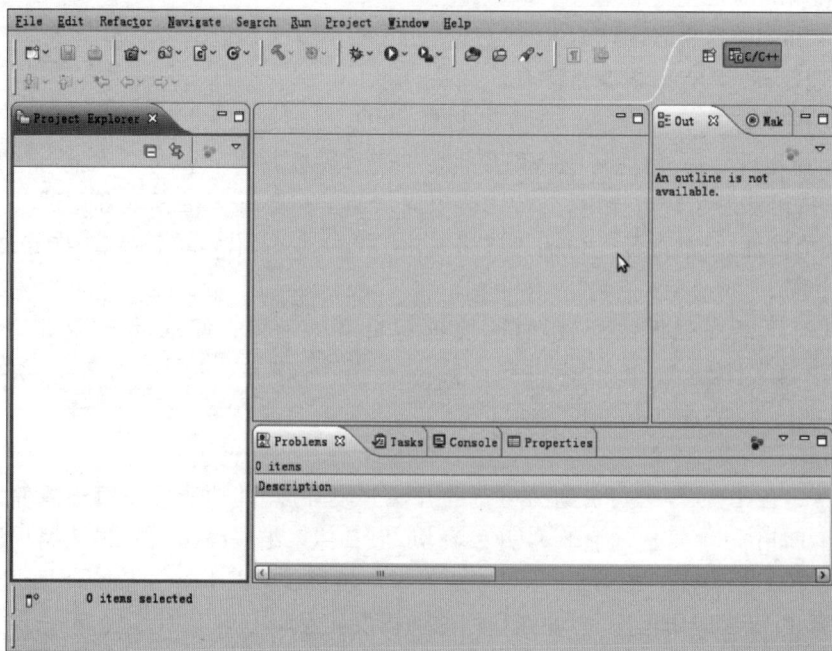

图 1-13   Eclipse 界面

4）NetBeans

NetBeans 是一个为软件开发者提供的自由、开源的集成开发环境，支持 Java、C/C++ 和 Ruby 等语言的开发，可以创建专业的桌面应用程序、企业应用程序、Web 和移动应用程序。NetBeans IDE 包含支持 C 和 C++ 以及相应项目模板的项目类型，并支持使用动态库和静态库创建 C/C++ 应用程序，也可以通过现有代码创建 C/C++ 项目。

NetBeans 的官方网址为 http://www.netbeans.org/。

NetBeans 具有以下功能特点。

（1）支持语法和语义突出显示、改进的代码完成、自动缩排和格式设置、错误突出显示、括号匹配、代码折叠和模板。

（2）集成多段 GNU gdb 调试器。可以设置行和函数断点以及检查调用栈和本地变量，创建监视程序以及查看线程。

（3）可以指定编译器、预处理器定义等。

（4）Makefile 向导允许定义和管理目标及配置。

NetBeans 界面如图 1-14 所示。

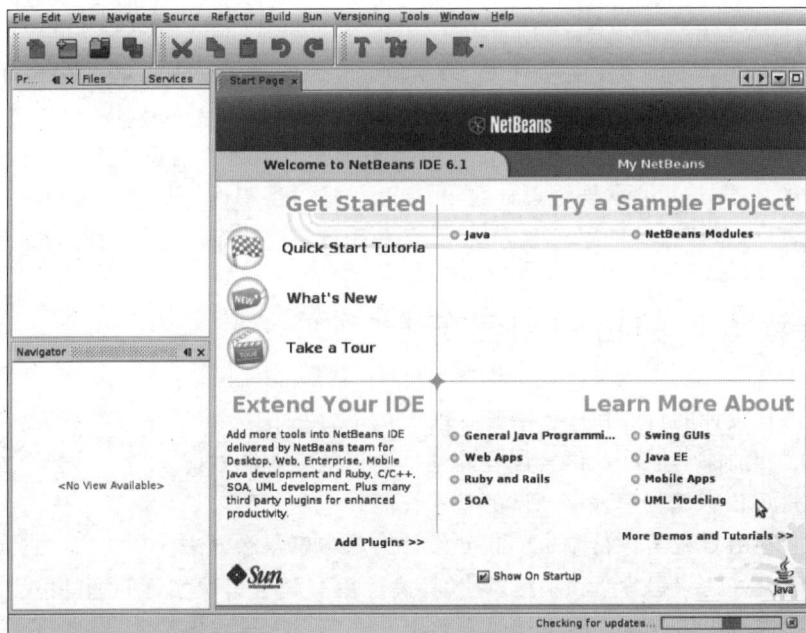

图 1-14　NetBeans 界面

第 2 章

课程设计指导

  课程设计是重要的实践教学环节,是在教师的具体指导下,对学生进行阶段性的单体或单元设计、生产工序或工艺过程设计方面的专业技术训练。其目的在于培养学生独立分析问题和解决问题的能力,为学生提供了一个既动手又动脑,独立实践的机会;将课本上的理论知识和实际应用问题进行有机结合,提高学生程序设计、程序调试及项目开发能力,以培养学生综合运用所学理论知识,分析和解决实际问题的能力,锻炼学生的独立工作能力和协作能力。

  C 语言课程设计是在学生学习完"C 语言程序设计"课程后进行的一次全面的综合练习。为后续课程("数据结构""面向对象程序设计""Internet 与 Java 程序设计"等)奠定必要的实践基础。本课程设计是利用 C 语言理论和实验课中学到的编程知识和编程技巧,布置具有一定难度、一定编程量的课程设计题目,使学生通过课程设计掌握高级编程语言的知识和编程技术,掌握程序设计的思想和方法,具备利用计算机求解实际问题的能力。

2.1 课程设计的目的和任务

  C 语言课程设计的目的和任务主要有以下几点。

(1) 巩固和加深学生对 C 语言课程的基本知识的理解和掌握。

(2) 掌握 C 语言编程和程序调试的基本技能。

(3) 掌握利用 C 语言进行基本的软件设计的基本思路和方法。

(4) 形成良好的编程习惯和编程风格,提高运用 C 语言解决实际问题的能力。

(5) 掌握书写程序设计说明文档的能力。

2.2 课程设计内容

  课程设计的题目应提前一周布置,以便学生做好充分准备。课程设计主要分为以下几个阶段。

(1) 资料查阅与方案制定阶段。

在资料查阅的基础上,学生对所选课题进行功能分析与设计,确定方案。

(2) 程序编制与调试阶段。

学生在指导老师的指导下独立完成程序的编制与调试,指导老师应实时考查学生的实际编程与调试能力。

（3）撰写设计报告阶段。

学生根据规定的格式撰写课程设计报告。

（4）答辩与考核阶段。

答辩既可以用语言表达的方式，也可以直接在机房中进行实际操作与调试。指导教师将综合每一位学生的表现及能力进行综合评分。

2.3 课程设计教学基本要求

学生在完成 C 语言课程设计时，应满足以下要求。

（1）要求利用 C 语言面向过程的编程思想来完成系统设计。

（2）突出 C 语言的函数特征，以多个函数的形式实现每一个子功能。

（3）具有清晰的数据结构的详细定义。

（4）对选定题目完成以下几部分工作：①功能需求分析；②总体设计；③详细设计；④编码和测试。

学生完成设计任务后，应按要求提交以下内容的报告。

（1）课程设计说明书电子版。学生所做内容包括几个综合性程序设计，每个综合性程序设计题目都要包含如下几个方面的内容。

① 系统分析与设计：设计合理的数据结构和系统框架，完成设计的结构图。

② 系统实现：程序编码，程序功能齐全，能正确运行。

③ 调试分析，测试结果。

（2）课题完成后必须按要求提交课程设计说明书（报告）。

（3）根据所做内容进行验收（答辩）。

2.4 软件开发各阶段任务简介

软件开发一般分为以下 5 个阶段。

1. 问题的定义及规划

此阶段是软件开发与需求分析功能与性能的依据，主要确定软件的开发目标及其可行性。

此阶段的主要任务如下。

（1）调研问题的背景。

（2）明确待开发系统要实现的目标、功能和规模。

（3）明确问题性质、范围。

（4）提出待开发系统的目标要求及总体要求。

（5）提出待开发的条件和环境要求。

2. 需求分析

需求分析是指开发人员要准确理解用户的要求,进行细致的调查分析,将用户非形式的需求陈述转换为完整的需求定义,再由需求定义转换到相应的形式功能规约(需求规格说明)的过程。需求分析虽处于软件开发过程的开始阶段,但它对于整个软件开发过程以及软件产品质量是至关重要的。

需求分析的基本任务是要准确地定义新系统的目标,回答系统必须"做什么"的问题。

结构化分析(Structure Analysis,SA)是面向数据流进行需求分析的方法。SA 也是一种建模活动,该方法使用简单易读的符号,根据软件内部数据传递和变换的关系,自顶向下逐层分解,描绘出满足功能要求的软件模型。SA 分析步骤如下。

(1) 了解当前系统的工作流程,获得当前系统的物理模型。

(2) 抽象出当前系统的逻辑模型。物理模型反映了系统"怎样做"的具体实现,去掉物理模型中非本质的因素,抽象出本质的因素。

(3) 建立目标系统的逻辑模型。目标系统是指待开发的系统。分析和比较目标系统与当前系统逻辑上的差别,然后对"变化的部分"重新分解,分析人员根据自己的经验,采用自顶向下逐步求精的分析策略,逐步确定变化部分的内部结构,从而建立目标系统的逻辑模型。

(4) 进一步补充和优化。

3. 软件设计

此阶段中要根据需求分析的结果,对整个软件系统进行设计,如系统框架设计、数据库设计等。好的软件设计将为软件程序编写打下良好的基础。软件设计一般分为总体设计和详细设计。

为了实现目标系统,首先进行软件总体设计,具体步骤为以下几个方面。

(1) 采用某种设计方法,将一个复杂的系统按功能划分成模块。

(2) 确定每个模块的功能。

(3) 确定模块之间的调用关系。

(4) 确定模块之间的接口,即模块之间传递的信息。

(5) 评价模块结构的质量。

详细设计阶段主要确定每个模块的具体执行过程,其主要任务如下。

(1) 为每个模块进行详细的算法设计。

(2) 为模块内的数据结构进行设计。

(3) 对数据库进行物理设计,即确定数据库的物理结构。

(4) 其他设计。根据软件系统的类型,还可能要进行代码设计、输入/输出格式设计和人机对话设计。

(5) 编写详细的设计说明书。

(6) 评审。

4．程序编码

此阶段是将软件设计的结果转换为计算机可运行的程序代码。在程序编码中必定要制定统一、符合标准的编写规范，以保证程序的可读性、易维护性，提高程序的运行效率。有许多因素制约和影响着软件的质量和可维护性，包括语言的选择，不同的应用领域应该选择不同的编程语言。以下几个方面可以用来评价程序设计的质量。

（1）正确性。

（2）结构清晰性。

（3）易修改性。

（4）易读性。

（5）简单性。

5．软件测试

软件测试是为了发现程序中的错误而执行程序的过程。一个好的测试用例能够发现至今尚未发现的错误。整个测试阶段分为单元测试、组装测试、系统测试三个阶段。测试方法主要有白盒测试和黑盒测试。

2.5　课程设计选题及考核

2.5.1　课程设计选题

恰当的选题是开展课程设计的前提，课程设计题目选择得是否合适，直接关系到它的教学效果。一般来讲，课程设计选题应该考虑以下几个方面。

（1）首先要符合教学要求，使学生能够运用理论课程中所学的基本知识，进行基本技能方面的训练。

（2）主要内容应当是学生在理论课程中学过的知识，若有需要扩展的知识，应在设计过程中补充讲解。

（3）应尽量使用最近学习的开发工具，并结合其教授课程的知识点，内容进一步延伸，在实用方面具有更强的针对性。

（4）题目具有较好的代表性，选题应尽可能结合生产、科研、管理、教学等方面的实际需要，也可以选用符合教学要求的模拟题目。

（5）课题指标可从学生实际出发，做到难易适中，因人而异，让不同程度的学生经过努力都能够完成任务，有所收获。

（6）难易程度要适当，以学生可以在 2～4 周的规定时间内完成为宜。

（7）选题一般由指导教师下达，可以每人独立完成相同的题目，也可以根据选题难度情况，对学生进行分组，如 5～6 人一组，每组共同完成一题。

2.5.2　课程设计考核

课程设计最后由指导教师根据学生在设计中的平时表现(出勤、动手能力、独立分析解决问题的能力、创新能力等)、任务的完成情况(程序和课程设计报告的质量)、答辩的水平等综合给学生打分。成绩评定实行优秀、良好、中等、及格和不及格 5 个等级。优秀者人数一般不得超过总人数的 15%。不及格者不能得到相应的学分,需重新做课程设计,经指导教师考核及格后,方可取得相应学分。最后的成绩评定可以参考如表 2-1 所示的标准。

表 2-1　课程设计考核评分标准

序号	标　准
1	工作态度与遵守纪律的情况(10 分)
2	掌握基本理论、关键知识、基本技能的程度和阅读参考资料的水平(10 分)
3	独立工作能力、综合运用所学知识分析和解决问题能力及实际工作能力提高的程度(20 分)
4	完成说明书及软件源代码的情况与水平(工作量及实际运行情况和创新性)(60 分)

在设计过程中,可以由老师进行 2~3 次的进度检查,记录学生的工作进展情况。采用进度检查的方式能够更好地控制学生设计工作的真实性,可以作为指导老师最后评定成绩的一个重要标准。

学生在设计课程结束后,上交一份课程设计报告,同时把个人完成的软件源代码一起上交,作为指导老师评定最后成绩和成绩复查时的资料。指导老师也可以根据课程特点,要求学生上交其他文档和资料。

课程结束后,指导老师给出成绩,并根据情况填写课程设计总结报告。

第 **3** 章

C语言基本知识点

3.1　C语言基本语法概述

3.1.1　C语言的数据类型

所谓数据类型是按被定义变量的性质、表示形式、占据存储空间的多少、构造特点来划分的。在 C 语言中,数据类型可分为基本数据类型、构造数据类型、指针类型、空类型 4 大类,如图 3-1 所示。

（1）基本数据类型。基本数据类型最主要的特点是,其值不可以再分解为其他类型。C 语言的基本数据类型包括整型、实型、字符型。

（2）构造数据类型。构造数据类型是根据已定义的一个或多个数据类型用构造的方法来定义的。也就是说,一个构造类型的值可以分解成若干个"成员"或"元素"。每个"成员"都是一个基本数据类型或者是一个构造类型。

在 C 语言中,构造类型有以下几种。

① 数组类型。

② 结构体类型。

③ 共用体类型。

④ 枚举类型。

```
                         ┌ 整型
           基本数据类型 ┤ 实型（浮点型）
                         └ 字符类型
                         ┌ 数组类型
数据类型 ┤ 构造数据类型 ┤ 结构体类型
           │             │ 共用体类型
           │             └ 枚举类型
           │ 指针类型
           └ 空类型
```

图 3-1　C 语言数据类型

（3）指针类型。指针是一种特殊的具有重要作用的数据类型。其值用来表示某个变量在内存储器中的地址。虽然指针变量的取值类似于整型量,但是两个类型完全不同,不能混为一谈。

（4）空类型。空类型是指在定义的时候不确定数据类型,而在使用的时候通过强制转换来确定的数据类型。空类型一般用关键字 void 修饰,如 void ＊ p2；

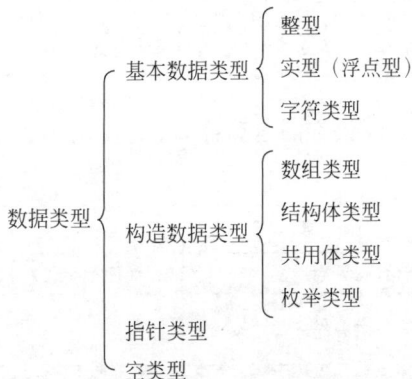

3.1.2　常量与变量

对于基本数据类型量,按其取值是否可改变又分为常量和变量两种。在程序执行过程中,其值不发生改变的量称为常量,其值可以发生改变的量称为变量。它们可与数据类型结合起来分类。例如,可分为整型常量、整型变量、实型常量、实型变量、字符常量、字符变量、枚举常量、枚举变量等。在程序中,常量是可以不经说明直接引用的,而变量则必须先定义后使用。

3.1.3　基本数据类型

(1) 整型。整型变量的基本类型符为 int。根据数值的范围,可以将变量定义为基本整型、短整型和长整型。基本整型以 int 表示,短整型以 short int 或 short 表示,长整型以 long int 或 long 表示。

(2) 实型。实型分为单精度(float 型)、双精度(double 型)和长双精度型(long double)三类。

(3) 字符型。字符型变量以 char 表示。

基本数据类型的定义通常为:类型关键字 变量名[＝初始化数据]。例如,int a;或 float s＝0.0;。

3.2　运算符和表达式

C 语言的运算符如表 3-1 所示。

表 3-1　C 语言的运算符

运　算　符	说　　　明
算术运算符	＋(加)、－(减)、*(乘)、/(除)、%(求余)
关系运算符	＞(大于)、＜(小于)、＝＝(等于)、＞＝(大于或等于)、＜＝(小于或等于)、!＝(不等于)
逻辑运算符	!(非)、&&(与)、‖(或)
位运算符	<<(左移)、>>(右移)、&(按位与)、|(按位或)、^(按位异或)、～(按位取反)
赋值运算符	＝及复合赋值运算符
条件运算符	?:
逗号运算符	,
指针运算符	* 和 &
求字节数运算符	sizeof
强制类型转换运算符	(类型)
分量运算符	.和->
下标运算符	[]

3.3　程序基本结构

C语言程序设计的基本结构可以分为顺序结构、选择(分支)结构和循环结构。

3.3.1　顺序结构

顺序结构是C语言最基本的结构,程序按照书写的顺序执行,从编译预处理开始,直到最后一条语句结束。该过程中没有跳转、循环等结构。

3.3.2　选择(分支)结构

选择结构是用来判定所给定的条件是否满足,根据判定的结果("真"或"假")决定执行给出的两种操作之一。选择结构主要是通过if语句和switch语句实现的。

1. if语句

if语句是用来判定所给定的条件是否满足,根据判定的结果("真"或"假")决定执行给出的两种操作之一。

C语言提供了以下4种形式的if语句。

(1) 单分支格式:

```
if(表达式)
   语句
```

(2) 双分支格式:

```
if(表达式)
   语句1
else
   语句2
```

(3) 多分支格式:

```
if(表达式1)
     语句1
else if(表达式2)
       语句2
else if(表达式3)
       语句3
       ⋮
else if(表达式m)
       语句m
else
       语句n
```

(4) 嵌套的分支格式:

```
if(表达式1)
  if(表达式2)
    语句1
```

```
    else
        语句 2
else
    if(表达式 3)
        语句 3
    else
        语句 4
```

2. switch 语句

switch 语句是多分支选择语句,用来实现多分支选择结构。它的一般形式如下。

```
switch(表达式)
{
        case 常量表达式 1:语句 1
        case 常量表达式 2:语句 2
          ⋮
        case 常量表达式 n:语句 n
        default: 语句 n+1
}
```

3.3.3 循环结构

程序中出现反复执行相同的操作时,就要用到循环结构。C 语言中的循环语句有三种,即 while、do…while 和 for。用 goto 语句和 if 语句也能构成循环。

1. while 语句

while 语句的一般形式为

```
while(表达式)
    循环体
```

其执行过程如下。
(1) 计算 while 后面圆括号中表达式的值,若其结果为非 0,转(2);否则转(3)。
(2) 执行循环体,转(1)。
(3) 退出循环,执行循环体下面的语句。

2. do…while 语句

do…while 语句的一般形式为

```
do
    循环体
while(表达式);
```

其执行过程如下。
(1) 执行循环体,转(2)。
(2) 计算 while 后面圆括号中表达式的值,若其结果为非 0,转(1);否则转(3)。
(3) 退出循环,执行循环体下面的语句。

3. for 语句

for 语句的一般形式为

for(表达式 1;表达式 2;表达式 3)
  循环体

其执行过程如下。

(1) 计算表达式 1,转(2)。

(2) 计算表达式 2,若其值为非 0,转(3);否则转(5)。

(3) 执行循环体,转(4)。

(4) 计算表达式 3,转(3)。

(5) 退出循环,执行循环体下面的语句。

4. break 语句

break 语句的一般形式为

break;

break 语句用于 switch 语句时,退出 switch 语句,程序转至 switch 语句下面的语句;用于循环语句时,退出它所在的循环体,程序转至循环体下面的语句。

5. continue 语句

continue 语句的一般形式为

continue;

continue 语句的功能是结束本次循环,跳过循环体中尚未执行的部分,进行下一次是否执行循环的判断。在 while 语句和 do…while 语句中,continue 把程序控制转到 while 后面的表达式处,在 for 语句中 continue 把程序控制转到表达式 3 处。

3.4　数组

3.4.1　一维数组

数组是具有相同数据类型的数据的有序集合,并且用唯一的名字来标识,其元素可以通过下标来引用。

通常,一维数组的定义方式为

类型标识符 数组名[元素个数];

例如:

char a[10];

其中,"数组名"与普通变量的命名规则相同,是一个合法的标识符;"类型标识符"说明该数组元素的数据类型;方括号[]中的"元素个数"必须是一个整型常量,不能含有变量,称为数组长度,即数组中的元素个数。一维数组元素的引用有以下几种方式。

(1) 通过数组的首地址引用数组元素。

(2) 通过指针来引用一维数组元素。

(3) 用带下标的指针变量引用一维数组元素。

数组不能作为整体来操作(字符串除外),只能单独使用数组的元素,而每个元素是用数组名和下标来表示的。

数组名[下标].

其中,下标是一个整型表达式,从 0 开始。

一个带下标的数组元素与普通变量完全相同,或者说,数组名、[ ]和下标构成了一个特殊的变量名。

3.4.2　多维数组

在多维数组里常用的是二维数组,这里重点讲述二维数组的相关知识。

二维数组的定义格式为

类型说明符 数组名[常量表达式][常量表达式];

二维数组是一种特殊的一维数组,其中的一个元素又是一个一维数组;二维数组中元素排列的顺序是:按行存放,即在内存中先顺序存放第一行的元素,再存放第二行的元素。

若定义 int * p,a[3][4];,注:* 是指针变量的标志,指针变量的详细介绍参见 3.7 节的内容:

(1) 通过地址引用二维数组元素,地址的表示形式有以下 5 种。

① a[i][j];

② *(a[i]+j);

③ *(*(a+i)+j);

④ (*(a+i))[j];

⑤ *(&a[0][0]+4*i+j)或 *(a[0]+4*i+j)

其中,0≤i<3,0≤j<4。

(2) 通过建立一个指针数组来引用二维数组元素。例如,定义一个指向一维数组的指针变量 int (*p)[4];,通过 p 间接访问二维数组中的数组元素,其形式为 *(*(p+i)+j)。

3.4.3　字符数组

字符数组的定义与普通数组的定义类似,只是"类型标识符"固定为 char。字符数组元素的引用与普通数组相同。在 C 语言中,可以将字符串作为字符数组来处理。为了测定字符串的实际长度,C 语言规定一个"字符串结束标志",用转义字符'\0'来表示。

有了结束标志'\0'后,字符数组的长度就显得不那么重要了。在程序中,往往依靠检测'\0'的位置来判定字符串是否结束,而不是根据数组的长度来决定字符串长度。

因此,在定义存储字符数组时,总需要将数组的长度定义为字符串中包含的字符个数加 1 并附加上字符'\0'。

'\0'、0 和'0'的区别:字符'\0'就是 ASCII 表中的第一个字符,它的值为整数 0,故字符

'\0'相当于整数 0。但字符'0'是一个数字字符，ASCII 码值为 48，即字符'0'相当于整数 48。

3.5 函数

一个较大的程序一般应分为若干个程序模块，每一个模块用来实现一个特定的功能。在 C 语言中用函数来实现模块的功能。

一个 C 语言程序可由一个主函数和若干个其他函数构成。由主函数调用其他函数，其他函数之间也可以相互调用，但不能调用主函数。同一个函数可以被一个或多个函数调用任意多次。

3.5.1 函数的分类

函数是一个完成特定工作的独立程序模块，从用户使用角度看，函数有以下两种。

（1）系统函数（即库函数）。库函数由 C 系统提供，用户不需要定义，也不必在程序中进行说明，只需要在预处理中包含该函数原型的头文件即可在程序中直接调用，如 printf、scanf、getchar、strcmp 等函数都属于此类。

（2）用户自定义函数。即由用户按需要编写的函数。对于用户自定义函数，不仅要在程序中定义函数本身，而且要在主调函数中对被调函数进行说明，然后才能调用。

从函数的形式看，函数又分为以下两类。

（1）无参函数。函数定义、函数说明及函数调用中均不带参数，主调函数与被调函数之间不进行参数传送。此类函数通常用来完成一组指定的功能，可以返回也可以不返回函数值。

（2）有参函数。也称为带参函数，在函数定义及函数说明时都有参数，称为形式参数（简称为形参），在函数调用时也必须给出参数，称为实际参数（简称为实参）。进行函数调用时，主调函数将实参的值传送给形参，供被调函数使用。

3.5.2 函数的定义

1. 无参函数的定义形式

```
类型标识符 函数名( )
{
    声明部分
    语句
}
```

用"类型标识符"指定函数返回值的类型，即函数应该带回来的值的类型。无参函数一般不需要带回函数值，因此，可以不写"类型标识符"。

2. 有参函数的定义形式

```
类型标识符 函数名(形式参数表列)
{
    声明部分
```

      语句

}

如果在定义函数时不指定函数类型,系统会默认指定函数类型为 int 型。

3. 空函数

空函数的一般定义形式为

类型标识符 函数名()

{ }

调用这样的函数时,什么工作也不做,没有任何实际作用,只是先占一个位置,说明此处要调用一个函数。这样做,程序的结构清楚,可读性好,可扩充性强,对程序结构影响不大。

3.5.3　形式参数与实际参数

在调用函数时,大多数情况下,主调函数和被调用函数之间有数据传递关系。在定义函数时,函数名后面括号中的变量名称为"形式参数"(简称为"形参"),在主调函数中调用一个函数时,函数名后面括号中的参数(可以是一个表达式)称为"实际参数"(简称为"实参")。

关于形参和实参的几点说明如下。

(1) 在定义函数中指定的形参,在函数调用之前,它们并不占用内存中的存储单元。只有在发生函数调用时,函数的形参才分配内存单元。

(2) 实参可以是常量、变量或表达式。

(3) 在定义函数时,必须指定形参的类型。

(4) 实参与形参的类型应相同或赋值兼容。

(5) C 语言规定,实参变量对形参变量的数据传递是"值传递",即单向传递,只由实参传给形参,而不能由形参传回来给实参。在内存中,实参与形参占用不同的内存单元。

3.5.4　参数值的传递

函数的参数值的传递分为两种方式,即传值和传地址。

传值的特点是:形参是函数中的局部变量。实参可以是常量、变量、函数、数组元素或表达式。

在函数调用时,值传递方式只是把实参的值传递给形参,实参与形参占用不同的内存单元;调用结束后,实参仍保留并维持原值,形参单元被释放。在调用过程中,形参的改变并不影响实参。

数组元素作实参,采用的也是单向值传递方式。

传地址一般是指指针变量作为形参。这种方式的特点是:形参是数组或指针,实参要求是数组名。

用数组名作函数参数,参数的传递就是地址传递。因为数组名代表了数组的起始地址,所以是把数组的起始地址传递给了形参数组,实际上是形参数组和实参数组为同一数组,共同使用一段内存空间,被调函数中对形参数组的操作其实就是对实参数组的操作,它能影响实参数组的元素值,即形参的改变影响实参。

如果形参为指针变量,相对应的实参必须是变量的指针(地址)。变量的地址由调用程序的实参传递给被调用程序的形参,那么形参、实参的地址值是相等的,即形参、实参指向同一个变量。

值传递与地址传递的区别主要是看传递的是参数的值还是参数的地址。

3.5.5 函数调用

1. 局部变量及其使用

在一个函数内部定义的变量是内部变量,它只在本函数范围内有效,也就是说,只有在本函数内才能使用它们,在此函数以外是不能使用这些变量的,又称为局部变量。

关于局部变量的说明如下。

(1)主函数 main 中定义的变量同样也只在主函数中有效。主函数也不能使用其他函数中定义的变量。

(2)不同函数中可以使用相同名字的变量,它们代表不同的对象,互不干扰。

(3)形式参数也是局部变量。

(4)在一个函数内部,可以在复合语句中定义变量,这些变量只在本复合语句中有效,这种复合语句也可称为"分程序"或"程序块"。

2. 全局变量及其使用

与局部变量定义类似,在函数之外定义的变量称为外部变量,外部变量又称为全局变量(也称为全程变量)。全局变量可以为本文件中其他函数所共用,它的有效范围为从定义变量的位置开始到本源文件结束。

3.6 编译预处理

1. 不带参数的宏定义

用一个指定的标识符(即名字)来代表一个字符串,它的一般形式为

#define 标识符 字符串

这种方法使用户能以一个简单的名字代替一个长的字符串,因此把这个标识符(名字)称为"宏名",在预编译时将宏名替换成字符串,这个过程称为"宏展开","#define"是宏定义命令。

2. 带参数的宏定义

不仅进行简单的字符串替换,还要进行参数替换。其定义的一般形式为

#define 宏名(参数表) 字符串.

对带参数的宏定义是这样展开置换的:在程序中如果有带实参的宏,则按 #define 命

令行中指定的字符串从左到右进行置换。如果字符串中包含宏中的形参,则将程序语句中相应的实参代替形参。如果宏定义中的字符串中的字符不是参数字符,则保留。

3. 文件包含

"文件包含"是指一个源文件可以将另一个源文件的全部内容包含进来,即将另外的文件包含到本文件之中。

C语言提供了♯include命令用来实现"文件包含"的操作。它有以下两种常用的形式。

```
♯ include "文件名"
♯ include <文件名>
```

两者的区别在于:用尖括号时,系统到存放C库函数头文件所在的目录中寻找要包含的文件,称为标准方式;用双引号时,系统先在用户当前目录中寻找要包含的文件,若找不到,再按标准方式查找。

3.7　指针

1. 指针变量的定义和引用

1) 指针

指针是C语言中一个重要的概念,也是C语言的一个重要特色。可以认为,不掌握指针就是没有掌握C语言的精华。

在C语言中,将地址形象化地称为"指针",即通过它能找到以它为地址的内存单元,一个变量的地址称为该变量的"指针"。

2) 指针变量

变量的指针就是变量的地址,存放变量地址的变量是指针变量,用来指向另一个变量。为了表示指针变量和它所指向的变量之间的联系,在程序中用"＊"符号表示"指向"。

定义指针变量的一般形式为

基类型　＊指针变量名;

3) 与指针相关的运算符

有以下两个与指针相关的运算符。

(1) ＆:取地址运算符。

(2) ＊:指针运算符(或称为"间接访问"运算符)。

对"＆"和"＊"运算符做如下三点说明(假设已定义变量a和指针变量pointer_a)。

(1) 如果已执行了语句"pointer_a＝＆a;",若有＆＊pointer_a,它的含义是什么呢?"＆"和"＊"两个运算符的优先级别相同,但按自右向左的方向结合,因此,先进行＊pointer_a的运算,它就是变量a,再执行＆运算。因此,＆＊pointer_a与＆a相同,即变量a的地址。

(2) ＊＆a的含义又是什么呢? 先进行＆a运算,得到a的地址,再进行＊运算。即＆a所指向的变量,＊＆a和＊pointer_a的作用是一样的,它们等价于变量a,即＊＆a与a

等价。

（3）（ * pointer_a)++ 相当于 a++。注意,括号是必要的,如果没有括号,就成为 * pointer_ a++。由于++在 pointer_a 的右侧,是"后加",因此,先对 pointer_a 的原值进行 * 运算,得到 a 的值,然后使 pointer_a 的值改变,这样 pointer_a 就不再指向 a 了。

2. 数组与指针

1）指向数组元素的指针

定义一个指向数组元素的指针变量的方法与定义普通的指针变量相同。例如:

```
int a[10];                           /* 定义 a 为包含 10 个整型数据的数组 */
int * p;                             /* 定义 p 为指向整型变量的指针变量 */
```

下面是对该指针变量的赋值（引用）:

```
p = &a[0];
```

表示把 a[0]元素的地址赋给指针变量 p,也就是说,p 指向了 a 数组的第 0 个元素。

C 语言规定数组名代表数组的首地址（指针）,也就是第 0 个元素的地址。因此,下面两个语句等价: p＝&a[0];p＝a;。

注意,数组 a 不代表整个数组,上述"p＝a"的作用是"把数组的首地址赋给指针变量 p",而不是"把数组 a 各元素的值赋给 p"。

2）通过指针引用数组元素

C 语言规定:如果指针变量 p 已指向数组中的一个元素,则 p+1 指向同一数组中的下一个元素（而不是将 p 值简单地加 1）。例如,数组元素是 float 型,每个元素占 4 个字节,则 p+1 意味着使 p 的值（地址）加 4 个字节,以使它指向下一个元素。p+1 所代表的地址实际上是 p+1×d,d 是一个数组元素所占的字节数。

如果 p 的初值为 &a[0],则:

（1）p+i 和 a+i 就是 a[i]的地址,或者说,它们指向 a 数组的第 i 个元素。a 代表数组首地址,a+i 也是地址。

（2）*(p+i)或 *(a+i)是 p+i 或 a+i 所指向的数组元素,即 a[i]。例如, *(p+5)或 *(a+5)就是 a[5],即 *(p+5)＝ *(a+5)＝a[5]。所以 a[i]按 a+i 计算地址,然后找出此地址单元中的数组元素。

（3）指向数组的指针变量也可以带下标,如 p[i]与 *(p+i)等价。所以引用一个数组元素,可以采用以下两种形式。

① 下标法,如 a[i]。

② 指针法,如 *(a+i)或 *(p+i)。其中,a 是数组名,p 是指向数组的指针变量,其初值为 p＝a。

3. 指针与多维数组

这里多维数组都以二维数组为例。假设已定义 int a[3][4]＝{{1,3,5,7}, {9,11,13,15}, {17,19,21,23}};,a 是数组名。从二维数组的角度来看,a 代表整个二维数组的首地址,也就是第 0 行的首地址。a+1 代表第 1 行的首地址。二维数组元素的各种地址的表示形式如表 3-2 所示(假设 a 数组的首地址为 2000)。

表 3-2   二维数组元素的各种地址的表示形式

表 示 形 式	含 义	地 址
a	二维数组名,指向一维数组 a[0],即第 0 行首地址	2000
a[0],*(a+0),*a	第 0 行第 0 列元素地址	2000
a+1,&a[1]	第 1 行首地址	2008
a[1],*(a+1)	第 1 行第 0 列元素地址	2008
a[1]+2,*(a+1)+2,&a[1][2]	第 1 行第 2 列元素地址	2012
(a[1]+2),(*(a+1)+2),a[1][2]	第 1 行第 2 列元素的值	元素值为 13

需要注意的是：a 是二维数组名,代表数组首地址,但不能企图用 *a 来得到 a[0][0] 的值。*a 相当于 *(a+0),即 a[0],它是 0 行 0 列元素的地址。

4. 字符串与指针

(1) C 语言程序中,可以用两种方法访问一个字符串。

① 用字符数组存放一个字符串,然后输出该字符串。

② 用字符指针指向一个字符串,如 char * string= "I am Chinese!";。C 语言对字符串常量是按字符数组处理的,在内存开辟了一个字符数组用来存放字符串常量。上述语句在定义字符指针变量 string 时把字符串首地址(即存放字符串的字符数组的首地址)赋给 string。上述语句等价于：

```
char * string;
string = "I am Chinese!";
```

而不等价于：

```
char * string;
* string = "I am Chinese!";
```

(2) 字符指针变量和字符数组。虽然字符数组和字符指针变量都能实现字符串的存储和运算,但它们之间是有区别的,不应混为一谈,主要区别有以下几点。

① 字符数组由若干个元素组成,每个元素中存放一个字符。字符指针变量中存放的是地址,即字符串的首地址,而不是将字符串放到字符指针变量中。

② 赋值方式。只能对字符数组的各个元素赋值,不能用以下办法对字符数组赋值。

```
char str[15];
str = "I am Chinese!";
```

而对字符指针变量,则可以采用下面的方法赋值。

```
char * str;
str = "I am Chinese!";
```

③ 对字符指针变量赋初值：

```
char * string = "I am Chinese!";
```

等价于：

```
char * string;
string = "I am Chinese!";
```

而对字符数组的初始化：

```
char str[15] = { "I am Chinese!"};
```

不能等价于：

```
char str[15];
str[ ] = "I am Chinese!";
```

即数组可以在定义时整体赋初值，但不能在赋初值语句中整体赋值。

④ 如果定义了一个字符数组，在编译时为它分配内存单元，它有确定的地址。而定义一个字符指针变量时，给指针变量分配内存单元，在其中可以放一个地址值，也就是说，该指针变量可以指向一个字符型数据，但如果未对它赋予一个地址值，则它并未具体指向一个确定的字符数据。

⑤ 指针变量的值是可以改变的。

⑥ 用指针变量指向一个格式字符串，可以用它代替 printf 函数中的格式字符串。

5. 函数与指针

可以用指针变量指向整型变量、字符串、数组，也可以指向一个函数。一个函数在编译时被分配一个入口地址。这个入口地址就称为函数的指针。可以用一个指针变量指向函数，然后通过该指针变量调用此函数。

关于指向函数的指针变量的说明如下。

(1) 指向函数的指针变量的一般定义形式为：数据类型(＊指针变量名)()；。这里的"数据类型"是指函数返回值的类型。

(2) 函数的调用可以通过函数名调用，也可以通过函数指针调用（即用指向函数的指针变量调用）。

(3)（＊p)()表示定义一个指向函数的指针变量，它不是固定指向哪一个函数，而只是表示定义了这样一个类型的变量，它专门用来存放函数的入口地址。

(4) 在给函数指针变量赋值时，只需给出函数名而不必给出参数，如 p＝max;，因为是将函数入口地址赋给 p，而不牵涉到实参与形参的结合问题，不能写成"p＝max(a,b);"的形式。

(5) 用函数指针变量调用函数时，只需将(＊p)代替函数名即可(p 为指针变量名)，在(＊p)之后的括号中要根据需要写上实参。例如，语句"c＝(＊p)(a,b);"表示"调用由 p 指向的函数，实参为 a、b，得到的函数值赋给 c。"

(6) 对指向函数的指针变量，p＋n、p++、p-- 等运算是无意义的。

6. 返回指针值的函数

一个函数可以带回一个整型值、字符值和实型值等，也可以带回指针型的数据，即地址。其概念与以前类似，只是带回的值的类型是指针类型而已。

这种带回指针值的函数，其定义形式为

类型名　＊函数名(参数表列)

例如：

```
int * a(int x, int y)
```

其中,a 是函数名,调用它以后能得到一个指向整型数据的指针(地址)。x、y 是函数 a 的形参,为整型。请注意,在 *a 两侧没有括号,在 a 的两侧分别为 * 运算符和( )运算符。而( )优先级高于 *,因此,a 先和( )结合。显然,这是函数形式。这个函数前面有一个 *,表示此函数是指针型函数(函数值是指针)。最前面的 int 表示返回的指针指向整型变量。

7. 指针数组和指向指针的指针

1) 指针数组

一个数组,如果其元素均为指针类型数据,称为指针数组。也就是说,指针数组中的每一个元素都相当于一个指针变量。一维指针数组的定义形式为

类型名 *数组名[数组长度];.

例如：

```
int * p[4];
```

由于[]比 * 优先级高,因此 p 先与[4]结合,形成 p[4]形式,这显然是数组形式,它有 4个元素。然后再与 p 前面的“ * ”结合,“ * ”表示此数组是指针类型的,每个数组元素(相当于一个指针变量)都可指向一个整型变量。

它特别适合于用来指向若干个字符串,使字符串的处理更加方便灵活。

数组指针是特别容易与指针数组混淆的概念,两者的区别总结如下。

(1) 指针数组。

例如：int * a[SIZE];

特点：①是一个数组,共有 SIZE 个元素,其中每个元素都是指针类型的,并且每个元素的基类型是整型；②sizeof(a)的大小为 SIZE * sizeof(int *),即 SIZE 个指针变量所占的空间。

用法：当一个程序中需要同时用到多个指针时,最好定义一个指针数组。

(2) 数组指针(指向数组的指针)。

例如：int (* p)[SIZE];

特点：①是一个指针变量,这个指针变量的基类型是一个有 SIZE 个元素的整型数组；②sizeof(p)的大小为 sizeof(int *),即一个指针变量所占的空间。

用法：当需要用指针来指向一个多维数组时,就应该使用数组指针。

2) 指向指针的指针

定义指向指针的指针变量的一般形式为

类型名 **变量名;

例如：

```
char ** p;
```

p 前面有两个 * 号, * 运算符的结合性为从右到左,因此 ** p 相当于 * (* p),显然 * p是指针变量的定义形式。如果没有最前面的 *,那就是定义了一个指向字符数据的指针变

量。现在它前面又有一个 * 号,表示指针变量 p 是指向一个字符指针变量的(即指向字符型数据的指针变量)。

其实这种方式就是"间接访问"变量的方式。利用指针变量访问另一个变量就是"间接访问"。如果在一个指针变量中存放一个目标变量的地址,这就是"单级间址"。指向指针的指针用的是"二级间址"方法。

3.8 结构体和共用体

3.8.1 结构体

C 语言允许用户自己指定这样一种数据结构,称为"结构体",它相当于其他高级语言中的"记录"。

为了能在程序中使用结构体类型的数据,应当定义结构体类型的变量,并在其中存放具体的数据。可以采取以下三种方法定义结构体类型变量。

(1) 先声明结构体类型再定义变量名,例如:

```
struct student
{   int     num;
    char    name[20];
    char    sex;
    int     age;
    float   score;
    char    addr[30];
};
struct student student1,student2;
```

定义了 student1 和 student2 为 struct student 类型的变量,即它们是具有 struct student 类型的结构体。

应当注意,将一个变量定义为标准类型(基本数据类型)与定义为结构体类型的不同之处在于后者不仅要求指定变量为结构体类型,而且要求指定为某一特定的结构体类型。

(2) 在声明类型的同时定义变量,例如:

```
struct student
{   int     num;
    char    name[20];
    char    sex;
    int     age;
    float   score;
    char    addr[30];
}student1,student2;
```

它的作用与第(1)种方法相同,即定义了两个 struct student 类型的变量 student1、student2。这种形式定义的一般形式为

```
struct 结构体名
{
    成员表列
```

}变量名表列；

（3）直接定义结构体类型变量。

其一般形式为

```
struct
{
    成员表列
}变量名表列;
```

其中不出现结构体名。

3.8.2　共用体

有时需要使几种不同类型的变量存放到同一段内存单元中。例如，可把一个整型变量、一个字符型变量、一个实型变量放在同一个地址开始的内存单元中。也就是使用覆盖技术，几个变量互相覆盖。这种使几个不同的变量共占同一段内存的结构，称为"共用体"类型结构。

1. 共用体类型数据的定义方法

定义共用体类型变量的一般形式为

```
union 共用体名
{
    成员表列
}变量表列;
```

其他的与结构体相类似，但它们的含义是不同的。结构体变量所占内存长度是各成员占的内存长度之和，每个成员分别占有其自己的内存单元。共用体变量所占的内存长度等于最长的成员的长度。有些C语言的书把union直译为"联合"，所以又称为"联合体"。

2. 共用体类型数据的引用方法

只有先定义了共用体变量才能引用它。不能引用共用体变量，而只能引用共用体变量中的成员。

3. 共用体类型数据的特点

在使用共用体类型数据时要注意以下一些特点。

（1）同一个内存段可以用来存放几种不同类型的成员，但在每一瞬时只能存放其中一种，而不是同时存放几种。也就是说，每一瞬时只有一个成员起作用，其他的成员不起作用，即不是同时都存在和起作用。

（2）共用体变量中起作用的成员是最后一次存放的成员，在存入一个新的成员后原有的成员就失去了作用，即最后一次赋值有效。

（3）共用体变量的地址和它的各成员的地址都是同一地址。

（4）不能对共用体变量名赋值，也不能企图引用变量名来得到一个值，更不能在定义共用体变量时对它初始化。

（5）不能把共用体变量作为函数参数，也不能使函数带回共用体变量，但可以使用指向共用体变量的指针（这种用法与结构体变量相仿）。

（6）共用体类型可以出现在结构体类型定义中，也可以定义共用体数组。反之，结构体也可以出现在共用体类型定义中，数组也可以作为共用体的成员。

3.9　链表

3.9.1　链表的概念

链表是通过一组任意的存储单元来存储线性表中的数据元素的，那么怎样表示出数据元素之间的线性关系呢？为建立起数据元素之间的线性关系，对每个数据元素 a_i，除了存放数据元素自身的信息 a_i 之外，还需要和 a_i 一起存放其后继 a_{i+1} 所在的存储单元的地址，这两部分信息组成一个"结点"（Node），结点的结构如图 3-2 所示，每个元素都如此。存放数据元素信息的称为数据域，存放其后继地址的称为指针域。因此，n 个元素的线性表通过每个结点的指针域拉成了一个"链子"，称为链表。因为每个结点中只包含一个指针域，所以称为线性链表或单链表。

链表是由一个个结点构成的，结点的定义如下。

```
typedef struct node
    {  datatype data;
       struct node * next;
} LNode, * LinkList;
```

data 代表数据域，datatype 代表数据域中各数据元素的数据类型，next 代表指针域，LNode 是用户自定义的结点类型，LinkList 是用户自定义的指针类型。

定义头指针变量：

```
LinkList  H;
```

图 3-3（a）和图 3-3（b）分别是带头结点的单链表空表和非空表的示意图。

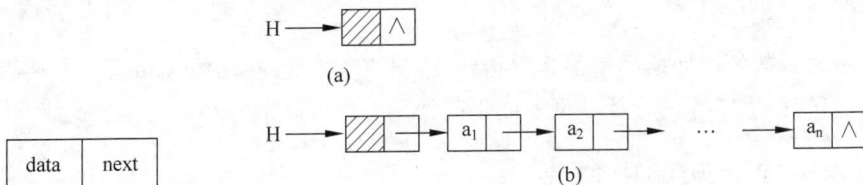

图 3-2　单链表结点结构　　　　　图 3-3　带头结点的单链表

需要进一步指出的是：上面定义的 LNode 是结点的类型，LinkList 是指向 LNode 类型结点的指针类型。为了增强程序的可读性，通常将标识一个链表的头指针说明为 LinkList 类型的变量，如 LinkList L。当 L 有定义时，值要么为 NULL，表示一个空表；要么为第一个结点的地址，即链表的头指针。将操作中用到的指向某结点的指针变量说明为 LNode * 类型，如 LNode * p；则语句

```
p = malloc(sizeof(LNode));
```

完成了申请一块 LNode 类型的存储单元的操作,并将其地址赋值给变量 p。p 所指的结点为 *p,*p 的类型为 LNode 型,所以该结点的数据域为(*p). data 或 p-> data,指针域为(*p). next 或 p-> next。malloc 函数的用法在 3.9.2 节中介绍。

3.9.2　动态存储空间的分配和释放

1. malloc()

其函数原型为

```
void * malloc(unsigned int size);
```

其作用是在内存中动态获取一个大小为 size 个字节的连续的存储空间。该函数将返回一个 void 类型的指针。若分配成功,该指针指向已分配空间的起始地址;否则,该指针为空(NULL)。

2. calloc()

其函数原型为

```
void * calloc(unsigned n, unsigned size);
```

其作用是在内存中动态获取 n 个大小为 size 个字节的连续的存储空间。该函数将返回一个 void 类型的指针。若分配成功,该指针指向已分配空间的起始地址;否则,该指针为空(NULL)。用该函数可以动态地获取一个一维数组空间,其中,n 为数组元素个数,每个数组元素的大小为 size 个字节。

3. free()

其函数原型为

```
void free(void * addr)
```

其作用是释放由 addr 指针所指向的空间,即系统回收,使这段空间又可以被其他变量所用。值得注意的是,动态分配内存时,应该在不需要该内存时释放它们,以免出现内存泄露。

上面三个函数的返回值类型都为空指针(void *)类型,在具体应用时一定要做强制类型转换,只有转换成实际的指针类型才能正确使用。

3.9.3　建立和输出链表

动态建立链表是指在程序执行过程中从无到有地建立链表,将一个个新生成的结点依次链接到已建立起来的链表上。上一个结点的指针域存放下一个结点的起始地址,并给各个结点数据域赋值。例如,建立一个学生成绩的链表,其结点的结构体类型定义如下。

```
struct student
{
    long num;
    char name[20];
    float score;
```

```
    struct student * next;
};
```

建立链表的步骤如下。

(1) 定义三个指针变量,head 为头指针,p1 指向新结点,p2 指向尾结点。

(2) 产生一个结点,head、p1 和 p2 都指向它,并输入想要的数据。

(3) 循环操作,陆续产生新结点,输入数据,链接到表尾。

(4) 尾结点指针域置空,返回头指针。

下面用函数 create()创建链表,返回链表的头指针。

```
struct student * create()
{
    struct student * p1, * p2, * head;
    int i,n = 2;
    head = NULL;
    head = p1 = p2 = (struct student * )malloc(sizeof(struct student));
    printf("输入学号    姓名    成绩\n");
    scanf("% ld% s% f",&p1 -> num,&p1 -> name,&p1 -> score);
    for(i = 1;i < n;i++)
    {
        p1 = (struct student * )malloc(sizeof(struct student));
        scanf("% ld% s% f",&p1 -> num,&p1 -> name,&p1 -> score);
        p2 -> next = p1;
        p2 = p1;
    }
    p2 -> next = NULL;
    return head;
}
```

所谓输出链表是将链表上各个结点的数据域中的值依次输出,直到链表结尾。下面用
print 函数输出链表。

```
void print(struct student * p)
{
    while(p!= NULL)
    {
    printf("学号:% ld 姓名:% 10s 成绩 % 6.2f\n",p -> num,p -> name,p -> score);
    p = p -> next;
    }
}
```

完成上述操作的主函数如下。

```
main()
{
    struct student * head;
    head = create();
    print(head);
}
```

3.9.4 单链表的基本操作

1. 插入

如果要在单链表的两个数据元素之间插入一个数据元素 x,已知 p 为其单链表存储结

构中指向结点 a 的指针,如图 3-4(a)所示。

　　为插入数据元素 x,首先要生成一个数据域为 x 的结点,然后插在单链表中。插入前需要修改结点 a 中的指针域,令其指向结点 x,而结点 x 中的指针域应指向结点 b,从而实现三个元素 a、b 和 x 之间逻辑关系的变化。插入后单链表如图 3-4(b)所示。假设 s 为指向结点 x 的指针,则上述指针修改用 C 语句描述为

① s-> next＝p-> next;

② p-> next＝s;

注意,两个指针的操作顺序不能交换。

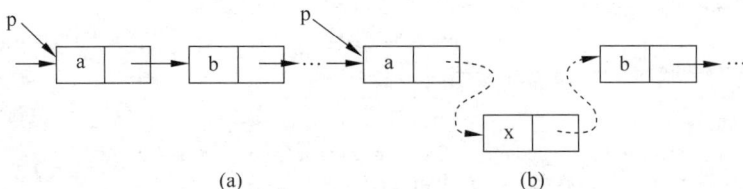

(a)　　　　　　　　　　(b)

图 3-4　在单链表中插入结点时指针的变化状况

2. 删除

　　要删除单链表中的元素 b,为在单链表中实现元素 a、b 和 c 之间逻辑关系的变化,仅需修改结点 a 中的指针域即可。假设 p 为指向结点 a 的指针,q 为指向结点 b 的指针,则修改指针用 C 语句描述为

① p-> next＝q-> next;

② free(q);

删除情况如图 3-5 所示。

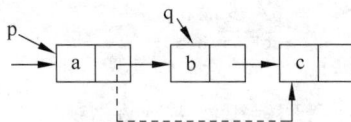

图 3-5　在单链表中删除结点时
　　　　指针的变化状况

3. 查找

　　链表的查找操作是在链表中查找某成员值为给定值的结点。下面定义一个查找函数,它的返回值为指针类型,返回指向查找到结点的指针。查找函数定义一个形参,它是指向结点的指针类型变量 p,用来接收主调函数传来的链表的头指针。

　　查找算法是先输入要查找的给定值,然后从链表的头指针所指的第一个结点开始,按链接顺序逐一比较:当查找到给定值的结点时,返回指向该结点的指针;如果一直查到链表结尾还未找到,则返回空指针。查找是单链表中常用的操作,插入和删除操作一般也会用到查找。

```
struct student * find(struct student * p)
{
    long num;
    printf("请输入要查找的学号:");
    scanf(" % ld",&num);
    while(p!= NULL)
    {
        if(p-> num == num) return p;
        p = p-> next;
    }
    return NULL;
}
```

3.9.5　双向链表

单链表的结点中只有一个指向其后继结点的指针域 next，因此，若已知某结点的指针为 p，其后继结点的指针则为 p-> next，而找其前驱则只能从该链表的头指针开始，顺着各结点的 next 域进行，也就是说，找后继的时间性能是 $O(1)$，找前驱的时间性能是 $O(n)$，如果希望找前驱的时间性能达到 $O(1)$，则只能付出空间的代价：每个结点再加一个指向前驱的指针域，结点的结构如图 3-6 所示，用这种结点组成的链表称为双向链表。

prior	data	next

图 3-6　双向链表结构图

双向链表结点的定义如下。

```
typedef struct dlnode
{   datatype data;                          / * data 为数据域 * /
    struct dlnode * prior, * next;          / * prior 是指向前驱结点的指针，next 是指向后继
                                              结点的指针 * /
}DLNode, * DLinkList;
```

与单链表类似，双向链表通常也是用头指针标识的，也可以带头结点和做成循环结构，图 3-7 是带头结点的双向循环链表示意图。显然，通过某结点的指针 p 即可以直接得到它的后继结点的指针 p-> next，也可以直接得到它的前驱结点的指针 p-> prior。这样，在有些操作中需要找前驱时，则无须再用循环。从下面的插入、删除运算中可以看到这一点。

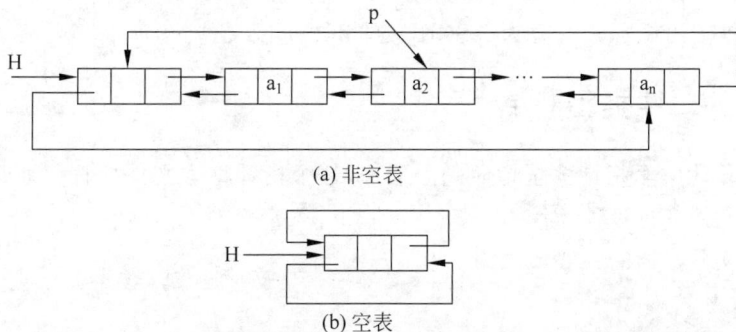

(a) 非空表

(b) 空表

图 3-7　带头结点的双向循环链表

设 p 指向双向循环链表中的某一结点，即 p 是该结点的指针，则 p-> prior-> next 表示 * p 结点之前驱结点的后继结点的指针，即与 p 相等；类似地，p-> next-> prior 表示 * p 结点之后继结点的前驱结点的指针，也与 p 相等，所以有以下等式。

p-> prior -> next = p = p-> next -> prior

双向链表中结点的插入：设 p 指向双向链表中某结点，s 指向待插入的值为 x 的新结点，将 * s 插到 * p 的前面，插入示意图如图 3-8 所示。操作如下。

① s-> prior＝p-> prior；

② p-> prior-> next＝s；

③ s-> next＝p；

④ p-> prior＝s；

指针操作的顺序不是唯一的，但也不是任意的，操作①必须放到操作④的前面完成，否

则 * p 的前驱结点的指针会丢掉。

双向链表中结点的删除：设 p 指向双向链表中某结点，删除 * p。如图 3-9 所示，操作如下。

① p-> prior-> next＝p-> next；

② p-> next-> prior＝p-> prior；

free(p)；

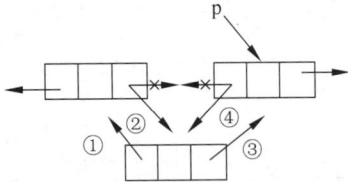

图 3-8　双向链表中的结点插入　　　　图 3-9　双向链表中删除结点

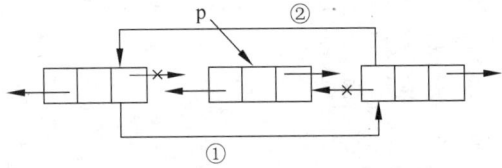

3.10　文件

文件通常是驻留在外部介质(如磁盘等)上的，在使用时才调入内存中。

C 语言把文件看作一个字符(字节)的序列，即是由一个一个字符(字节)的数据顺序组成的。根据数据的组织形式可分为 ASCII 文件和二进制文件。

3.10.1　文件类型指针

在 C 语言中用一个指针变量指向一个文件，这个指针称为文件指针。通过文件指针就可对它所指的文件进行各种操作。

定义说明文件指针的一般形式为

FILE * 指针变量标识符；

其中，FILE 应为大写，它实际上是由系统定义的一个结构，该结构含有文件名、文件状态和文件当前位置等信息。在编写源程序时不必关心 FILE 结构的细节。

例如：

FILE * fp；

表示 fp 是指向 FILE 结构的指针变量，通过 fp 即可找到存放某个文件信息的结构变量，然后，按结构变量提供的信息找到该文件，实施对文件的操作。习惯上也笼统地把 fp 称为指向一个文件的指针。

3.10.2　文件的打开

fopen 函数用来打开一个文件，其调用的一般形式为

文件指针名 = fopen(文件名,使用文件方式)；

其中，“文件指针名”必须是被说明为 FILE 类型的指针变量；“文件名”是被打开文件的文

件名,是字符串常量或字符串数组。"使用文件方式"是指文件的类型和操作要求。

例如:

```
FILE * fp;
fp = ("file a","r");
```

其意义是在当前目录下打开文件 file a,只允许进行"读"操作,并使 fp 指向该文件。

常用的文件读/写方式如表 3-3 所示。

表 3-3 文件读/写方式

文件使用方式	含 义
"r"	以只读方式打开一个文本文件
"w"	以只写方式打开一个文本文件
"a"	向文本文件尾增加数据,若文件不存在就创建一个文件
"rb"	以只读方式打开一个二进制文件
"wb"	以只写方式打开一个二进制文件
"ab"	向二进制文件尾增加数据,若文件不存在就创建一个文件
"r+"	以读/写方式打开一个文本文件
"w+"	以读/写方式建立一个新的文本文件,若文件存在则将文件长度截为 0
"a+"	以读/写增加方式打开一个文本文件,若文件不存在就创建一个文件
"rb+"	以读/写方式打开一个二进制文件
"wb+"	以读/写方式建立一个新的二进制文件,若文件存在则将文件长度截为 0
"ab+"	以读/写增加方式打开一个二进制文件,若文件不存在就创建一个文件

提示:如果不能打开一个文件,即打开文件失败,则 fopen() 函数将返回一个空指针 NULL。

3.10.3 文件的关闭

在使用完一个文件后应该关闭它,以防止它再被误用。用 fclose 函数关闭文件。

fclose 函数调用的一般形式为

```
fclose(文件指针);
```

例如:

```
fclose(fp);
```

fclose 函数也带回一个值,若顺利地执行了关闭操作,则返回值为 0;否则返回 EOF (即 -1)。EOF 是在 stdio.h 文件中定义的符号常量,值为 -1。

3.10.4 文件的读/写

文件打开之后,就可以对其进行读/写操作了。在 C 语言中提供了多种文件读/写的函数。

1. fputc 和 fgetc 函数

(1) fputc 函数的功能是把一个字符写到磁盘文件中。其调用的一般形式为

```
fputc(ch,fp);
```

其中,ch 是要输出的字符,它可以是一个字符常量,也可以是一个字符变量。fp 是文件指针变量,其作用是将字符 ch 输出到 fp 所指向的文件中。fputc 函数也带回一个值:如果输出成功,则返回值就是输出的字符;如果输出失败,则返回 EOF(或-1)。

(2) fgetc 函数的功能是从指定文件读入一个字符,该文件必须是以读或读/写方式打开的,其调用的一般形式为

```
ch = fgetc(fp);
```

其中,fp 为文件型指针变量,ch 为字符变量。fgetc 函数带回一个字符,赋给 ch。如果在执行 fgetc 函数读字符时遇到文件结束符,函数返回一个文件结束标志 EOF(或-1)。

2. fputs()和 fgets()函数

(1) fputs 函数的功能是向指定的文件输出一个字符串。
其调用的一般形式为

```
fputs( * str,fp);
```

其中,str 是指向某个字符串的指针,它可以是一个字符串常量,也可以是一个字符型指针变量。fp 是文件指针变量,其作用是将 str 所指向的字符串输出到 fp 所指向的文件中去。fputs 函数也带回一个值:如果输出成功,则返回值就是输出的字符串;如果输出失败,则返回 EOF(或-1)。

(2) fgets 函数的功能是从指定的文件读入一个字符串。
其调用的一般形式为

```
fgets(str,n,fp);
```

其中,str 是字符数组。fp 是文件指针变量。n 为要求得到的字符个数,但只从 fp 指向的文件输入 n-1 个字符,然后在最后加一个'\0'字符,因此,得到的字符串共有 n 个字符。如果在读完 n-1 个字符之前遇到换行符或 EOF,读入就结束。fgets 函数的返回值为 str 的首地址。

3. fread()和 fwrite()函数

(1) fread 函数的功能是读入一个数据块。
其调用的一般形式为

```
fread(buffer,size,count,fp);
```

(2) fwrite 函数的功能是写入一个数据块。
其调用的一般形式为

```
fwrite (buffer,size,count,fp);
```

其中,buffer 是一个指针,对 fread 来说,它是读入数据的存放地址;对 fwrite 来说,是要输出数据的地址(以上指的是起始地址)。size 是要读/写的字节数,count 是要进行读/写多少个 size 字节的数据项,fp 是文件型指针。

如果 fread 或 fwrite 调用成功,则函数返回值为 count 的值,即输入或输出数据项的完整个数。

4. fprintf()和 fscanf()函数

fprintf 函数的功能是将内存中的数据转换成对应的字符,并以 ASCII 码形式输出到文本文件中。

其调用的一般形式为

```
fprintf(文件指针,格式控制字符串,输出表列);
```

fscanf 函数的功能是根据文本文件中的格式进行数据输入。

其一般调用形式为

```
fscanf(文件指针,格式控制字符串,输入表列);
```

3.10.5　文件的定位

文件中有一个读/写位置指针,指向当前的读/写位置,每次读/写一个(或一组)数据后,系统自动将位置指针移动到下一个读/写位置上。如果想改变系统这种读/写规律,可使用有关文件定位的函数。

(1) rewind 函数。

rewind 函数的功能是使位置指针重新返回文件的开头。此函数没有返回值。

其调用的一般形式为

```
rewind(fp);
```

(2) fseek 函数和随机读/写。

用 fseek 函数可以实现改变文件的位置指针。

其调用的一般形式为

```
fseek(pf,offset,orgin);
```

(3) ftell 函数。

ftell 函数的功能是获得文件的当前位置指针的位置。

其调用的一般形式为

```
long t = ftell(fp);
```

1. 文件的状态

(1) feof 函数。

feof 函数的功能是判断文件是否结束。

其调用的一般形式为

```
feof(fp);
```

若到文件尾,函数值为真。

(2) ferror()函数。

ferror 函数的功能是检测在调用各种输入/输出函数时,该函数是否出错。

其调用的一般形式为

```
ferror(fp);
```

fp 为文件指针。如果 ferror 返回值为 0(假),表示未出错;如果返回一个非零值,表示出错。应该注意的是,对同一个文件每一次调用输入/输出函数,均产生一个新的 ferror 函数值,因此,应当在调用一个输入/输出函数后,立即检查 ferror 函数的值,否则信息会丢失。

在执行 fopen 函数时,ferror 函数的初始值自动置为 0。

(3) clearer()函数。

clearer 函数的功能是使文件错误标志和文件结束标志置为 0。

其调用的一般形式为

```
clearer(fp);
```

fp 为文件指针。

只要出现错误标志,就一直保留,直到对同一文件调用 clearer 函数或 rewind 函数,或任何一个其他输入/输出函数。

使用以上函数都要求包含头文件 stdio.h。在本节的内容中,fp 是一个已经定义好的文件指针。

2. 文件小结

(1) C 系统把文件当作一个"流",按字节进行处理。

(2) C 文件按编码方式分为二进制文件和 ASCII 文件。

(3) C 语言中,用文件指针标识文件,当一个文件被打开时,可取得该文件指针。

(4) 文件在读/写之前必须打开,读/写结束后必须关闭。

(5) 文件可按只读、只写、读/写、增加 4 种操作方式打开,同时还必须指定文件的类型是二进制文件还是文本文件。

(6) 文件可按字节、字符串、数据块为单位读/写,文件也可按指定的格式进行读/写。

(7) 文件内部的位置指针可指示当前的读/写位置,移动该指针可以对文件实现随机读/写。

第4章

顺序和分支结构

本章给出了 6 个小程序,包括顺序结构和分支结构,题目简单易懂,适合初学者进行练习,强化对 C 语言知识点的理解。由浅入深地帮助同学理解结构化程序设计的思想,涉及的语句主要是 if 语句和 switch 语句。

4.1 例 4-1:测量树的高度

4.1.1 设计说明

1. 功能说明

小明和爸爸想测量院子里树的高度,但是树太高,爬上树又太危险,把树砍倒确实可以准确测量,可是这样做太不现实。爸爸想到了一个好主意,只借助父子两人的身高和一把尺子就可以完成测量。如图 4-1 所示,确定树的高度很简单,需要知道几个数据的值,即 h1 和 h2(h1 代表小明的身高,h2 代表爸爸的身高),d1 和 d2(d1 代表小明与爸爸之间的距离,d2 代表爸爸与树之间的距离),利用相似三角形的特性就可以确定树的高度,如图 4-2 所示。具体的计算步骤如图 4-3 所示,三角形 ABC 和三角形 ADE 是相似三角形,因此可以得到:

$$\frac{h2-h1}{h3-h1} = \frac{d1}{d1+d2}$$

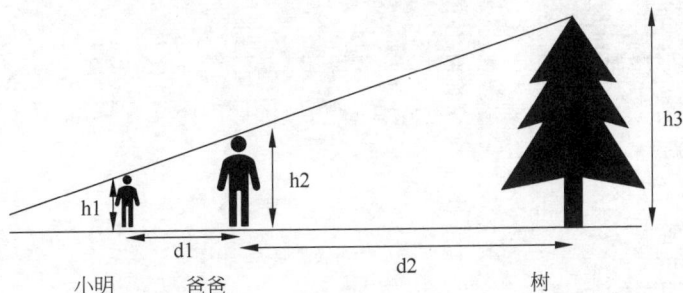

图 4-1 测量树的高度示例图

综上分析,得到树的高度的计算步骤如下。

(1) 输入需要的值(h1 在程序中表示为变量 short_length,h2 在程序中表示为变量 tall_length,d1 在程序中表示为变量 distance1,d2 在程序中表示为变量 distance2)。

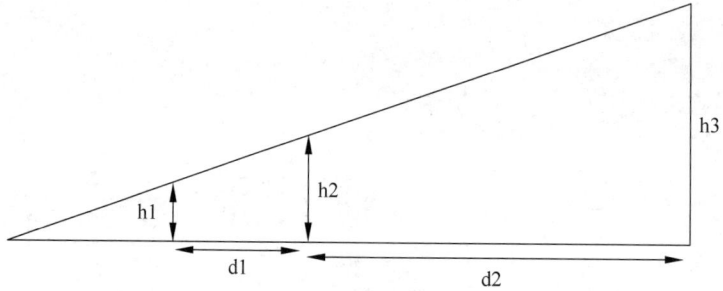

图 4-2　测量树的高度抽象图 1

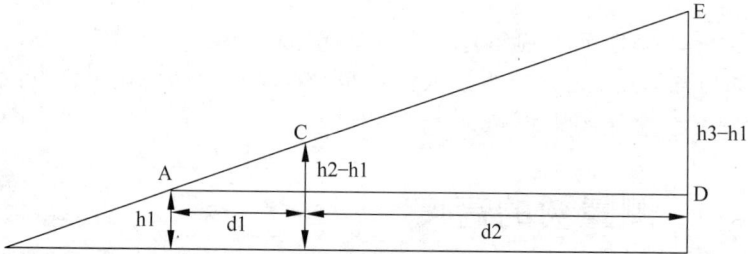

图 4-3　测量树的高度抽象图 2

（2）利用上述分析的等式计算树的高度。

（3）输出树的高度。

2. 变量定义

long short_length：表示小明的身高。

long tall_length：表示爸爸的身高。

long distance1：用于表示小明与爸爸之间的距离。

long distance2：用于表示爸爸与树之间的距离。

long distance3：用来表示 distance1 和 distance2 的和。

long tree_height：用来表示所求的树的高度。

3. 流程分析

程序的执行步骤如下。

（1）定义变量。

（2）输入数据。

（3）计算树的高度。

（4）结果显示。

4.1.2　程序源代码

```
#include "stdio.h"
int main()
{
    /*定义变量并赋初值*/
    long short_length = 0;              /*小明的身高*/
```

```
    long tall_length = 0;                    /*爸爸的身高*/
    long distance1 = 0;                      /*小明与爸爸之间的距离*/
    long distance2 = 0;                      /*爸爸与树之间的距离*/
    long distance3 = 0;                      /*表示 distance1 和 distance2 的和*/
    long tree_height = 0;                    /*所求的树的高度*/

    /*输入数据*/
    printf("请输入小明的身高,请使用厘米(cm)表示:");
    scanf("%ld",&short_length);
    printf("请输入爸爸的身高,请使用厘米(cm)表示:");
    scanf("%ld",&tall_length);
    printf("请输入小明和爸爸之间的距离,请使用厘米(cm)表示:");
    scanf("%ld",&distance1);
    printf("请输入爸爸与树之间的距离,请使用厘米(cm)表示:");
    scanf("%ld",&distance2);
    distance3 = distance1 + distance2;       /*小明与树之间的距离*/

    /*计算树的高度*/
    tree_height = ((tall_length - short_length) * distance3 + short_length * distance1)/
distance1;

    /*显示树的高度*/
    printf("小明的身高是%ld厘米,爸爸的身高是%ld厘米\n",short_length,tall_length);
    printf("小明距爸爸%ld厘米,爸爸距树%ld厘米\n",distance1,distance2);
    printf("最后计算树的高度为:%ld厘米等于%.2f米\n",tree_height,tree_height/100.0);
}
```

4.1.3　程序运行情况

　　程序运行后,程序提示用户输入小明的身高、爸爸的身高、小明和爸爸之间的距离、爸爸与树之间的距离,都是以厘米为计量单位,程序会打印出用户输入的数据,并计算出树的高度,程序运行情况如图 4-4 所示。

```
请输入小明的身高,请使用厘米(cm)表示:80
请输入爸爸的身高,请使用厘米(cm)表示:180
请输入小明和爸爸之间的距离,请使用厘米(cm)表示:210
请输入爸爸与树之间的距离,请使用厘米(cm)表示:510
小明的身高是80厘米,爸爸的身高是180厘米
小明距爸爸210厘米,爸爸距树510厘米
最后计算树的高度为:422厘米等于4.22米
Press any key to continue
```

图 4-4　测量树的高度运行情况

4.2　例 4-2:百分制成绩与五分制成绩之间的转换

4.2.1　设计说明

1. 功能说明

输入一个百分制的成绩,根据输入成绩的不同给出对应的五分制成绩,例如,如果百分

制分数小于 60 分,总评成绩为"不及格";如果分数大于或等于 60 分,但小于 70 分,总评成绩为"及格";如果分数大于或等于 70 分,但小于 80 分,总评成绩为"中";如果分数大于或等于 80 分,但小于 90 分,总评成绩为"良好";如果分数大于或等于 90 分,且小于或等于 100 分,总评成绩为"优秀"。

2. 变量定义

int score:表示输入的百分制成绩。

3. 流程分析

程序执行步骤如下。

(1) 输入一个百分制的成绩。

(2) 根据输入的百分制成绩分别使用多分支 if…else 语句和 switch 语句进行判断,根据输入百分制成绩给出对应的五分制成绩。

4.2.2　程序源代码

使用多分支语句实现的源代码如下。

```c
# include"stdio. h"
# include"stdlib. h"
main ( )
{
    int score;                          /* 定义整型变量 score 记百分制成绩 */
    printf("请输入一个百分制成绩:");
    scanf(" % d",&score);
    if(score > 100 || score < 0)
    {
        printf("输入错误,请输入 1～100 的数!\n");
        exit(0);
    }
    else
    {
        if (score < 60)                 /* 分数小于 60 分输出"不及格" */
            printf("成绩为:不及格\n");
        else if(score < 70)             /* 分数小于 70 分输出"及格" */
            printf("成绩为:及格\n");
        else if(score < 80)             /* 分数小于 80 分输出"中" */
            printf("成绩为:中\n");
        else if(score < 90)             /* 分数小于 90 分输出"良好" */
            printf("成绩为:良好\n");
        else                            /* 分数小于或等于 100 分输出"优秀" */
            printf("成绩为:优秀\n");
    }
}
```

4.2.3　程序运行情况

程序运行后,提示用户输入一个数,如果用户输入的数小于 0,或者大于 100,程序会给出"输入错误,请输入 1～100 的数!"的提示信息,如图 4-5 所示;如果用户输入的是 0～100

的数,程序将打印出对应的五分制成绩,如图 4-6 和图 4-7 所示。

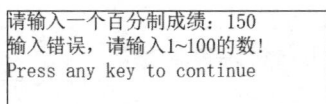

```
请输入一个百分制成绩: 150
输入错误, 请输入1~100的数!
Press any key to continue
```

```
请输入一个百分制成绩: 100
成绩为: 优秀
Press any key to continue
```

图 4-5　输入大于 100 分的情况界面　　图 4-6　输入 100 分时程序运行情况

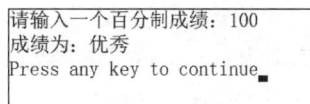

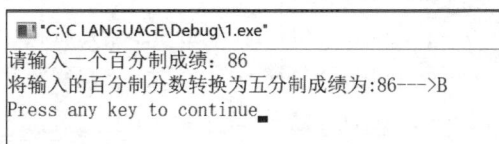

```
■ "C:\C LANGUAGE\Debug\1.exe"
请输入一个百分制成绩: 86
将输入的百分制分数转换为五分制成绩为:86--->B
Press any key to continue
```

图 4-7　输入 86 分时的情况

使用 switch 语言实现的源代码如下。

```c
# include "stdio.h"
# include "stdlib.h"
main ( )
{
    int score;                          /* 定义整型变量 score 记百分制成绩 */
    char g;                             /* 定义字符型变量 g 记五分制成绩 */
    printf("请输入一个百分制成绩:");
    scanf(" % d",&score);
    if(score > 100 || score < 0)
    {
        printf("输入错误,请输入 1~100 的数!\n");
        exit(0);
    }
    else
    {
        switch (score/10)
        {
            case 10:
            case 9: g = 'A'; break;
            case 8: g = 'B'; break;
            case 7: g = 'C'; break;
            case 6: g = 'D'; break;
            default: g = 'E'; break;
        }
        printf("将输入的百分制分数转换为五分制成绩为: % d---> % c\n",score,g);
    }
}
```

4.3　例 4-3:计算个人所得税

4.3.1　设计说明

1. 功能说明

缴纳个人所得税是每个公民应尽的义务,因收入不同,缴税的税率也不尽相同,以下是我国 2020 年最新的个税缴纳税率。为简单起见,本题目中仅涉及税前工资和税后工资。

个人所得税缴纳标准如下。

(1) 工资范围为 1～5000 元,包括 5000 元,个人所得税税率为 0。

(2) 工资范围为 5000～8000 元,包括 8000 元,个人所得税税率为 3%。

(3) 工资范围为 8000～17 000 元,包括 17 000 元,个人所得税税率为 10%。

(4) 工资范围为 17 000～30 000 元,包括 30 000 元,个人所得税税率为 20%。

(5) 工资范围为 30 000～40 000 元,包括 40 000 元,个人所得税税率为 25%。

(6) 工资范围为 40 000～60 000 元,包括 60 000 元,个人所得税税率为 30%。

(7) 工资范围为 60 000～85 000 元,包括 85 000 元,个人所得税税率为 35%。

(8) 工资范围为 85 000 元以上的,个人所得税税率为 45%。

2．变量说明

double salary:表示税前工资。

double duty:表示要缴的个税。

double after_tax:表示税后工资。

double t1,t2,t3,t4,t5,t6:分别表示计算税率差的中间变量。其中:

t1 = 8000－5000＝3000;

t2 = 17 000－8000＝9000;

t3 = 30 000－17 000＝13 000;

t4 = 40 000－30 000＝10 000;

t5 = 60 000－40 000＝20 000;

t6 = 85 000－60 000＝25 000;

例如,税前工资为 22 678 元,由于 22 678 介于 17 000～30 000,所以工资的 5000～8000 部分按税率 3% 缴税;8000～17 000 部分,按照税率 10% 缴税;超过 17 000 的部分,按照税率 20% 缴税。即计算方法为 t1×0.03＋t2×0.1＋(salary－17 000)×0.2。

3．流程分析

程序的执行步骤如下。

(1) 定义变量,并确定税率差的中间变量,即 t1,t2,t3,t4,t5,t6 的值。

(2) 输入税前工资 salary。

(3) 根据用户输入的税前工资 salary,使用多分支语句逐次计算应缴纳的税额 duty,并计算税后工资 after_tax＝salary－duty。

(4) 输出计算结果。

4.3.2　程序源代码

```
#include "stdio.h"
main()
{
    double salary,duty, after_tax;
    float index;
```

```
double t1,t2,t3,t4,t5,t6;
t1 = 8000 - 5000;
t2 = 17000 - 8000;
t3 = 30000 - 17000;
t4 = 40000 - 30000;
t5 = 60000 - 40000;
t6 = 85000 - 60000;
printf("请输入税前工资总额:");
scanf(" % lf",&salary);
/* 税前工资大于 85000 时 */
if (salary > 85000)
{
    index = 0.45;
    duty = t1 * 0.03 + t2 * 0.1 + t3 * 0.2 + t4 * 0.25 + t5 * 0.3 + t6 * 0.35 + (salary - 85000) * 0.45;
    after_tax = salary - duty;
}
/* 税前工资大于 60000,小于或等于 85000 时 */
else if(salary > 60000)
{
    index = 0.35;
    duty = t1 * 0.03 + t2 * 0.1 + t3 * 0.2 + t4 * 0.25 + t5 * 0.3 + (salary - 60000) * 0.35;
    after_tax = salary - duty;
}
/* 税前工资大于 40000,小于或等于 60000 时 */
else if(salary > 40000)
{
    index = 0.3;
    duty = t1 * 0.03 + t2 * 0.1 + t3 * 0.2 + t4 * 0.25 + (salary - 40000) * 0.3;
    after_tax = salary - duty;
}
/* 税前工资大于 30000,小于或等于 40000 时 */
else if(salary > 30000)
{
    index = 0.25;
    duty = t1 * 0.03 + t2 * 0.1 + t3 * 0.2 + (salary - 30000) * 0.25;
    after_tax = salary - duty;
}
/* 税前工资大于 170000,小于或等于 30000 时 */
else if (salary > 17000)
{
    index = 0.2;
    duty = t1 * 0.03 + t2 * 0.1 + (salary - 17000) * 0.2;
    after_tax = salary - duty;
}
/* 税前工资大于 8000,小于或等于 17000 时 */
else if (salary > 8000)
{
    index = 0.1;
    duty = t1 * 0.03 + (salary - 8000) * 0.1;
    after_tax = salary - duty;
}
/* 税前工资大于 5000,小于或等于 8000 时 */
else if (salary > 5000)
```

```
    {
        index = 0.03;
        duty = (salary - 5000) * 0.03;
        after_tax = salary - duty;
    }
    /* 税前工资小于 5000 时 */
    else
    {
        index = 0;
        duty = 0;
        after_tax = salary;
    }
    printf("该员工税前工资为：%.2f\n需要缴纳的个人所得税为：%.2f\n税后工资为：%.2f\n",
salary,duty,after_tax);
}
```

4.3.3　程序运行情况

程序运行后,程序提示用户输入员工的税前工资,根据用户输入的税前工资,计算出该员工需要缴纳的个人所得税和税后工资,运行情况如图 4-8 所示。

```
请输入税前工资总额：15821
该员工税前工资为:15821.00
需要缴纳的个人所得税为:872.10
税后工资为:14948.90
Press any key to continue
```

图 4-8　计算个人所得税运行情况

4.4　例 4-4：求某年某月有多少天

4.4.1　设计说明

1. 功能说明

从键盘输入年号和月号,计算这一年的这个月共有多少天。

注意:编写该程序需要考虑闰年问题,因为二月份的天数与闰年有关。

闰年的判断依据是:若某年能被 4 整除,但不能被 100 整除,则这一年是闰年;或者这一年号能被 400 整除,也是闰年。

闰年的 2 月为 29 天,非闰年的 2 月为 28 天。

2. 变量说明

int year:表示年号。

int month:表示月份。

int days:表示天数。

3. 流程分析

程序的执行步骤如下。

（1）提示用户按照指定格式输入年 year 和月 month。

（2）根据用户输入的值，使用 switch 语句计算出该年该月有多少天。

（3）输出结果。

4.4.2　程序源代码

```
# include < stdio.h >
main( )
{
    int year, month, days;
    printf("请输入年和月份,输入格式为(yyyy-mm)");
    scanf("%d-%d", &year, &month);
    switch (month)
    {
      case 1:
      case 3:
      case 5:
      case 7:
      case 8:
      case 10:
      case 12:
            days = 31; break;                /* 处理"大"月 */
      case 4:
      case 6:
      case 9:
      case 11:
            days = 30; break;                /* 处理"小"月 */
      case 2:
            if (year % 4 == 0 && year % 100!= 0 || year % 400 == 0 )
                days = 29;                   /* 如果是闰年时,2月份天数为29天 */
            else
                days = 28;                   /* 不是闰年时,2月份天数为28天 */
            break;
        default:
            printf("Input error!\n\n");   /* 月份输入错误的情况 */
            days = 0;
    }
    if (days!= 0)
        printf ("%d年的 %d月份共有 %d 天\n\n", year, month, days);
}
```

4.4.3　程序运行情况

程序运行后,用户按照要求输入年和月,如果输入格式不正确,程序会给出错误提示,如图 4-9 所示;如果输入正确,例如,输入 2020-12,程序将打印出 2020 年 12 月的天数,如图 4-10 所示。

请输入年和月份，输入格式为（yyyy-mm）2020-22 月份输入错误！ Press any key to continue

图 4-9　输入错误的情况

请输入年和月份，输入格式为（yyyy-mm）2020-12 2020年的 12月份共有 31 天 Press any key to continue

图 4-10　计算 2020 年的 12 月有多少天

4.5　例 4-5：求一元二次方程的根

4.5.1　设计说明

1. 功能说明

从键盘输入 a,b,c 的值,求一元二次方程 $ax^2+bx+c=0$ 的根。

分析：

（1）若 a＝0,则不是二次方程。

（2）若 $b^2-4ac=0$,有两个相等的实根。

（3）若 $b^2-4ac>0$,有两个不等的实根。

（4）若 $b^2-4ac<0$,有两个共轭的复根。

2. 变量说明

double a,b,c：分别表示一元二次方程的系数。

double t：这里用来表示 b^2-4ac 的值,即 Δ 的值。

double x1,x2：用来表示两个根。

double p,q：用来表示方程虚根的实部和虚部。

3. 流程分析

程序的执行步骤如下。

（1）提示用户输入一元二次方程 $ax^2+bx+c=0$ 的系数值,即 a,b,c 的值。

（2）计算 Δ 的值,并根据 Δ 的值计算方程的根,并输出。

注意：

（1）由于 a,b,c 都是 double 型数据,所以在输入语句 scanf 中使用"％lf"的格式。

（2）输出语句 printf 中的"％.2f"表示小数点后保留 1 位小数。

4.5.2　程序源代码

```c
# include "stdio. h"
# include "math. h"
main()
{
    double a,b,c,t,x1,x2,p,q;
```

```
printf("请输入一元二次方程 ax^2+bx+c=0 的系数,即 a,b,c 的值\n 系数中间用逗号(,)分
隔开");
scanf("%lf,%lf,%lf",&a,&b,&c);
t=b*b-4*a*c;
if(a<=0)
    printf("系数 a 必须大于 0");
else if(t>0)                         /*有两个实根的情况*/
{
    x1=-b/(2*a)+sqrt(t)/(2*a);
    x2=-b/(2*a)-sqrt(t)/(2*a);
    printf("一元二次方程 ax^2+bx+c=0 有实根,其根为:\n");
    printf("x1=%.2f,x2=%.2f\n",x1,x2);
}
else if(t==0)                        /*有两个相等的实根的情况*/
{
    x1=x2=-b/(2*a);
    printf("一元二次方程 ax^2+bx+c=0 有两个相等的实根,其根为:\n");
    printf("x1=x2=%.2f\n",x1);
}
else                                 /*方程没有实根的情况*/
{
    p=-b/(2*a);                      /*p表示实部*/
    q=sqrt(-t)/(2*a);                /*q表示虚部实部*/
    printf("一元二次方程%.1fx^2+%.1fx+%.1f=0 没有实根,有两个不等的虚根,其值
为:\n",a,b,c);
    printf("x1=%.2f+%.2fi\n",p,q);
    printf("x2=%.2f-%.2fi\n",p,q);
}
}
```

4.5.3 程序运行情况

程序运行后,提示用户输入一元二次方程的系数,程序会根据用户的输入来计算一元二次方程的根。图 4-11 给出的是一元二次方程有两个不同的实根的情况,图 4-12 是一元二次方程有两个不同的虚根的情况。

```
请输入一元二次方程ax^2+bx+c=0的系数,即a,b,c的值
系数中间用逗号(,)分隔开
3,4,-2
一元二次方程3.0x^2+4.0x+-2.0=0有实根,其根为:
x1=0.39,x2=-1.72
Press any key to continue
```

图 4-11 一元二次方程有两个实根的情况

```
请输入一元二次方程ax^2+bx+c=0的系数,即a,b,c的值
系数中间用逗号(,)分隔开
3,4,5
一元二次方程ax^2+bx+c=0没有实根,有两个不等的虚根,其值为:
x1=-0.67+1.11i
x2=-0.67-1.11i
Press any key to continue
```

图 4-12 一元二次方程有两个虚根的情况

4.6　例 4-6：三角形判断

4.6.1　设计说明

1. 功能说明

判断所给三条边能否构成三角形,若能构成,判断出三角形类型。

2. 变量说明

float a,b,c：表示三角形的三条边。

int n=0：用来确定三角形的类型。其中：

n=0 代表任意三角形;

n=1 代表等边三角形;

n=2 代表等腰三角形;

n=3 代表直角三角形;

n=4 代表等腰直角三角形;

n=5 代表不能构成三角形。

3. 流程分析

(1) 输入三角形的三条边。

(2) 使用嵌套的分支语句来判断三角形的类型,最外层是双分支语句。

当满足(a+b>c && (a−b)<c)条件时(以下是内层分支语句):

① 满足(a*a+b*b==c*c || a*a+c*c==b*b || b*b+c*c==a*a)条件时,n 赋值为 3,即三角形是直角三角形。

② 满足 (a==b || a==c || b==c)条件时,n 赋值为 2,此时的三角形是等腰三角形;如果同时还满足(a*a+b*b==c*c || a*a+c*c==b*b || b*b+c*c==a*a)条件时,n 赋值为 4,此时的三角形是等腰直角三角形。

③ 如果满足(a==b && a==c)条件时,n 赋值为 1,即三角形是等边三角形。

否则,也就是(a+b>c && (a−b)<c)条件不满足时,n 赋值为 5,表示不能构成三角形。

(3) 使用 switch 语句,根据 n 的值打印出对应的三角形的信息。

4.6.2　源程序代码

```c
#include <stdio.h>
int main()
{
    float a,b,c;
```

```
int n = 0;
printf("请输入三角形的三条边:\na = ");
scanf(" % f", &a);
printf("b = ");
scanf(" % f", &b);
printf("c = ");
scanf(" % f", &c);
if (a + b > c && (a - b) < c)
{
    if (a * a + b * b == c * c || a * a + c * c == b * b || b * b + c * c == a * a)
        n = 3;
    if (a == b || a == c || b == c)
    {
        n = 2;
        if (a * a + b * b == c * c || a * a + c * c == b * b || b * b + c * c == a * a)
            n = 4;
    }
    if (a == b && a == c)
        n = 1;
}
else
    n = 5;
switch (n)
{
    case 0:
        printf("边长 a = % .1f, b = % .1f, c = % .1f 的三角形是任意三角形\n", a, b, c);
        break;
    case 1:
        printf("边长 a = % .1f, b = % .1f, c = % .1f 的三角形是等边三角形\n", a, b, c);
        break;
    case 2:
        printf("边长 a = % .1f, b = % .1f, c = % .1f 的三角形是等腰三角形\n", a, b, c);
    break;
    case 3:
        printf("边长 a = % .1f, b = % .1f, c = % .1f 的三角形是直角三角形\n", a, b, c);
        break;
    case 4:
        printf("边长 a = % .1f, b = % .1f, c = % .1f 的三角形是等腰直角三角形\n", a, b, c);
        break;
    case 5:
        printf("不能构成三角形\n");
        break;
}
}
```

4.6.3 程序运行情况

程序运行后,提示用户输入三角形的三条边,程序会根据用户输入的数据进行计算,最后打印出用户输入的是什么三角形。图 4-13 是用户输入的三角形是任意三角形的情况,

图 4-14 是用户输入的三条边是直角三角形的情况。

```
请输入三角形的三条边:
a=2.3
b=4.6
c=5.2
边长a=2.3,b=4.6,c=5.2的三角形是任意三角形
Press any key to continue
```

图 4-13   用户输入的是任意三角形

```
请输入三角形的三条边:
a=3.0
b=4.0
c=5
边长a=3.0,b=4.0,c=5.0的三角形是直角三角形
Press any key to continue
```

图 4-14   用户输入的是直角三角形

第 **5** 章

循环结构

　　计算机最大的优势就是不厌其烦地重复工作,并且不会出错。循环结构的语法并不复杂,如何灵活地使用循环结构解决问题是我们要学习的关键。本章共给出 5 个案例,将分支语句、循环语句等重要且基本的知识点巧妙地贯穿到各个案例中,帮助同学们逐步建立起程序设计的思想和思维习惯。

5.1　例 5-1：简易计算器

5.1.1　设计说明

1. 功能说明

(1) 简易的计算器,实现加(+)、减(-)、乘(×)、除(÷)和模除(%)的计算。

(2) 将整个计算器的功能放在循环体中,就能实现反复计算,设置循环结束条件是输入"1 2 3",通过 break 语句退出循环。

(3) 使用 switch 语句分析用户输入的"opt"的值,根据用户的输入完成对应的运算,对于"/"运算,当用户输入的第二个运算数是"0"时,提示"分母不能为零",并利用 continue 语句返回循环入口,进行下一次循环。

(4) 输出运算结果。

2. 变量说明

char opt：表示用户输入的运算符。

int number1：表示用户输入的第一个运算数。

int number2：表示用户输入的第二个运算数。

int result：用来存储运算结果。

3. 流程分析

计算器的执行过程如下。

(1) 定义变量,提示用户如果输入"1 2 3",则程序结束。

(2) 使用 while(1) 语句直接进入循环。

　　① 循环体中按照"％d ％c ％d"的格式输入运算数和运算符,即 number1,opt 和 number2 的值,如果输入的是"1 2 3"时使用 break 语句退出循环；否则使用 switch 语句进行判断,根据输入的 opt 值的不同进入不同的 case 分支进行计算。

　　② 如果 opt 的值是"/"时,需要判断分母是否为零,如果分母不为零,直接进行除法运算；如果分母为零,给出错误提示,并使用 continue 语句结束本次循环,直接进入下一次循环。

5.1.2　程序源代码

```c
# include < stdio.h >
int main()
{
    char opt;
    int number1;
    int number2;
    int result;
    printf("输入"1 2 3"可以退出计算器。\n");
    while(1)
    {
        printf(">>>");
        / * opt 是字符型,采用 %c 格式接受赋值 * /
        / * number1 和 number2 是整型,采用 %d 格式来赋值 * /
        scanf("%d %c %d", &number1, &opt, &number2);
        if((number1 == 1)&&(opt == '2')&&(number2 == 3))
        {
            break;
        }
        switch(opt)
        {
            case '+': result = number1 + number2;break;
            case '-': result = number1 - number2;break;
            case '*': result = number1 * number2;break;
            case '/':
                {
                    if (number2 != 0)
                        result = number1 / number2;
                    else
                    {
                        printf("分母不能是零!\n");
                        continue;
                    }
                    break;
                }

            case '%': result = number1 % number2;break;
            default: printf("非法运算!\n");break;

        }
        printf("%d %c %d = %d\n", number1, opt, number2, result);
    }
    printf("计算器已退出!\n");
    return 0;
}
```

5.1.3 程序运行情况

运行程序后,按提示输入两个运算数和一个运算符进行计算,用户输入"1 2 3"的时候结束程序。运行情况如图 5-1 所示。

```
输入"1 2 3"可以退出计算器。
>>>6*28
6 * 28 = 168
>>>8/0
分母不能是零!
>>>1 2 3
计算器已退出!
Press any key to continue
```

图 5-1　简易计算器的运行情况

5.2　例 5-2：计算平均分

5.2.1　设计说明

1. 功能说明

用户输入 n 名学生的成绩,计算学生的平均分并统计各个分数段的人数。

2. 变量说明

double sum：用来存储分数总和。

double avg：表示平均分。

int a[100]：数组 a 用来存储输入的学生的成绩,给定初值为 100。

int num[5]：数组 num 用来存储各个分数段的人数。

3. 流程分析

(1) 程序中第一个 for 循环用来计算学生的总分,先输入每名学生的成绩存储在数组 a 中,如果成绩不符合要求,即小于 0 或者大于 100,则使用 break 语句结束循环;如果输入的成绩是 0～100 的数,则计算累加和,存储在变量 sum 中。

(2) 计算平均分 avg,avg＝sum/n,n 是学生数。

(3) 程序中第二个 for 循环用来统计各个分数段的人数,存储在数组 num 中,利用多分支语句来实现。其中:

将 90～100 分的人数存储在 num[0]中;

将 80～89 分的人数存储在 num[1]中;

将 70～79 分的人数存储在 num[2]中;

将 60～69 分的人数存储在 num[3]中;

将小于 60 分的人数存储在 num[4]中。

5.2.2　程序源代码

```
# include "stdio.h"
# include "stdlib.h"
int main()
{
    / * 变量定义 * /
    int i,n;
    double sum = 0, avg = 0;
    int num[5] = {0};
    int a[100];
    / * 输入学生人数 * /
    printf("请输入学生人数\n");
    scanf(" % d",&n);
    / * for 循环中输入 n 个学生的成绩,并计算总分,存储在变量 sum 中 * /
    for(i = 0;i < n;i++)
    {
        printf("请输入第 % d 个学生的成绩\n",i + 1);
        scanf(" % d",&a[i]);
        if(a[i]< 0||a[i]> 100)
            break;
        sum = sum + a[i];
    }
    / * 计算平均分 * /
    avg = sum/n;
    printf("这 % d 个学生的平均成绩是: % .2f",n,avg);
    / * ---- 统计各个分数段的人数 ---- * /
    for(i = 0; i < n; i++)
        if(a[i]> = 90) num[0] + = 1;
        else if(a[i]> = 80)   num[1] + = 1;
        else if(a[i]> = 70)   num[2] + = 1;
        else if(a[i]> = 60)   num[3] + = 1;
        else num[4] + = 1;
printf("\n ================================================= \n");
    printf("\t 成绩段\t\t 人数\t\n");
printf("\n ================================================= \n");
    printf("\t90 分以上\t % d", num[0]);
    printf("\n\t80-90 分\t\t % d",num[1]);
    printf("\n\t70-80 分\t\t % d",num[2]);
    printf("\n\t60-70 分\t\t % d",num[3]);
    printf("\n\t 不及格\t\t % d", num[4]);
printf("\n ================================================= \n");
}
```

5.2.3　程序运行情况

运行程序后,提示用户输入 5 名学生的成绩,程序会根据用户的输入,统计出每个分数段的人数和 5 名学生的平均分,运行情况如图 5-2 所示。

```
请输入学生人数
5
请输入第1个学生的成绩
67
请输入第2个学生的成绩
89
请输入第3个学生的成绩
87
请输入第4个学生的成绩
77
请输入第5个学生的成绩
49
这5个学生的平均成绩是：73.80
==================================================
        成绩段          人数

==================================================
        90分以上        0
        80-90分         2
        70-80分         1
        60-70分         1
        不及格          1
==================================================

--------------------------------
Process exited with return value 0
Press any key to continue . . .
```

图 5-2 计算学生成绩运行界面

5.3 例 5-3：摄氏温度与华氏温度转换

5.3.1 设计说明

1. 功能说明

华氏温标与摄氏温标是两大国际主流的计量温度的标准。本程序实现的是华氏温度和摄氏温度之间的转换表。两者之间的换算公式为

$$c=(f-32)\times 5/9.0$$

c 表示摄氏温度，f 表示华氏温度。

2. 预处理与变量说明

1）预处理

#include "stdio.h"：stdio.h 是标准的输入/输出头文件，程序中使用的 printf()和 scanf()函数，要对其进行预处理，即文件包含。

#include "math.h"：math.h 是数学类头文件，本程序中用到了 abs 函数，所以要对其进行预处理操作。abs 函数的功能是求整数的绝对值。

2）变量说明

double c：用来表示摄氏温度。

double f：用来表示华氏温度。

int begin：表示用户输入的温度起始值。

int end：表示用户输入的温度终止值。

int step：步长。

3. 流程说明

（1）提示用户输入华氏温度的起始值、终止值和步长值，起始值、终止值分别存储在变量 begin 和 end 中，步长值存储在变量 step 中。

（2）如果 begin＞end，则步长取其相反数，即 step ＝ －step。

（3）进入循环，循环体中按格式"\t%.2f\t\t%.2f\n"逐个打印华氏温度和摄氏温度，"\t"和"\n"是转义字符，控制格式".2f"表示输出小数点后保留两位的实数（double 型），当 (f－end)＜step 时，使用 break 语句结束循环。abs()是求绝对值函数。

5.3.2　程序源代码

```
#include <stdio.h>
#include <math.h>
int main()
{
    double c;                      /* 摄氏温度 */
    double f;                      /* 华氏温度 */
    int begin;                     /* 温度起始值 */
    int end;                       /* 温度终止值 */
    int step;                      /* 步长 */
    printf("欢迎使用温度表小程序\n");
    printf("请输入【华氏温度】的起始值和结束值:\n");
    scanf("%d %d", &begin, &end);
    printf("请输入步长(1~10 的整数):\n");
    scanf("%d", &step);
    if(begin < end)
        step = step;
    else
        step = -step;
    f = begin;
    printf("\t华氏温度 ------> 摄氏温度\n");
    while(1)
    {
        c = (f - 32) * 5 / 9.0;
        printf(" \t%.2f\t\t %.2f\n", f, c);
        if(abs(f - end) < abs(step))
            break;
        f += step;
    }
    return 0;
}
```

5.3.3　程序运行情况

运行程序后，提示用户输入华氏温度的起始值、结束值以及步长，程序根据用户输入的数据进行计算，打印出对应的华氏温度与摄氏温度的换算表，如图 5-3 所示。

```
欢迎使用温度表小程序
请输入【华氏温度】的起始值和结束值：
20
150
请输入步长（1～10的整数）：
9
        华氏温度 ------> 摄氏温度
        20.00              -6.67
        29.00              -1.67
        38.00               3.33
        47.00               8.33
        56.00              13.33
        65.00              18.33
        74.00              23.33
        83.00              28.33
        92.00              33.33
        101.00             38.33
        110.00             43.33
        119.00             48.33
        128.00             53.33
        137.00             58.33
        146.00             63.33
Press any key to continue
```

图 5-3　摄氏温度与华氏温度转换程序运行图

5.4　例 5-4：猜数字游戏 1

5.4.1　设计说明

1. 功能说明

猜数字小游戏，首先由系统随机产生 1～100 的随机数，然后提示用户输入一个数字，将用户输入的数字与系统随机产生的数进行比较，并给出"偏大了！"或"偏小了！"的提示，如果两数相等，表示猜对了，此时打印出游戏进行的次数。游戏共进行 10 次，如果 10 次都没有猜对，给出猜错的提示信息。

2. 预处理与常量、变量说明

1）预处理

♯include "stdio.h"：stdio.h 是标准的输入/输出头文件，程序中使用 printf() 和 scanf() 函数，必须对其进行预处理，即文件包含。

♯include "time.h"：time.h 是 C/C++ 中的日期和时间头文件。time(NULL) 函数是 C 标准库函数，其功能是获取当前的系统时间，返回的结果是当前时间的秒数，NULL 是系统常量，表示 0，这里指空指针。

♯include "stdlib.h"：stdlib.h 是标准库头文件（即 standard library），stdlib 头文件里包含 C、C++ 语言最常用的系统函数，如 srand() 函数和 time() 函数。

srand() 函数是在调用 rand() 函数之前使用的，rand() 函数的功能是一个产生随机数，而 srand() 函数的功能是设置随机数的种子。这两个函数一起使用才能完成产生随机数的功能。

C 语言中，srand(time(NULL)) 的功能是使用当前时间作为随机数发生器的初始值。

2）常量说明

♯define MAX 10：这里 MAX 设置允许用户猜数字的次数。

3）变量说明

int number：用来存储随机产生的数值。

int answer：存储用户输入的数值。

int i：循环变量。

3．程序流程分析

（1）使用下面两条语句随机生成 1～100 的随机数，存储在变量 number 中。

```
srand(time(NULL));
number = rand() % 100 + 1;
```

（2）进入循环，循环次数从 1 到 MAX，这里设置 MAX 值为 10，循环体中提示用户输入一个值，存储在变量 answer 中，使用多分支语句将 answer 值与 number 值进行比较，如果（answer＞number），提示"偏大了"，否则提示"偏小了"，如果两者相等则提示"猜对了"，并给出当前循环变量 i 的值，即猜的次数；如果 i＞MAX，表示用户在 10 次内没有猜对，给出提示，程序运行结束。

5.4.2　程序源代码

```c
#include "stdio.h"
#include "time.h"
#include "stdlib.h"
#define MAX 10
int main()
{
    int number;
    int answer;
    int i;
    srand(time(NULL));
    /* rand() % 100 的功能是产生 0～99 的随机整数 */
    number = rand() % 100 + 1;
    printf(" ====== 欢迎使用猜数小游戏 ====== \n");
    printf( " ==== 目标是 1～100 的整数 ==== \n" );
    for( i = 1; i <= MAX; i++)
    {
        printf( "请输入一个整数:");
        scanf( " % d", &answer );
        printf( "你猜的整数是:% d, ", answer );
        if( (answer < 1)||(answer > 100) )
        {
            printf( "超出区间[1, 100]!\n" );
        }
        else if(answer > number)
        {
            printf( "偏大了!\n" );
        }
        else if(answer < number){
            printf( "偏小了!\n" );
        }
        else
        {
```

```
            printf( "猜对了!一共猜测%d次。\n", i );
            break;
        }
    }
    if( i > MAX )
    {
        printf( "目标整数是%d。\n", number);
        printf( "抱歉,只允许猜测%d次,再见!\n", MAX);
    }
    return 0;
}
```

5.4.3 程序运行情况

程序运行后,提示用户输入一个 1~100 的数,将用户输入的数与系统随机产生的数进行比较,给出偏大或偏小的提示,程序运行情况如图 5-4 所示。

```
=====欢迎使用猜数小游戏=====
====目标是1~100的整数====
请输入一个整数: 80
你猜的整数是: 80, 偏小了!
请输入一个整数: 90
你猜的整数是: 90, 偏大了!
请输入一个整数: 85
你猜的整数是: 85, 偏大了!
请输入一个整数: 83
你猜的整数是: 83, 偏小了!
请输入一个整数: 82
你猜的整数是: 82, 偏小了!
请输入一个整数: 81
你猜的整数是: 81, 偏小了!
请输入一个整数: 84
你猜的整数是: 84, 猜对了!一共猜测7次。
Press any key to continue
```

图 5-4　猜数字游戏 1 的运行情况

5.5　例 5-5:猜数字游戏 2

5.5.1　设计说明

1. 设计说明

猜数字小游戏,游戏规则如下:计算机随机生成一个 1~100 的随机数 number,由用户来猜。将用户输入的数字 answer 与计算机产生的随机数 number 进行比较,如果 answer>number,系统给出"大了"的提示;如果 answer<number,系统给出"小了"的提示;当 answer=number 时,系统提示"恭喜你!猜对了"。

每次游戏可以猜 5 次。次数由变量 no 来统计,当 no 值超过 5 次(即 no 大于或等于 5)时,游戏结束。

提示:本例题与 5.4 节属于同类型,区别在于系统随机数生成的时间点不一致,5.4 节是在循环之前随机数就生成了,而本例题是在循环体中生成随机数。同学们可以对比着进行练习。

2. 变量说明

int number＝0：用来保存系统生成的随机数。

int no＝0：保存猜的第几次。

int answer：用来保存答案。

char input＝'y'：保存用户输入（是否继续）。

3. 流程分析

（1）生成 1～100 的随机数，方法同 5.4 节。

（2）直接进入循环，使用 no 来存储猜的次数，也是循环次数，循环体内是一个双分支结构。

① 当两者相等时，即 answer ＝＝ number，提示猜对了，并提示是否进行下一次猜数字游戏，如果用户输入"y"或者"Y"，则重新生成随机数，并使用 continue 语句结束本次循环，进行下一次循环。

② 当(answer ＝＝ number)值为假时：

- 利用双分支语句判断是"大了"还是"小了"。
- 如果 no 值大于 5，循环结束。
- 提示用户是否进行下一次游戏，如果用户输入"y"或者"Y"，则重新生成随机数，并使用 continue 语句结束本次循环，进行下一次循环。

5.5.2　程序源代码

```
#include "stdio.h"
#include "time.h"
#include "stdlib.h"
main()
{
    int number = 0;                    /* 用来保存系统生成的随机数 */
    int no = 0;                        /* 保存猜的第几次 */
    int answer = 0;                    /* 用来保存答案 */
    char input = 'y';                  /* 保存用户输入是否继续 */
    srand((unsigned)time(NULL));       /* 为随机数设置种子 */
    /* rand() % 100 功能是生成 0～99 的随机数 */
    number = rand() % 100 + 1;
    printf("*********** 猜 1～100 数字小游戏 ************\n");
    printf("************** 您有 5 次机会 **************\n");
    while (1)                          /* 游戏主循环 */
    {
        no++;                          /* no 用来存储猜的次数,进入游戏就增 1 */

        printf("第 %d 次猜, 请输入 1～100 的整数:",no);
        scanf("%d", &answer);

        if(answer == number)
        {
```

```c
        printf("恭喜你! 用了 %d 次猜对了!\n", no);
        printf("再来一次? (y/n):");
        getchar();
        input = getchar();
        if (input == 'y' || input == 'Y')
        {
            no = 0;
            srand((unsigned)time(NULL));        /* 为随机数设置种子 */
            number = rand() % 100 + 1;
            continue;
        }
        else
        {
            printf("Bye bye...\n");
            break;
        }
    }
    else
    {
        if( answer > number )
        {
            printf("大了...\n");
        }
        else
        {
            printf("小了...\n");
        }

        if (no > 5)
        {
            printf("猜的次数超过 5 次,游戏结束!");
            break;
        }
        printf("继续猜? (y/n):");
        getchar();
        input = getchar();
        if (input == 'y' || input == 'Y')
        {
            continue;
        }
        else
        {
            printf("Bye bye...\n");
            break;
        }
    }

}
    return 0;
}
```

5.5.3　程序运行情况

　　程序运行后,提示用户输入 1~100 的整数,共有 5 次机会。如果用户输入的数大于系统本次运行时产生的随机数,给出"大了"的提示;如果用户输入的数小于随机数,给出"小了"的提示;如果相等,给出"猜对"的提示,同时打印出猜对的次数,运行情况如图 5-5所示。

```
*********** 猜 1~100 数字小游戏 *************
************** 您有5次机会**************
第1次猜, 请输入1~100的整数:70
大了...
继续猜? (y/n):y
第2次猜, 请输入1~100的整数:50
小了...
继续猜? (y/n):y
第3次猜, 请输入1~100的整数:60
小了...
继续猜? (y/n):y
第4次猜, 请输入1~100的整数:65
小了...
继续猜? (y/n):y
第5次猜, 请输入1~100的整数:68
恭喜你! 用了5次猜对了!
再来一次? (y/n):
```

图 5-5　猜数字游戏 2 的运行情况

第6章

数组应用

数组是常见的构造数据类型,它是由一组相同类型的变量按照某种顺序组合而成,数组极大地简化了程序编写的复杂度,本章共包括 7 个案例,既有一维数组也有二维数组,帮助同学们通过实际的案例更加深刻熟练地理解和掌握数组的用法。

6.1 例 6-1:一维数组排序

6.1.1 设计说明

1. 功能说明

从键盘输入一组数,将其按从小到大的顺序排序后输出。

2. 常量和变量说明

1)常量
♯define N 10:常量 N,这里表示 10。

2)变量
int i,j: i,j 是循环变量。

int min:选择法排序时,用于存储最小元素的下标。

int tem:选择法排序时,用于交换的临时变量。

int a[N]:整型数组 a,包含 N(即 10)个数组元素。

3. 程序流程分析

(1)定义变量。

(2)提示用户输入 10 个数,在循环体中将输入的数存储在数组 a 中。

(3)打印数组 a 中的 10 个数。

(4)使用选择排序对数组 a 中的 10 个数进行排序。

n 个数进行选择排序的排序过程如下。

① 通过 n−1 次比较,从 n 个数中找出最小的数,将它与第一个数交换。第一趟排序的结果是最小的数被安置在第一个元素位置上。

② 通过 n−2 次比较,从剩余的 n−1 个数中找出值次小的数,将它与第二个数交换,完成第二趟选择排序。

③ 重复上述过程,共经过 n−1 趟排序后,排序结束。

(5) 打印排序后的数组 a。

6.1.2 程序源代码

```
#include "stdio.h"
#define N 10
main()
{
    int i,j;
    int min;
    int tem;
    int a[N];
    /*输入 10 个数。存储在数组 a 中*/
    printf("请输入 10 个数:\n");
    for(i=0;i<N;i++)
    {
        printf("a[%d]=",i);
        scanf("%d",&a[i]);
    }
    printf("\n");
    /*打印这 10 个数*/
    printf("输入的 10 个数是:\n");
    for(i=0;i<N;i++)
        printf("%5d",a[i]);
    printf("\n");
/*对数组 a 中的 10 个数进行选择法排序*/
for(i=0;i<N-1;i++)
    {
        min=i;
        for(j=i+1;j<N;j++)
            if(a[min]>a[j])
                min=j;
        tem=a[i];
        a[i]=a[min];
        a[min]=tem;
    }
/*输出排序后的数组 a*/
    printf("排序后的数为:\n");
    for(i=0;i<N;i++)
        printf("%5d",a[i]);
    printf("\n");

}
```

6.1.3 程序运行情况

程序运行后,提示用户输入 10 个数,程序将用户输入的 10 个数进行排序,程序运行情况如图 6-1 所示。

```
请输入10个数：
a[0]=57
a[1]=89
a[2]=664
a[3]=345
a[4]=7
a[5]=92
a[6]=67
a[7]=4
a[8]=7789
a[9]=85

输入的10个数是：
   57   89  664  345    7   92   67    4 7789   85
排序后的数为：
    4    7   57   67   85   89   92  345  664 7789
Press any key to continue
```

图 6-1 一维数组排序的运行界面

6.2 例 6-2：将一个数插入已排好序的数组中

6.2.1 设计说明

1. 功能说明

从键盘输入一组数，将其排序后输出，再从键盘输入一个数字，将其按原有顺序插入已排好序的数组中，并显示最后的结果。

2. 变量说明

int a[11]：整型数组 a，包含 11 个数组元素，分别是 a[0]～a[10]。

int i,j：i 和 j 是循环变量。

int temp,min：temp 和 min 是选择排序时用到的临时变量，其中，min 用来存储最小元素的下标，temp 是交换过程中用到的临时变量。

int number：用来存储用户从键盘输入的数。

3. 流程分析

程序执行步骤如下。

(1) 定义变量。

(2) 提示用户从键盘输入 10 个数，存储在数组 a 中。

(3) 排序，使用选择法将数组 a 中的 10 个数从小到大排序。

(4) 输出排好序的数组 a。

(5) 提示用户从键盘输入一个数，存储到 number 中。

(6) 将 number 插入已排好序的数组 a 中：使用 for 循环，从后往前，即 for(i=9;i>=0;i--)，当数组元组的值大于 number 时，将数组元素依次后移（即 a[i+1]=a[i]）；否则使用 break 语句终止循环，此时 i+1 的值就是 number 应该插入的位置。

例如，图 6-2 中显示的是排好序的 10 个数，输入 number 值为 75 时，从后往前依次比较

number 与数组元组的值,找到 70 时,满足不大于 number 的条件,使用 break 语句跳出循环体;此时的 i+1 的值就是 number 的插入点,如图 6-3 所示。

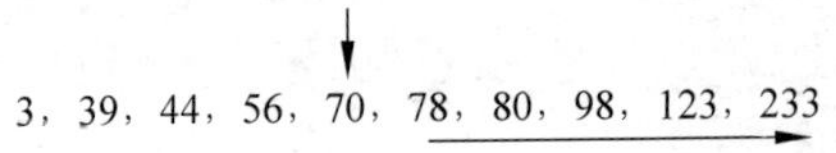

3，39，44，56，70，78，80，98，123，233

图 6-2　数组中大于 number 的数组元素向后移

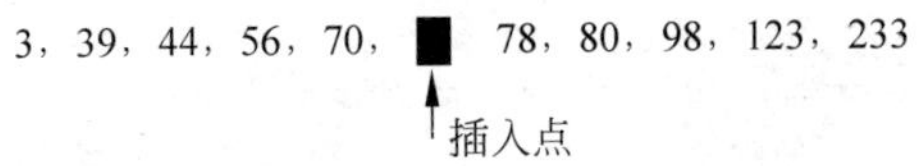

3，39，44，56，70，■　78，80，98，123，233

插入点

图 6-3　确定插入点

(7) 输出新数组。

6.2.2　程序源代码

```c
#include "stdio.h"
main()
{
    int a[11];
    int i,j;
    int temp;
    int number;
    int min;
    /*输入10个数。存储在数组a中*/
    printf("请输入10个数(以空格或Enter键结束):\n");
    for(i=0;i<10;i++)
    {
        printf("a[%d]=",i);
        scanf("%d",&a[i]);
    }
    printf("\n");
    printf("排序 :\n");
    /*对数组a中的10个数进行选择法排序*/
    for(i=0;i<9;i++)
    {
        min=i;
        for(j=i+1;j<10;j++)
            if(a[min]>a[j])
                min=j;
        temp=a[i];
        a[i]=a[min];
        a[min]=temp;
    }
    printf("排好序的数组:\n");
    for(i=0;i<10;i++)
        printf("%5d",a[i]);
    printf("\n");
    /*从键盘输入一个数number*/
    printf("从键盘输入一个数:\nnumber=");
    scanf("%d",&number);
    printf("\n");
    /*将number按次序插入已排好序的数组a中*/
    printf("将number插入已排好序的数组a中\n");
```

```
for(i = 9;i > = 0;i -- )
if(a[i]> number)
    a[i + 1] = a[i];
else
    break;
a[i + 1] = number;
/ * 输出数组 a * /
printf("输出新的数组 a\n");
for(i = 0;i < 11;i++)
    printf(" % 6d",a[i]);
printf("\n");
}
```

6.2.3　程序运行情况

程序运行后，首先提示用户输入 10 个数，如图 6-4 所示。用户输入结束后，程序完成排序的过程，再次提示用户输入一个数，用户输入后，按 Enter 键，程序将用户输入的数插入已排好序的数组中，如图 6-5 所示。

图 6-4　输入 10 个数

图 6-5　排序和再输入一个数的运行情况

6.3　例 6-3：二维数组互换

6.3.1　设计说明

1. 功能说明

将二维数组行列元素互换，存到另一个数组中。例如，实现如下功能，将数组 a 进行矩阵转置后得到数组 b。

$$a = \begin{pmatrix} 1 & 2 & 3 \\ 4 & 5 & 6 \end{pmatrix} \qquad b = \begin{pmatrix} 1 & 4 \\ 2 & 5 \\ 3 & 6 \end{pmatrix}$$

2. 变量说明

int a[2][3],b[3][2]：a 和 b 是用于存储进行矩阵转置的两个数组,其中,数组 a 是 2 行 3 列的二维数组,数组 b 是 3 行 2 列的二维数组。

int i,j：i 和 j 是用于循环的循环变量。

3. 流程分析

(1) 定义变量。

(2) 提示用户输入一个 2 行 3 列的二维数组,使用两重循环。

(3) 程序中的第二个两重循环,显示数组 a,并将其转置,语句 b[j][i]＝a[i][j]实现转置功能。

(4) 输出转置后的数组 b。

6.3.2　程序源代码

```
# include < stdio. h>
main()
{
    int a[2][3], b[3][2];
    int i,j;
        printf("请输入一个 2 行 3 列的数组 a:\n");
    for(i = 0;i < 2;i++)
    {
        printf("请输入第 % d 行 3 个数(以空格或 Enter 键结束):\n",i + 1);
        for(j = 0;j < 3;j++)
            scanf(" % d",&a[i][j]);
    }
    printf("数组 a:为\n");
    / * 矩阵转置 * /
    for(i = 0;i <= 1;i++)
    {
        for(j = 0;j <= 2;j++)
        {
            printf(" % 5d",a[i][j]);
            b[j][i] = a[i][j];
        }
    printf("\n");
    }
    printf("转置后的数组 b 为:\n");
    for(i = 0;i <= 2;i++)
    {
        for(j = 0;j <= 1;j++)
            printf(" % 5d",b[i][j]);
        printf("\n");
    }
}
```

6.3.3 程序运行情况

程序运行后,按照提示输入一个 2 行 3 列的数组后,程序会打印出它的转置矩阵,即一个 3 行 2 列的数组。程序运行情况如图 6-6 所示。

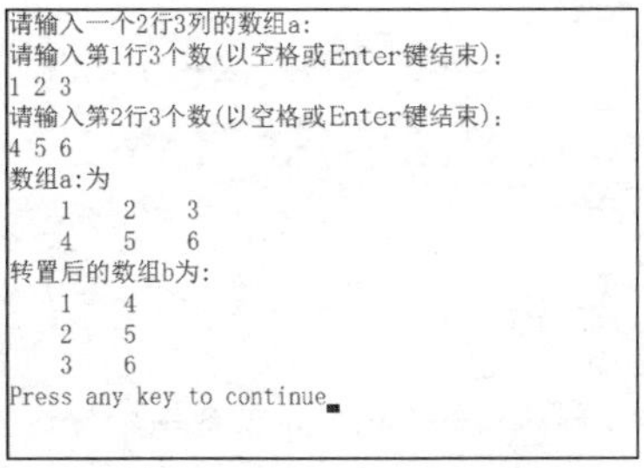

```
请输入一个2行3列的数组a:
请输入第1行3个数(以空格或Enter键结束):
1 2 3
请输入第2行3个数(以空格或Enter键结束):
4 5 6
数组a:为
    1    2    3
    4    5    6
转置后的数组b为:
    1    4
    2    5
    3    6
Press any key to continue
```

图 6-6   二维数组互换运行情况图

6.4   例 6-4:求 3 门课程的平均分

6.4.1   设计说明

1. 功能说明

一个学习小组有 5 名同学,每名同学有 3 门课的考试成绩,如表 6-1 所示,求每一科的平均成绩。

表 6-1   考试成绩

	张	王	李	赵	周
Math	80	61	59	85	76
C	75	65	63	87	66
FoxPro	92	71	70	90	85

分析:可设一个二维数组 a[3][5] 存放 5 名同学 3 门课的成绩。再设一个一维数组 v[3] 存放所求的各科的平均成绩。

2. 变量说明

float v[3],a[3][5],s;数组 a 是一个 3 行 5 列的二维数组,用来存放 5 名同学 3 门课程的成绩;数组 v 是 3 个元素的一维数组,存放所求的各科的平均成绩;s 用来存放在程序执行过程中每门课程的总分。

3. 流程分析

(1)定义变量。
(2)在两重循环中,外层循环表示 3 门课程,内层循环表示 5 个学生。
① 提示用户输入第 i 门课程的 5 名学生的成绩,并计算总分。
② 计算第 i 门课程的平均分,v[i]=s/5.0。

（3）打印成绩单：使用两重循环打印二维数组。

（4）输出每门课程的平均成绩 v[i]。

6.4.2 程序源代码

```
#include "stdio.h"
main()
{
    int i,j;
    float v[3],a[3][5],s;
    for(i=0;i<3;i++)
    {
        s=0;
        printf("请输入第%d门课程的5名学生的成绩\n",i+1);
        for(j=0;j<5;j++)
        {
            scanf("%f",&a[i][j]);
            s=s+a[i][j];                /*计算每门课程的总分*/
        }
        v[i]=s/5.0;                     /*计算每门课程的平均分*/
    }
    /*打印成绩单*/
    printf("==================成绩单如下==================\n");
    printf("\t张\t王\t李\t赵\t周\n");
    for(i=0;i<3;i++)
    {
        for(j=0;j<5;j++)
            printf("\t%.1f",a[i][j]);
        printf("\n");

    }
    printf("==============================================\n");
    for(i=0;i<=2;i++)
        printf("第%d门课程的平均分为:%.2f\n",i+1,v[i]);
}
```

6.4.3 程序运行情况

程序运行后，提示用户输入3门课程5名学生的成绩，程序进行成绩单统计，并计算每门课程的平均分，程序运行情况如图6-7所示。

```
请输入第1门课程的5名学生的成绩
80 61 59 85 76
请输入第2门课程的5名学生的成绩
75 65 63 87 77
请输入第3门课程的5名学生的成绩
92 71 70 90 85
==================成绩单如下==================
        张      王      李      赵      周
        80.0    61.0    59.0    85.0    76.0
        75.0    65.0    63.0    87.0    77.0
        92.0    71.0    70.0    90.0    85.0
==============================================
第1门课程的平均分为: 72.20
第2门课程的平均分为: 73.40
第3门课程的平均分为: 81.60
Press any key to continue
```

图6-7 3门课程平均分程序的运行情况

6.5 例6-5：二维数组求行最大值

6.5.1 设计说明

1. 功能说明

二维数组 a 代表 3 名同学 4 门课程的成绩，每行表示一名学生的成绩，算出每名同学的总分组成一个一维数组 b，并求出每门课程的最高分组成一个一维数组 c。

例如，二维数组：

```
a = (80   90   87   65
     78   82   91   98
     88   85   72   67)
b = (322 349 312)
c = (88 90 91 98)
```

本题的编程思路是，将数组 a 中每一行中的数值相加后存放在数组 b 的对应位置处；在数组 a 的每一列中寻找最大的元素，找到之后把该值赋予数组 c 相应的元素即可。

2. 变量说明

int a[3][4],b[3],c[4]：a 是一个 3 行 4 列的二维数组，存储用户输入的 3 名学生 4 门课程的成绩；b 是包含 3 个元素的一维数组，用来存储每名同学的总分，c 是包含 4 个元素的一维数组，用来存储每门课程的最高分。

int sum,max：sum 和 max 是程序计算过程中用到的临时变量，sum 在计算总分时表示每名学生的总分，max 表示每门课程的最高分。

3. 流程分析

程序执行步骤如下。

（1）定义变量。

（2）提示用户输入 12 个数值，分别表示 3 名同学的 4 门课程的成绩。给数组 a 赋值，是由程序中的第一个两重循环来完成的。

（3）输出表示 3 名同学的 4 门课程的成绩，由程序中的第二个两重循环来实现。

（4）第三个两重循环，计算每个学生的成绩的总分，外层循环表示每个学生，i 值为 0～2。

① sum 初值为 0。

② 将第 i 名同学的 4 门课程累加到 sum 上。

③ 将得到的 sum 值给数组 b 赋值，即 b[i]=sum。

（5）第四个两重循环，计算每门课程的最高分：

① 假定每列的第一个数是最大值，即 max=a[0][j]。

② 让该列的其余数与 max 进行比较，如果有大于 max 的则更新 max 值。

③ 求每列的最大值给数组 c 赋值，c[j]=max。

（6）输出数组 b 和数组 c。

6.5.2　程序源代码

```c
# include "stdio.h"
main()
{
    int a[3][4], b[3],c[4],i,j, sum = 0,max;
    float avg = 0.0;
    printf("请输入 3 名学生 4 门课程的成绩,以空格或 Enter 键结束\n");
    for(i = 0;i < = 2;i++)
    {
        printf("请输入第 % d 名同学的 4 门课程的成绩:",i + 1);
        for(j = 0;j < = 3;j++)
            scanf(" % d",&a[i][j]);
    }
    printf("\n 数组 a 是 3 名同学 4 门课程的成绩:\n");
    for(i = 0;i < = 2;i++)
    {
        for(j = 0;j < = 3;j++)
            printf(" % 6d",a[i][j]);
        printf("\n");
    }
    for(i = 0;i < = 2;i++)
    {
        sum = 0;
        for(j = 0;j < = 3;j++)
            sum + = a[i][j];
        b[i] = sum;
    }
    for(j = 0;j < = 3;j++)
    {
        max =  a[0][j];
        for(i = 0;i < = 2;i++)
            if (a[i][j]> max)
                max =  a[i][j];
        c[j] = max;
    }
    printf("\n 数组 b 是每名同学的总分:\n");
    for(i = 0;i < = 2;i++)
        printf(" % 5d",b[i]);
    printf("\n");
    printf("\n 数组 c 是每门课程的最高分:\n");
    for(i = 0;i < = 3;i++)
        printf(" % 5d",c[i]);
    printf("\n");
}
```

6.5.3　程序运行情况

程序运行后,提示用户输入 3 名学生 4 门课程的成绩。程序打印该成绩,并计算每名学生的总分和统计每门课程的最高分,程序运行情况如图 6-8 所示。

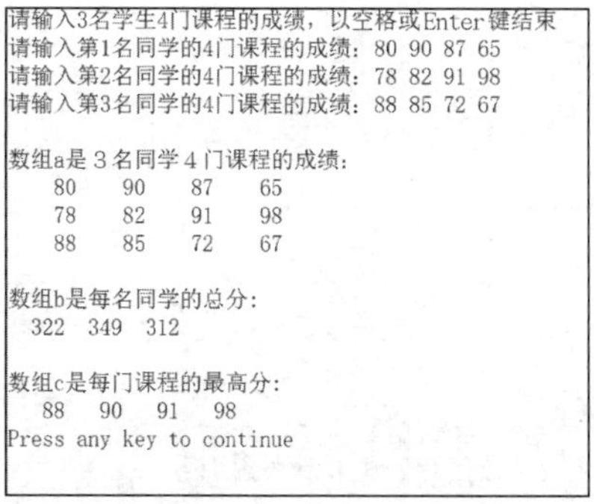

```
请输入3名学生4门课程的成绩，以空格或Enter键结束
请输入第1名同学的4门课程的成绩：80 90 87 65
请输入第2名同学的4门课程的成绩：78 82 91 98
请输入第3名同学的4门课程的成绩：88 85 72 67

数组a是3名同学4门课程的成绩：
    80    90    87    65
    78    82    91    98
    88    85    72    67

数组b是每名同学的总分：
  322  349  312

数组c是每门课程的最高分：
    88    90    91    98
Press any key to continue
```

图 6-8　例 6-5 运行情况

6.6　例 6-6：二维数组中求行列最大值及所在行列号

6.6.1　设计说明

1．功能说明

求二维数组中每行的最大值和最大值所在的行列号以及每行的最小值和最小值所在的行列号。

2．变量说明

int row_max＝0，col_max＝0,row_min＝0，col_min＝0：

变量 row_max 表示行最大值下标。

变量 col_max 表示列最大值下标。

变量 row_min 表示行最小值下标。

变量 col_min 表示列最小值下标。

int a[3][4]：表示 3 行 4 列的二维数组。

3．流程分析

（1）定义变量。

（2）提示用户输入数据为 3 行 4 列的二维数组 a 赋值,使用两重循环实现。

（3）两重循环打印二维数组 a。

（4）假定二维数组的第一个数组元素是最大值,也是最小值,即：

```
max = a[0][0];
min = a[0][0];
```

（5）使用两重 for 循环逐次在 3 行 4 列的二维数组求最大值和最小值,同时记录其最大值和最小值所在的行和列的下标。

（6）输出计算结果。

6.6.2 程序源代码

```c
# include < stdio. h>
main( )
{
    int i,j,max,min;
    int row_max = 0, col_max = 0,row_min = 0, col_min = 0;
    int a[3][4];
    printf("请输入一个 3 行 4 列的数组\n");
    /* 提示用户输入一个 3 行 4 列的数组 */
    for(i = 0;i < 3;i++)
    {
        printf("请输入第 %d 行的 4 个数:\n",i + 1);
        for(j = 0;j < 4;j++)
            scanf(" %d",&a[i][j]);
    }
    printf("输入的 3 行 4 列数组是:\n");
    /* 打印用户输入的 3 行 4 列的数组 */
    for(i = 0;i < 3;i++)
    {
        for(j = 0;j < 4;j++)
            printf(" %8d",a[i][j]);
        printf("\n");
    }
    /* 求 3 行 4 列数组中的最大值及所在的行列号和最小值及所在的行列号 */
    max = a[0][0];
    min  = a[0][0];
    for (i = 0 ; i < 3 ; i++)
        for (j = 0 ; j < 4 ; j++)
            if (a[i][j]> max )
            {
                max = a[i][j] ;
                row_max = i ;
                col_max = j ;
            }
            if (a[i][j]< min )
            {
                min = a[i][j] ;
                row_min = i ;
                col_min = j ;
            }
    printf("数组的最大值是: %d\n", max);
    printf("最大值位于第 %d 行第 %d 列,即 max = a[ %d][ %d]\n", row_max, col_max,row_max,
col_max);
    printf("数组的最小值是: %d\n", min);
    printf("最小值位于第 %d 行第 %d 列,即 min = a[ %d][ %d]\n", row_min, col_min,row_min,
col_min);
}
```

6.6.3 程序运行情况

程序运行后,提示用户输入一个 3 行 4 列的数组,程序根据用户的输入,先打印该二维数组,并打印二维数组中行列的最大值及最大值所在的行列号,以及最小值及最小值所在的行列号。运行情况如图 6-9 所示。

```
请输入一个3行4列的数组
请输入第1行的4个数:
90 89 98 97
请输入第2行的4个数:
100 91 92 93
请输入第3行的4个数:
95 96 97 90
输入的3行4列数组是:
        90      89      98      97
       100      91      92      93
        95      96      97      90
数组的最大值是: 100
最大值位于第1行第0列, 即max=a[1][0]
数组的最小值是: 90
最小值位于第0行第0列, 即min=a[0][0]
Press any key to continue_
```

图 6-9　二维数组求极值运行情况

6.7　例 6-7：二维数组求行列的和

6.7.1　设计说明

1. 功能说明

分别求二维数组中,各行、各列及二维数组中所有元素之和。例如,下面的二维数组 a:

12	4	6
8	23	3
15	7	9
2	5	17

计算之后得到下面的二维数组 b:

12	4	6	22
8	23	3	34
15	7	9	31
2	5	17	24
37	39	35	111

2. 变量说明

int x[5][4]：x 是一个 5 行 4 列的二维数组。

3. 流程分析

程序的执行步骤如下。

（1）定义变量。

（2）提示用户输入 4 行 3 列的二维数组的值,共 12 个数。

（3）显示上一步输入的二维数组。

（4）将第 5 行的各列元素赋初值为 0,用来存储各列的和,即 x[4][i]＝0。

（5）将第 4 列的各行赋初值为 0,即 x[i][3]＝0。

（6）使用两重循环,循环体实现的功能如下。

求每一行的和,将其存储在最后一列,即第 4 列,下标为 3,语句为 x[i][3] ＋＝ x[i][j]。

求每一列的和,将其存储在最后一行,即第 5 行,下标为 4,语句为 x[4][j] ＋＝ x[i][j],并求所有数的总和,保存在变量 x[4][3]中。

（7）输出计算后的二维数组。

6.7.2　程序源代码

```c
# include < stdio. h>
main()
{
    int x[5][4],i,j;
    printf("请输入 4 行 3 列二维数组的值:\n");
    for(i = 0;i <= 3;i++)
        for(j = 0;j <= 2;j++)
            scanf(" % d",&x[i][j]);
    printf("二维数组 a 的值为:\n");
    for(i = 0;i < 4;i++)
    {
        for(j = 0;j < 3;j++)
            printf(" % 5d\t",x[i][j]);
        printf("\n");
    }
    /* 将第 5 行的各列赋初值为 0,用来存储各列的和 */
    for(i = 0;i <= 2;i++)
        x[4][i] = 0;
    /* 将第 4 列的各行赋初值为 0,用来存储各行的和 */
    for(i = 0;i <= 4;i++)
        x[i][3] = 0;
    printf("计算二维数组每列的和,并存储在最后一行!\n");
    printf("计算二维数组每行的和,并存储在最后一列!\n");
    printf("所有数的和存储在最后一个位置\n");
    /* 打印刚才计算的二数组 */
    for(i = 0;i < 4;i++)
        for(j = 0;j < 3;j++)
        {
            x[i][3]+ = x [i][j]; /* 求每一行的和,将其存储在最后一列,即第 4 列,下标为 3 */
            x[4][j]+ = x [i][j]; /* 求每一列的和,将其存储在最后一行,即第 5 行,下标为 4 */
            x[4][3]+ = x [i][j];
        }
    printf("运算结果得到二维数组 b 为:\n");
    for(i = 0;i < 5;i++)
    {
        for(j = 0;j < 4;j++)
            printf(" % 5d\t",x[i][j]);
```

```
        printf("\n");
    }
}
```

6.7.3 程序运行情况

程序运行后,提示用户输入一个 4 行 3 列的二维数组的值,共 12 个值,程序根据用户的输入打印该二维数组,并计算每列的和存储在最后一行,计算每行的和,存储在最后一列,并打印出来。程序运行情况如图 6-10 所示。

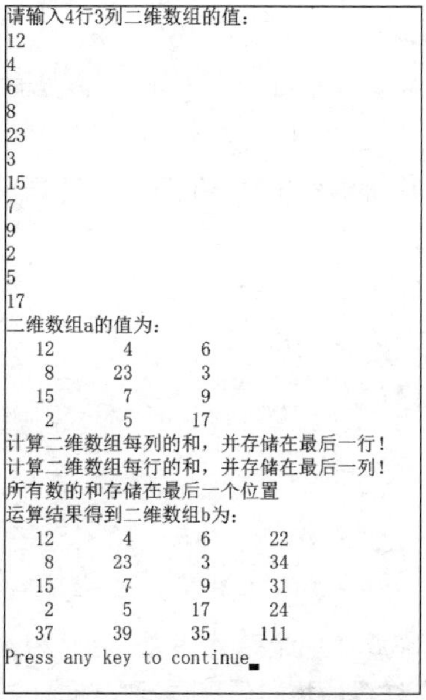

```
请输入4行3列二维数组的值:
12
4
6
8
23
3
15
7
9
2
5
17
二维数组a的值为:
    12       4       6
     8      23       3
    15       7       9
     2       5      17
计算二维数组每列的和,并存储在最后一行!
计算二维数组每行的和,并存储在最后一列!
所有数的和存储在最后一个位置
运算结果得到二维数组b为:
    12       4       6      22
     8      23       3      34
    15       7       9      31
     2       5      17      24
    37      39      35     111
Press any key to continue_
```

图 6-10 二维数组求行列和的运行图

第7章

结构体

结构体是将一些不同类型的数据聚合在一起的构造数据类型,它与数组的区别在于数组中的数据元素类型是相同的,而结构体中成员的类型可以不同,这就使得结构体的使用更加灵活,本章共包含 4 个案例,从简单到复杂,有助于帮助同学们熟练地理解和掌握结构体类型。

7.1 例 7-1:计算复数的模

7.1.1 设计说明

1. 功能说明

输入 3 个复数的实部和虚部放在一个结构体数组中,根据复数的模按由小到大的顺序对数组进行排序并输出。(注:复数的模＝sqrt(实部 * 实部＋虚部 * 虚部)。)

2. 常量、变量及结构体类型说明

♯define N 3:N 是常量,表示复数的个数。

```
struct complex
{
    float x;
    float y;
    float m;
}a[N],t;
```

struct complex:是结构体类型,用来表示复数。共包含 3 个成员:实部 x,虚部 y 和模 m。

a[N]是"struct complex"类型的结构体数组,包含 N 个数组元素,每个元素都是 struct complex 型的。

t 是 struct complex 类型的变量,是在排序时用到的临时变量。

3. 流程分析

(1) 先进行预处理,包括文件包含、常量定义和结构体类型定义。

（2）提示用户输入 N 个复数的实部和虚部，N 这里是常量 3。

（3）程序中的第二个 for 循环，打印刚才输入的 3 个复数，并计算模。

a[i].m = sqrt(a[i].x * a[i].x + a[i].y * a[i].y)

sqrt 函数的功能是开根号，该函数放在 math.h 头文件中，所以预处理要进行文件包含 ♯include "math.h"。

（4）采用选择法对复数的模进行排序。

（5）输出排好序的复数以及复数的模。

7.1.2 程序源代码

```c
♯ include "stdio.h"
♯ include "math.h"
♯ define N 3
struct complex
{
    float x;
    float y;
    float m;
}a[N],t;

main( )
{
    int i,j,k;
    for(i = 0;i < N;i++)
    {
      printf("请输入第 %d 个复数的实部和虚部(按空格或 Enter 键结束):",i + 1);
      scanf("%f%f",&a[i].x,&a[i].y);   /* 输入复数的实部和虚部 */
    }
    for(i = 0;i < N;i++)
    {
      printf("第 %d 个复数是 %.2f + %.2fi\n",i,a[i].x,a[i].y);
      a[i].m = sqrt(a[i].x * a[i].x + a[i].y * a[i].y);    /* 计算复数的模 */
      printf("模是 %.2f\n",a[i].m);
    }
    /* 选择法对复数的模进行排序 */
    for(i = 0;i < N - 1;i++)
    {
        k = i;
        for(j = i + 1;j < N;j++)
            if(a[k].m > a[j].m)
                    k = j;
        t = a[i];
        a[i] = a[k];
        a[k] = t;
    }
    printf("按模从小到大顺序排列的结果是:\n");
    for(i = 0;i < N;i++)
        printf("%.2f + %.2fi,模是 %.2f\n",a[i].x,a[i].y,a[i].m);
}
```

7.1.3　程序运行情况

程序运行后,提示用户输入 3 个复数的实部和虚部,程序根据用户的输入,打印这 3 个复数和模,并对这 3 个复数按照模从小到大排序。程序运行情况如图 7-1 所示。

```
请输入第1个复数的实部和虚部(按空格或Enter键结束):6 8
请输入第2个复数的实部和虚部(按空格或Enter键结束):12 9
请输入第3个复数的实部和虚部(按空格或Enter键结束):2 15
第0个复数是6.00+8.00i
模是10.00
第1个复数是12.00+9.00i
模是15.00
第2个复数是2.00+15.00i
模是15.13
按模从小到大顺序排列的结果是:
6.00+8.00i,模是10.00
12.00+9.00i,模是15.00
2.00+15.00i,模是15.13
Press any key to continue
```

图 7-1　求复数的模程序运行情况

7.2　例 7-2:喜剧人投票

7.2.1　设计说明

1. 功能说明

统计喜剧候选人得票数,假设有 3 个喜剧候选人,由 10 个粉丝代表参加投票,根据投票结果选出人气最高的喜剧人。

2. 常量、变量和预处理说明

1) 预处理

♯include "stdio. h":标准的输入/输出头文件。

♯include "string. h":本程序中用到字符串比较函数 strcmp(),所以要包含此文件。

常用的字符串处理函数有以下几个。

(1) 字符串连接函数 strcat()。

格式:strcat(str1,str2)

功能:把 str2 指向的字符串连接到 str1 指向的字符串的后面。str1 和 str2 是地址表达式(一般为数组名或指针变量)。str2 也可以是字符串常量。

(2) 字符串复制函数 strcpy()。

格式:strcpy(str1,str2)

功能:将 str2 指向的字符串复制到以 str1 为起始地址的内存单元。str1 和 str2 是地址表达式(一般为数组名或指针变量)。str2 也可以是字符串常量。

(3) 字符串比较函数 strcmp()。

格式:strcmp(str1,str2)

功能：比较两个字符串 str1 的 str2 的大小。str1 和 str2 是地址表达式(一般为数组名或指针变量)，也可以是字符串常量。

比较规则：对两个字符串从左向右逐个字符进行比较(ASCII 码)，如果第一个字符相同，就比较下一个，直到遇到不同的字符或 '\0' 为止。

返回值：返回 int 型整数。

① 若 str1 ＜ str2，返回负整数。

② 若 str1 ＞ str2，返回正整数。

③ 若 str1 ＝＝ str2，返回零。

(4) 测试字符串长度函数 strlen()。

格式：strlen(str)

功能：统计字符串 str 中字符的个数(不包括结束符 '\0')。str 是地址表达式，也可以是字符串常量。

2) 变量

struct person：是自定义结构体类型，包含两个成员，即 name 和 count，name 是候选人的名字，count 是候选人得票数。

leader[3]：leader 是结构体数组，共包含 3 个数组元素，分别是 leader[0]、leader[1] 和 leader[2]。

char select[20]：select 是一维数组，用来存储用户的输入。

3. 流程分析

(1) 定义变量。

(2) 打印喜剧候选人信息。

(3) 外层 for 循环共进行 10 次，即开始投票，每个用户允许投 1 次。

① 用户输入自己最喜爱的喜剧人名字，存储在字符数组 select 中。

② 如果用户输入的名字与系统给出的都不相同，给出输入错误的提示，i--，即本次输入不计数，利用 continue 语句返回，让用户重新输入。

③ 在循环体内计算票数，用户输入的名字与 leader[j].name 的值相等，leader[j].count++，即票数增 1，将最大票数候选人的下标存储在变量 t 中。

(4) 打印得票数最多的喜剧人的名字和票数。

7.2.2 程序源代码

```
#include "stdio.h"
#include "string.h"
struct person
{
    char name[20];
    int count;
}leader[3] = {"shenteng",0,"mali",0,"qiaoshan",0};
void main()
{
    int i,j,t = 0;
```

```
        char select[20];
        printf(" 三个喜剧候选人分别是:\n\t\"shenteng\"\n\t\"mali\"\n\t\"qiaoshan\"\n");
        printf(" 投票开始 ......\n");
        for(i = 0;i < 10;i++)
        {
            printf(" % d.请输入你的选择:",i + 1);
            scanf(" % s",select);
        if((strcmp(leader[0].name,select)!= 0)&&(strcmp(leader[1].name,select)!= 0)&&(strcmp
(leader[2].name,select)!= 0))
            {
                printf("输入名字错误,请重新输入!\n");
                i -- ;
                continue;
            }
            /* 计算票数 */
            for(j = 0;j < 3;j++)
            {
                if(strcmp(leader[j].name,select) == 0)
                    leader[j].count++;
                if(leader[t].count < = leader[j].count)
                    t = j;
            }
        }
        printf("投票结果是:\n");
        for(j = 0;j < 3;j++)
            printf(" % s: % 5d 票\n",leader[j].name,leader[j].count);
        printf("喜剧人冠军为: % s\n",leader[t].name);
}
```

7.2.3　程序运行情况

程序运行后,屏幕上打印喜剧候选人名单,并提示用户输入,用户输入自己喜爱的喜剧人名字,如果输入错误,程序会给出提示。共输入 10 次,用户输入结束后,程序统计得票数最多的候选人并打印,运行情况如图 7-2 所示。

```
三个笑星候选人分别是:
1.shenteng     2.mali  3.qiaoshan
 投票开始 ......
1         请输入你的选择:mali
2         请输入你的选择:mali
3         请输入你的选择:shenteng
4         请输入你的选择:shenteng
5         请输入你的选择:mali
6         请输入你的选择:mali
7         请输入你的选择:mali
8         请输入你的选择:qiaoshan
9         请输入你的选择:qiaoshan
10        请输入你的选择:qiaoshan
投票结果是:
shenteng:      2票
mali:     5票
qiaoshan:      3票
喜剧人冠军为:mali
Press any key to continue
```

图 7-2　喜剧人投票程序运行界面

7.3 例7-3：企业员工工资查询

7.3.1 设计说明

1. 功能说明

企业员工工资查询的主要功能如下。

（1）定义员工结构体类型 People，包括员工编号、员工姓名、基本工资和奖金4个成员。

（2）在主程序中输入员工信息。

（3）调用 getPeople() 函数，计算输入的员工信息中实际工资（基本工资和奖金之和）最少和最多的员工信息，并输出。

2. 自定义类型

```
typedef struct
{
    int number;                    /* 员工编号 */
    char name[20];                 /* 员工姓名 */
    float basicSalary;             /* 基本工资 */
    float reward;                  /* 奖金 */
}People;
```

通过 typedef 命令自定义类型 People，包括4个成员：员工编号、员工姓名、基本工资和奖金。

3. 常量

♯define MAX_PEOPLE 3：MAX_PEOPLE 是常量，表示员工数量。

4. 子函数

函数名：getPeople。

函数功能：接收主函数传进来的实参 p，p 是 People 型的数组，getPeople 函数的功能是求实发工资（p[i]. basicSalary＋p[i]. reward）最少和最多的员工的信息，并打印出来。

返回值：无。

参数 People * p：People 是自定义的结构体类型，p 是结构体类型的指针变量。执行调用语句"getPeople(p)"时，将实参"p"的地址传给形参"p"。

处理流程：

（1）令第1个员工的实发工资既是最小值，又是最大值，即：

minSalary = maxSalary = p[0]. basicSalary + p[0]. reward;

变量 record1 用来记录实发工资最少的员工下标，变量 record2 用来记录实发工资最多的员工下标。

（2）通过 for 循环比较 minSalary 和后面员工的实发工资的大小，如果后面员工的实发工资值更小,则更新 minSalary,同时也更新 record1 的值。

（3）打印实发工资最少的员工信息。

（4）通过 for 循环比较 maxSalary 和后面员工的实发工资的大小,如果后面员工的实发工资值更大,则更新 maxSalary,同时也更新 record2 的值。

（5）打印实发工资最多的员工信息。

（6）返回,结束。

5. 主函数

主函数的执行过程如下。

（1）主函数中使用 for 循环依次输入 3 个员工的基本信息,包括员工编号、员工姓名、基本工资和奖金；将输入的信息存储在结构体数组 p 中。

（2）调用 getPeople(p)子函数。

7.3.2　程序源代码

```c
#include "stdio.h"
#include "string.h"
#define MAX_PEOPLE 3
typedef struct
{
    int number;                        /* 员工编号 */
    char name[20];                     /* 员工姓名 */
    float basicSalary;                 /* 基本工资 */
    float reward;                      /* 奖金 */
}People                                /* 自定义结构体类型 */
void getPeople(People * p)
{
    float minSalary, maxSalary;        /* 实发工资的最小值和最大值 */
    minSalary = maxSalary = p[0].basicSalary + p[0].reward;
    /* record1 用来记录实发工资最少的员工下标 */
    /* record2 用来记录实发工资最多的员工下标 */
    int record1 = 0, record2 = 0;
    int i;
    /* 求实发工资最少的员工的下标 */
    for(i = 1;i < MAX_PEOPLE;i++)
    {
        if(minSalary > (p[i].basicSalary + p[i].reward))
        {
            minSalary = p[i].basicSalary + p[i].reward;
            record1 = i;
        }
    }
    /* 打印实发工资最少的员工信息 */
    printf(" ----------------- 实发工资最少的员工信息: -------------- \n");
    printf("员工编号:% d\n",p[record1].number);
    printf("员工姓名:% s\n",p[record1].name);
    printf("基本工资:% .2f\n",p[record1].basicSalary);
```

```
        printf("奖金:%.2f\n",p[record1].reward);
        printf("实发工资:%.2f\n",p[record1].basicSalary + p[record1].reward);
        printf("------------------------------------------------------ \n");
        /* 求实发工资最多的员工的下标 */
        for(i = 1;i < MAX_PEOPLE;i++)
        {
            if(maxSalary < p[i].basicSalary + p[i].reward)
            {
                maxSalary = p[i].basicSalary + p[i].reward;
                record2 = i;
            }
        }
        /* 打印实发工资最多的员工信息 */
        printf("-------------- 实发工资最多的员工信息:-------------- \n");
        printf("员工编号:%d\n",p[record2].number);
        printf("员工姓名:%s\n",p[record2].name);
        printf("基本工资:%.2f\n",p[record2].basicSalary);
        printf("奖金:%.2f\n",p[record2].reward);
        printf("实发工资:%.2f\n",p[record2].basicSalary + p[record2].reward);
        printf("------------------------------------------------------ \n");
}
main()
{
    People p[MAX_PEOPLE];
    int i = 0;
    for(i = 0;i < MAX_PEOPLE;i++)
    {

        printf("请输入第%d名员工的编号:",i + 1);
        scanf("%d",&p[i].number);

        printf("请输入第%d名员工的姓名:",i + 1);
        scanf("%s",p[i].name);

        printf("请输入第%d名员工的基本工资:",i + 1);
        scanf("%f",&p[i].basicSalary);

        printf("请输入第%d名员工的奖金:",i + 1);
        scanf("%f",&p[i].reward);
    }
    getPeople(p);
}
```

7.3.3 程序运行情况

程序运行后,首先提示用户输入 3 个员工的基本信息,包括员工编号、员工姓名、基本工资和奖金,然后程序根据用户的输入,计算员工的实际收入,并统计实发工资最少的员工和实发工资最多的员工,并打印出来。程序运行情况如图 7-3 所示。

```
请输入第1名员工的编号:101
请输入第1名员工的姓名:张三
请输入第1名员工的基本工资:2500
请输入第1名员工的奖金:3500
请输入第2名员工的编号:201
请输入第2名员工的姓名:李明明
请输入第2名员工的基本工资:3000
请输入第2名员工的奖金:3500
请输入第3名员工的编号:301
请输入第3名员工的姓名:刘军
请输入第3名员工的基本工资:4000
请输入第3名员工的奖金:3000
───────────实发工资最少的员工信息:───────────
员工编号:101
员工姓名:张三
基本工资:2500.00
奖金:3500.00
实发工资:6000.00

───────────实发工资最多的员工信息:───────────
员工编号:301
员工姓名:刘军
基本工资:4000.00
奖金:3000.00
实发工资:7000.00

Press any key to continue_
```

图 7-3　企业员工工资查询程序运行界面

7.4　例 7-4：结构体与指针

7.4.1　设计说明

1. 功能说明

建立某学校的学生成绩表,如表 7-1 所示,其中,课程分为选修课和必修课,选修课成绩以 A、B、C、D 和 E 来给出,请用户实现课程数据的输入操作并浏览输入的课程信息。

表 7-1　学生成绩表

学　　号	课 程 名 称	课 程 性 质	成　　绩
2020501	Python	选修	A
2020502	Clanguage	必修	80
2020503	English	必修	90
2020505	English	必修	98
2020508	Clanguage	必修	92

2. 预处理

#include "stdio. h":输入/输出头文件,本程序中用到该文件中的 printf 和 scanf 函数,需要文件包含该库。

#include "string. h":字符串处理头文件,本程序中用到该头文件中的 getchar 函数。

3. 常量

#define N 5：N 是常量,这里表示学生的数量。

int count ＝0；；全局变量,用来统计输入的学生数,每次输入一个学生 count 就增 1,在浏览学生信息的时候,先判断 count 的值,如果 count 的值为零,则提示"没找到相关信息"。

4. 自定义类型

exam 是使用 typedef 定义的结构体类型,其中包括学号(num)、课程名称(course)、课程性质(kind)以及成绩。

课程性质是共用体类型:当课程性质为选修课时,即 kind＝1,允许输入字母(A～E),此时使用共用体成员 c;当课程性质为必修课时,即 kind＝0,允许输入 0～100 的数,此时使用共用体成员 s。

5. 子函数

函数名:input()。

函数功能:输入学生信息。

返回值:无。

参数 1:exam ＊ stu。exam 是自定义的结构体类型,stu 是结构体类型的指针变量。执行函数调用语句"input(student,N)"时,将实参"student"的地址传给形参"stu",stu 是存放 exam 类型变量地址的指针变量。

参数 2:int size。整型变量,调用函数时接收实参"N"的值,表示学生的数量。

处理流程:函数调用时,实参是 exam 类型的数组 student[N],形参 stu 是指针变量,即 stu 指向数组 student。

(1) 提示用户输入信息。

(2) 在 for 循环中连续输入 5 个(N 个)学生的信息。

① 先输入学号、课程名称和课程性质。

② 再根据输入的课程性质(1 表示选修课,0 表示必修课),选择输入选修课的 A～E,或者必修课的 0～100 的数。

函数名:list()。

函数功能:浏览学生信息。

返回值:无。

参数 1:exam ＊ stu。exam 是自定义的结构体类型,stu 是结构体类型的指针,stu 是一个存放 exam 类型变量地址的指针变量。

参数 2:int size。整型变量,表示学生的数量。

处理流程:函数调用时,实参是 exam 类型的数组 student[N],形参 stu 是指针变量,即 stu 指向数组 student。

(1) 显示学生成绩等的提示信息。

(2) 在 for 循环中依次输出数组 student 中学生的信息。

6. 主函数

主函数的执行流程如下。

(1) 打印菜单,提示用户选择要进行的操作。

（2）循环体内提示用户输入 0～2 的数字，存储在变量 select 中。如果用户输入"1"，调用 input 函数；如果用户输入"2"，调用 search 函数；如果用户输入 0，使用 break 跳出循环体。

7.4.2　程序源代码

```c
#include "stdio.h"
#include "string.h"
#define N 5
int count = 0;
typedef struct student
{
    char num[10];
    char course[20];
    int kind;
    union
    {
        char c;
        int s;
    }score;
}exam;
void input(exam * stu, int size);
void list(exam * stu, int size);
main()
{
    int select;
    exam student[N];
    while(1)
    {
        printf("\n请输入你要选择的操作:\n");
        printf("1-------- 输入学生信息\n");
        printf("2-------- 浏览学生信息\n");
        printf("0-------- 退出\n");
        scanf(" %d",&select);
        if (select == 1)
            input(student,N);              /* 调用 input 函数 */
        else if(select == 2)
        {
            if (count == 0)
                printf("没找到相关信息\n");
            else
                list(student,N);           /* 调用 search 函数 */
        }
        else
            break;
    }
}
void input(exam * stu, int size)
```

```c
{
    int i;
    printf(" ================================================================
==== \n");
    printf("输入成绩时请注意:课程包括选修课和必修课,1 表示选修课,0 表示必修课\n");
    printf(" ================================================================
==== \n");
    for(i = 0;i < size;i++)
    {
        printf("请输入第 %d 名学生的学号(以 Enter 键结束):\n",i + 1);
        scanf(" % s",stu[i].num);
        printf("请输入课程名称(以 Enter 键结束)\n");
        scanf(" % s",stu[i].course);
        printf("请输入该课程的课程性质(选修课请输入\"1\",必修课请输入\"0\"):\n");
        scanf(" % d",&stu[i].kind);
        if (stu[i].kind == 1)
        {
            printf("现在输入的是选修课成绩,请输入 A、B、C、D、E 形式的成绩\n");
            getchar();                      /* 读取上次输入操作遗留在缓冲区中的换行符 */
            scanf(" % c",&stu[i].score.c);
        }
        else
        {
            printf("现在输入的是必修课成绩,请输入 0~100 的数值\n");
            getchar();
            scanf(" % d",&stu[i].score.s);
        }
        count++;
    }
}
void list(exam * stu,int size)
{
    int i;
    printf("以下是学生的成绩信息\n");
    printf(" --------- + ----------- + ------------- + --------- \n");
    printf(" 学号\t 课程名\t 课程性质 \t 成绩\n");
    for(i = 0;i < size;i++)
    {
        if(stu[i].kind == 1)
        printf("\n % 8s % 12s % 10s: % 10c\n",stu[i].num,stu[i].course,"选修课",stu[i].
score.c);
        else
        printf("\n % 8s % 12s % 10s: % 10d\n",stu[i].num,stu[i].course,"必修课",stu[i].
score.s);
    }
}
```

7.4.3 程序运行情况

程序运行后,首先打印用户操作界面,用户输入"1"表示要输入学生的信息,输入"2"表示浏览学生的信息,输入"0"表示退出。注意,当用户没有输入任何学生信息,直接输入"2"浏览学生信息时将提示"没有找到相关信息!"。图 7-4 是输入学生信息的界面,图 7-5 是浏览学生信息的界面。

```
请输入你要选择的操作:
1————— 输入学生信息
2————— 浏览学生信息
0————— 退出
1

输入成绩时请注意:课程包括选修课和必修课,1表示选修课,0表示必修课

请输入第1名学生的学号(以Enter键结束):
2020502
请输入课程名称(以Enter键结束)
Clanguage
请输入该课程的课程性质(选修课请输入"1",必修课请输入"0"):
0
现在输入的是必修课成绩,请输入0~100的数值
90
请输入第2名学生的学号(以Enter键结束):
2020506
请输入课程名称(以Enter键结束)
Python
请输入该课程的课程性质(选修课请输入"1",必修课请输入"0"):
1
现在输入的是选修课成绩,请输入A、B、C、D、E形式的成绩
A
```

图 7-4 输入学生信息界面

```
请输入你要选择的操作:
1————— 输入学生信息
2————— 浏览学生信息
0————— 退出
2
以下是学生的成绩信息
+————+————+————+————+
   学号      课程名      课程性质      成绩

2020502   Clanguage   必修课:        90

2020506    Python     选修课:        A

请输入你要选择的操作:
1————— 输入学生信息
2————— 浏览学生信息
0————— 退出
```

图 7-5 浏览学生信息界面

第8章

函数用法

模块化编程的基本思想是将一个大的程序按功能分割成一些小模块,各模块功能相对独立单一,并结构清晰,通过参数传递和返回值实现各函数间信息的交换。在 C 语言中,每一个模块就是一个函数,各种不同功能的函数在一起构成了一个完整的 C 程序。众多函数中,有且仅有一个 main 函数。同学们学习编程一定要建立起模块化编程的思想,因为这样编写的程序层次结构更清晰,便于程序的编写、阅读和调试。本章共 7 个案例,有简单的,也有较复杂的,帮助同学们由浅入深地学习模块化编程思想。

8.1 例 8-1:打印数学图形

8.1.1 设计说明

1. 功能说明

通过循环打印数学图形。

2. 预处理

♯include "stdio. h":输入/输出头文件。

♯include "stdlib. h":标准库头文件,函数 system("cls")包含在该库中。

♯include "math. h":数学函数头文件,余弦函数 acos(y)包含在该库中。

3. 子函数

(1) 函数 sj()。

函数功能:打印菱形。

返回值:无。

参数:无。

处理流程:

① 打印上面 4 行的正三角形,通过两重循环打印三角形。外层循环控制三角形行数,第一个小循环控制每行需要打印的空格数,它随着行数的变化而变化。第二个小循环控制每行需要打印的"＊"的个数,它随行数呈奇数变化。

② 打印下面 3 行倒三角形,也是通过两重循环来完成。外层循环控制三角形行数,第一个小循环控制每行需要打印的空格数,它随着行数的变化而变化。第二个小循环控制每行需要打印"＊"的个数,它与行之间的换算关系为 7－2i,最终实现菱形的输出。

(2) 函数 px()。

函数功能:打印平行四边形。

返回值:无。

参数:无。

处理流程:通过循环打印平行四边形。

① 先定义一个包含 5 个'＊'元素的数组。

② 然后外层循环控制平行四边形行数,第一个内循环控制每行需要打印的空格数,它随着行数的变化而变化;第二个内循环将包含 5 个'＊'元素的数组输出,最终实现平行四边形的输出。

(3) 函数 qx()。

函数功能:打印余弦曲线。

返回值:无。

参数:无。

处理流程:通过循环打印余弦曲线。

① 外层循环控制 y 的范围为－1～1,可以通过反三角函数求出对应的横坐标 x＝acos(y),为了使图像效果明显,将横坐标扩大 5 倍,即 x＝acos(y)＊5。

② 然后构造一个循环打印空格,使其循环条件为 x＜m,即在 x 横坐标的前面输出空格,在 x 横坐标处输出元素'＊';另再构造一个循环打印空格,使其循环条件为 i＜2π－x,即在(x,2π)的横坐标区间打印空格;同样为了使图像效果明显,再将横坐标扩大 10 倍,即 (2π＊5－x)近似于(31－x)。然后在(31－x)横坐标的前面输出空格,在(31－x)横坐标处输出元素'＊',最终实现余弦函数的输出。

(4) 函数 yh()。

函数功能:打印杨辉三角形前 10 行。

返回值:无。

参数:无。

处理流程:通过循环打印杨辉三角前 10 行。

① 先构造一个二维数组,用来存储杨辉三角前 10 行的元素,然后通过一个循环,将对角线元素和每行第一列元素赋值为 1。

② 接着构造一个二重循环,因为杨辉三角前两行不满足杨辉三角计算公式,所以大循环从第三行开始到第十行结束,即循环条件为 for(i＝2;i＜10;i++);,小循环控制杨辉三角计算公式,因为杨辉三角的每行元素从第二列开始,到每行行数减 1 的列满足计算公式 a[i][j]＝a[i－1][j－1]＋a[i－1][j];。所以循环条件为 for(j＝1;j＜＝i－1;j++);。

③ 最后通过两重循环输出杨辉三角的前 10 行。

4. 主函数

主函数的执行流程如下。

（1）while 循环体内打印制作菜单，提示用户选择要打印的图形。

（2）用户输入 1～5 的数字选择要进行的操作，存储在变量 n 中。

（3）使用 switch 语句根据用户输入的 n 值，调用不同的函数。

8.1.2　程序源代码

```c
# include "stdio. h"
# include "stdlib. h"
# include "math. h"
void sj();                          /* 打印菱形 */
void px();                          /* 打印平行四边形 */
void qx();                          /* 打印余弦曲线 */
void yh();                          /* 打印杨辉三角形前 10 行 */
main()
{
    int n;
    while(1)
    {
        printf(" *********************************** \n");
        printf("1.打印菱形\n");
        printf("2.打印平行四边形\n");
        printf("3.打印余弦曲线\n");
        printf("4.打印杨辉三角形\n");
        printf("5.退出\n");
        printf(" *********************************** \n");
        printf("请输入你的选择:\n");
        scanf(" % d",&n);
        system("cls");
        switch(n)
        {
        case 1:sj();break;
        case 2:px();break;
        case 3:qx();break;
        case 4:yh();break;
        case 5:exit(0);break;
        default:printf("输入错误\n");
        }
    }
}
/* 打印菱形 */
void sj()
{
    int i,j,k;
    for(i = 1;i < = 4;i++)
    {
        for(j = 1;j < = 4 - i;j++)
            printf(" ");
        for(k = 1;k < = 2 * i - 1;k++)
            printf(" *");
        printf("\n");
    }
    for(i = 1;i < = 3;i++)
    {
        for(j = 1;j < = i;j++)
            printf(" ");
```

```c
        for(k = 1;k <= 7 - 2 * i;k++)
            printf("  *  ");
        printf("\n");
    }
}
/* 打印平行四边形 */
void px()
{
    char a[5] = {'*', '*', '*', '*', '*'};    /* 定义字符型数组 */
    int i,j,k;
    for(i = 0;i < 5;i++)                       /* 输出 5 行 */
    {
        for(j = 1;j <= i;j++)                  /* 控制空格数 */
            printf(" ");
        for(k = 0;k < 5;k++)
            printf("%c",a[k]);                 /* 输出 a 中的元素 */
        printf("\n");                          /* 输出一行后换行 */
    }
}
/* 打印余弦曲线 */
void qx()
{
    double y;
    int i,x;
    for(y = 1;y >= - 1;y = y - 0.2)            /* 余弦 y 范围 1~ - 1 */
    {
        x = acos(y) * 5;                       /* 利用反三角函数求出对应的横坐标,并扩大 10 倍 */
        for(i = 1;i < x;i++)
            printf(" ");                       /* 对应横坐标 x 前打印空格 */
        printf("*");                           /* x 处打印"*" */
        for(;i < 31 - x;i++)                   /* 在 2π 前面打印空格,(2π * 5)近似于 31 */
            printf(" ");
        printf(" * \n");                       /* 在 2π 处打印"*" */
    }
}


/* 打印杨辉三角形前 10 行 */
void yh()
{
    int i,j,a[10][10];                         /* 杨辉三角前 10 行 */
    for(i = 0;i < 10;i++)
    {
        a[i][i] = 1;                           /* 对角线元素全为 1 */
        a[i][0] = 1;                           /* 每行第一列元素全为 1 */
    }
    for(i = 2;i < 10;i++)                      /* 从第 3 行到第 10 行 */
        for(j = 1;j <= i - 1;j++)              /* 从第 2 列到该行行数减 1 列为止 */
            a[i][j] = a[i - 1][j - 1] + a[i - 1][j];
    for(i = 0;i < 10;i++)
    {
        for(j = 0;j <= i;j++)
            printf("%4d",a[i][j]);
        printf("\n");                          /* 每输出完一行,换行一次 */
    }
}
```

8.1.3 程序运行情况

程序运行后,提示用户选择要进行的操作。用户输入"1",打印菱形,如图 8-1 所示;用户输入"2",打印平行四边形,如图 8-2 所示;用户输入"3",打印余弦曲线,如图 8-3 所示;用户输入"4",打印杨辉三角形,如图 8-4 所示;用户输入"0",则退出程序。

```
        *
       * * *
      * * * * *
     * * * * * * *
      * * * * *
       * * *
        *
****************************
1.打印菱形
2.打印平行四边形
3.打印余弦曲线
4.打印杨辉三角形
5.退出
****************************
请输入你的选择:
```

图 8-1 打印菱形

```
****
 *****
  *****
   *****
    *****
****************************
1.打印菱形
2.打印平行四边形
3.打印余弦曲线
4.打印杨辉三角形
5.退出
****************************
请输入你的选择:
```

图 8-2 打印平行四边形

```
*                    *
  *                *
    *            *
     *          *
       *      *
        *    *
         *  *
          **
****************************
1.打印菱形
2.打印平行四边形
3.打印余弦曲线
4.打印杨辉三角形
5.退出
****************************
请输入你的选择:
```

图 8-3 打印余弦曲线

```
1
1   1
1   2   1
1   3   3   1
1   4   6   4   1
1   5  10  10   5   1
1   6  15  20  15   6   1
1   7  21  35  35  21   7   1
1   8  28  56  70  56  28   8   1
1   9  36  84 126 126  84  36   9   1
****************************
1.打印菱形
2.打印平行四边形
3.打印余弦曲线
4.打印杨辉三角形
5.退出
****************************
请输入你的选择:
```

图 8-4 打印杨辉三角形

8.2 例 8-2:显示日历

8.2.1 设计说明

1. 功能说明

根据用户输入的年和月,显示该月的日历。

2. 自定义类型

```
typedef struct
{
    int year;                      /* 年 */
    int month;                     /* 月 */
    int day;                       /* 日 */
    int week;                      /* 星期几 0-Sun,1-Mon, 2-Tue,3-Wed,4-Thu,5-Fri,6-Sat */
} daily;
```

daily 是自定义结构体类型,包括 4 个成员:year(年)、month(月)、day(日)和 week(星期几)。

3. 子函数

(1) 函数:get_weekday。

函数功能:蔡勒公式根据参数 daily 的 year、month、day 计算出这一天是星期几。

返回值:要计算的日期是星期几。

参数:daily d。daily 是自定义结构体类型,d 是结构体变量。

处理流程:

根据蔡勒公示计算 w、y、c、m 的值,返回的 w%7 的值就是 d 的星期数。

蔡勒公式的形式如下。

$$D = \left[\frac{c}{4}\right] - 2c + y + \left[\frac{y}{4}\right] + \left[\frac{13(m+1)}{5}\right] + d - 1$$
$$W = D \bmod 7$$

其中:W 是星期数;

c 是世纪数减 1,也就是年份的前两位;

y 是年份的后两位;

m 是月份,m 的取值范围是 3~14,某一年的 1、2 月份要看成前一年的 13、14 月。例如,2019 年 1 月 1 日,看作 2018 年的 13 月 1 日来计算。

d 是日期,[ ]表示取整运算,mod 是求余运算。

例如,要计算 2017 年 12 月 25 日是星期几,c=20,y=17,m=12,d=25,代入公式。

$$D = \left[\frac{20}{4}\right] - 2 \times 20 + 17 + \left[\frac{17}{4}\right] + \left[\frac{13 \times (12+1)}{5}\right] + 25 - 1$$
$$= 5 - 40 + 17 + 4 + 33 + 25 - 1$$
$$= 43$$
$$W = D \bmod 7$$
$$= 43 \bmod 7$$
$$= 1$$

所以得到 2017 年的 12 月 25 日是星期一。关于蔡勒公式的推导原理及过程在此不详细讲述,感兴趣的同学请自行上网查阅。

(2) 函数:print_calendar。

函数功能:在控制台窗口中打印出 da 这个月的日历。

返回值：无。

参数：daily da。daily 是自定义结构体类型，da 是结构体变量。接收函数调用时传进来的实参 da，表示用户输入的日期，包括年、月和日的值（日的值取每月的 1 日）。

处理流程：

① 函数调用时通过 da，使用 switch 语句得到 da 的 year 和 month，并根据 month 的值，使用 switch 语句计算这个月的天数。

② 打印标题和表格样式。

③ 在 1 日之前填充空格。

④ 从 1 日开始从 1 日开始逐天打印日历。

⑤ 判断如果该月的最后一天不是周日的时候，此时会缺一个换行符，在后面加一个换行。

⑥ 打印表格底部。

4. 主函数

该程序的执行步骤如下。

（1）用户输入年（da. year）和月（da. month）。

（2）调用 get_week 函数，计算用户输入的年月的 1 日是星期几，日期信息保存在 da 结构体变量中，作为形参传到 get_week 中。例如，用户输入 2020 年 10 月，则计算 2020 年 10 月 1 日是星期几；根据蔡勒公式算出给定日期是星期几。

（3）调用 print_calendar 函数，在控制台窗口中打印出 da 这个月的日历。

8.2.2 程序源代码

```c
# include "stdio. h"
/ * 定义结构体类型 daily，包含 year，month，day 和 week 这 4 个成员 * /
typedef struct
{
    int year;                     / * 年 * /
    int month;                    / * 月 * /
    int day;                      / * 日 * /
    int week;                     / * 星期几 0-Sun, 1-Mon, 2-Tue, 3-Wed, 4-Thu, 5-Fri, 6-Sat * /
} daily;
/ * 蔡勒公式根据参数 daily 的 year, month, day 计算出这一天是星期几 * /
int get_weekday(daily d)
{
    int w = 0;
    int y = d. year % 100;
    int c = d. year / 100;
    int m = d. month > 1 ? (d. month + 1) : (d. month + 13);
    w = c/4 - 2 * c + y + y/4 + 13 * (m + 1)/5 + d. day - 1;
    while (w < 0)
    {
        w + = 70;
    }
    return (w % 7);
}
```

```
/* 在控制台窗口通过字符打印输出用户想得到的日历 */
void print_calendar(daily da)
{
    int days;                              /* 这个月有几天 */
    int i;                                 /* 循环变量 */
    switch (da.month)
    {
        /* 以下几个月都是 31 天 */
        case 1:
        case 3:
        case 5:
        case 7:
        case 8:
        case 10:
        case 12:
            days = 31;
            break;
        /* 以下几个月都是 30 天 */
        case 4:
        case 6:
        case 9:
        case 11:
            days = 30;
            break;
        /* 2 月要根据是否是闰年来计算有多少天 */
        case 2:
            days = (da.year % 4 == 0 && da.year % 100 != 0 || da.year % 400 == 0) ? 29 : 28;
    /* 闰月的计算,True 的时候值是 29,否则是 28 */
            break;
    }
    /* 打印日历的标题 例如 -- == 2020 year,12 month == -- */
    printf("-- == %4d 年 %2d 月的日历 == --\n", da.year, da.month);
    /* 用字符打印日历表格的第一行:星期 */
    printf("+ ---- + ---- + ---- + ---- + ---- + ---- + ---- +\n");
    printf("%5s%5s%5s%5s%5s%5s%5s\n","Sun","Mon","Tue","Wed","Thu","Fri","Sat");
    printf("+ ---- + ---- + ---- + ---- + ---- + ---- + ---- +\n");
    /* 在 1 日之前填充空格 */
    for(i = 0; i < da.week * 5; i++)
        printf(" ");
    /* 从 1 日开始逐天打印日历 */
    for(i = 1; i <= days; i++)
    {
        printf("%5d", i);
        /* 打印完这一天,将星期 + 1 */
        da.week++;
        /* 因为星期是 0～6,因此等于 7 的时候从 0 开始 */
        if(da.week == 7)
        {
            da.week = 0;
            /* 星期重新开始的时候要换行 */
            printf("\n");
        }
    }
    /* 当该月的最后一天不是周日的时候,
```

```
        会缺一个换行符,为了使表格整齐,在后面加一个换行
        */
        if(da.week!= 0)
            printf("\n");
            /*用字符打印日历表格底边*/
        printf(" + ---- + ---- + ---- + ---- + ---- + ---- + ---- + \n");
}
main()
{
        daily da;                               /*定义变量用来存放输入的数据*/
        printf("\n");
        printf("根据用户输入的年和月份显示该月的日历格式\n");
        printf("请输入年:");
        /*将输入的年存放在 da 的 year 中*/
        scanf("%d", &da.year);
        printf("请输入月:");
        /*将输入的月存放在 da 的 month 中*/
        scanf("%d", &da.month);
        /*将 da 结构体变量的日设为 1(日历从 1 日开始打印)*/
        da.day = 1;
        /*调用 get_weekday 函数,计算用户输入的年月的 1 日是星期几,计算结果保存在 da 结构体变
量的 week 中。例如,用户输入 2020 年 10 月,则计算 2020 年 10 月 1 日是星期几*/
        da.week = get_weekday(da);
        /*
        现在 days 结构体变量里的值是:用户输入的年(year),用户输入的月(month)的 1 日(day),星期
几(week)
        调用 print_calendar 函数,在控制台窗口中用字符打印出 da 这个月的日历
        */
        print_calendar(da);
}
```

8.2.3　程序运行情况

程序运行后,程序提示用户输入年和月份,程序根据用户的输入,显示该月的日历信息,
如图 8-5 所示,输入 2020 和 12,则显示 2020 年 12 月的日历信息。

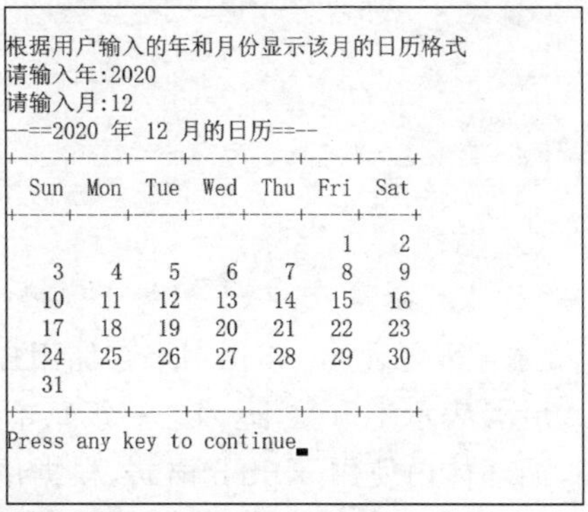

图 8-5　显示日历程序运行情况

8.3 例8-3：ATM

8.3.1 设计说明

1. 功能说明

模拟 ATM 机，实现存款、取款、查询余额等的功能。

2. 预处理

♯include＜stdio.h＞：输入/输出头文件。

♯include＜stdlib.h＞：标准库头文件，system("cls")函数和 exit(0)函数都包含在头文件 stdlib.h 中。

system("cls")函数的功能是"清屏"；exit(0)函数的功能是终止正在运行的程序。

3. 子函数

(1) 函数：void password(void)。

函数功能：输入密码。

返回值：无。

参数：无。

处理流程：

① 定义变量 pw，用于存储用户输入的密码，变量 i 用来存储密码输入次数。

② 提示用户输入密码，存储在变量 pw 中。

③ 系统设定密码为"123"，当用户输入的密码不为"123"的时候循环，提示用户再次输入，变量 i 值增 1，当 i 的值等于 3 的时候，提示密码输入错误次数过多，并使用 exit(0)函数退出程序。

(2) 函数：get_money(void)。

函数功能：取款。

返回值：无。

参数：无。

处理流程：

① 打印取款菜单。

② 提示用户输入要进行的操作，变量 number 用来存储用户选择取款的金额，1 表示取100，2 表示取 200，3 表示取 300，4 表示不取款，返回上一级菜单。

③ 进入 do…while 循环，循环体内使用 switch 语句，根据用户输入的 number 值，选择对应的操作，即直接在全局变量 total_money 上减掉对应的金额，并给出提示信息。

(3) 函数：save_money (void)。

函数功能：存款函数。

返回值：无。

参数：无。

处理流程：进入循环体，当 number 的值不等于 2 的时候执行循环，在循环体内执行以下操作。

① 提示用户输入要存款的金额，存放在变量 number 值中，将 number 直接与全局变量 total_money 加运算，得到存款余额，并打印。

② 打印菜单，提示用户是继续操作还是返回。

③ 用户输入 1 表示继续存款，输入 0 表示返回。

（4）函数：search()。

函数功能：查询账户信息。

返回值：无。

参数：无。

处理流程：进入循环体，当 number 的值不等于 2 的时候执行循环，在循环体内执行以下操作。

① 打印账户余额，即全局变量 total_money 的值。

② 打印菜单，提示用户是继续操作还是返回。

③ 用户输入 1 表示继续查询，输入 0 表示返回。

（5）函数：print_menu()。

函数功能：输入学生信息。

返回值：number，返回用户输入的 1～4 的数值。

参数：无。

处理流程：进入循环体，当 number 的值不为 1～4 的数时执行循环，在循环体内执行以下操作。

① 打印菜单，提示用户要进行的操作。

② 用户输入 number 的值。

③ 返回 number 的值。

4．主函数

主函数的执行流程如下。

（1）调用 password 函数，提示用户输入密码，如果密码正确，执行下面的步骤，否则结束程序。

（2）调用 print_menu 函数，打印主菜单，提示用户输入 1～4 的数字来模拟 ATM（自动柜员机）的操作界面。

（3）如果用户输入"1"，调用 get_money()函数，进行取款操作；如果用户输入"2"，调用 save_money()函数，进行存款操作；如果用户输入"3"，调用 search()函数，进行查询的操作；如果用户输入"4"，结束程序。

8.3.2 程序源代码

```c
# include < stdio.h>
# include < stdlib.h>
```

```c
/* 函数声明 */
void password(void);
void get_money(void);
void save_money(void);
void search(void);
int total_money = 1000;                    /* 定义卡内钱数 */
int print_menu();
int main(void)
{
    int number;
    password();

    while (1)
    {
        system("cls");                     /* 清除屏幕上的密码,在头文件 stdlib.h 中 */
        number = print_menu();
        switch(number)
        {
            case 1:
                get_money();
                break;
            case 2:
                save_money();
                break;
            case 3:
                search();
                break;
            case 4:
                printf("谢谢使用!\n 再见!\n");
                return 0;
                break;
        }
    }
    return 0;
}
/* 打印主菜单 */
int print_menu()
{
    int number;
    do
    {
        printf(" ==================== 欢迎使用 ATM 机 ==================== \n");
        printf("|\t\t\t\t\t\t|\n");
        printf("|\t 请选择您需要的操作(输入数字进行选择):\t|\n");
        printf("|\t\t1、取款\t\t\t|\n");
        printf("|\t\t2、存款\t\t\t|\n");
        printf("|\t\t3、查询余额\t\t|\n");
        printf("|\t\t4、退出\t\t\t|\n");
printf(" ======================================================== \n");
        scanf(" % d",&number);
    }while(number != 1 && number != 2 && number != 3 && number != 4);
    return number;
}
/* 输入密码函数 */
```

```
void password(void)
{
    int pw;                              //密码变量
    int i = 1;                           //密码次数累加量
    printf("欢迎使用 ATM 小程序,请先输入密码(温馨提示密码:123)\n");
    printf("请输入密码:\n");
    scanf(" % d", &pw);
    while(pw != 123)
    {
        i++;
        system("cls");
        printf("请第 % d 次输入密码\n", i);
        scanf(" % d", &pw);
        if(i == 3)
        {
            printf("谢谢使用,密码错误次数过多,请明天再试。\n");
            exit(0);                     //输入错误次数过多,系统退出
        }
    }
}
/* 取款函数 */
void get_money(void)
{
    int number;                          /* 记录菜单中用户输入的数 */
    /* 进入该界面后,用户输入 1～4 完成取款操作,否则再次进入循环 */
    do
    {
        system("cls");                   //清屏
        //取款菜单
        printf(" ======================= \n");
        printf("|\t 请选择以下数字:\t|\n");
        printf("|\t1、取 100\t|\n");
        printf("|\t2、取 200\t|\n");
        printf("|\t3、取 300\t|\n");
        printf("|\t4、返回\t\t|\n");
        printf(" ======================= \n");
        scanf(" % d", &number);
    }while(number != 1 && number != 2 && number != 3 && number != 4);
    /* 根据用户输入的 1～4 的值完成取款操作,即 number = 1 时,钱数 - 100 */
    /* number = 2 时,钱数 - 200, number = 3 时,钱数 - 300 */
    /* number = 4 时,返回到上一级函数,即 main 函数 */
    do
    {
        switch(number)
        {
            case 1:
            total_money - = 100;
            printf("请稍后!,正在吐钞...\n");
            printf("目前余额: % d\n", total_money);
            break;
            case 2:
            total_money - = 200;
            printf("请稍后!,正在吐钞...\n");
            printf("目前余额: % d\n", total_money);
```

```
                break;
                case 3:
                total_money - = 300;
                printf("请稍后!,正在吐钞...\n");
                printf("目前余额:%d\n", total_money);
                break;
                case 4:
                return;
            }
            scanf("%d", &number);
        }while(number != 4);
}
/*存款函数*/
void save_money(void)
{
    int number;
    do
    {
        system("cls");
        printf("请输入存款金额:\n");
        scanf("%d", &number);
        total_money + = number;
        system("cls");
        printf("本次存款:%d\n", number);
        printf("你目前账号余额:%d\n", total_money);
        //菜单
        printf(" ======================= \n");
        printf("|\t 请选择以下数字:\t|\n");
        printf("|\t1、继续存款\t|\n");
        printf("|\t2、返回\t\t|\n");
        printf(" ======================= \n");
        scanf("%d", &number);
    } while (number != 2);
}
/*查询函数*/
void search(void)
{
    int number;
    do
    {
        system("cls");
        printf("你目前账号余额:%d\n", total_money);
        printf("\n");
        printf(" ======================= \n");
        printf("|\t 请选择以下数字:\t|\n");
        printf("|\t1、继续查询\t|\n");
        printf("|\t2、返回\t\t|\n");
        printf(" ======================= \n");
        scanf("%d", &number);
    }while(number != 2);
}
```

8.3.3 程序运行情况

程序运行后,首先进入输入密码页面,如图 8-6 所示,用户输入"123"后进入 ATM 小程序主界面,如图 8-7 所示。

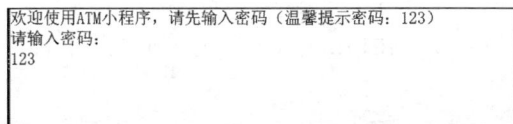

图 8-6 输入密码界面

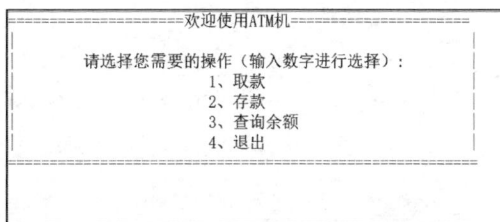

图 8-7 ATM 小程序操作主界面

提示用户输入 1~4 的数,例如输入 1,表示"取款"操作,进入取款界面,在取款界面,如果用户输入"2",表示取款 200 元,如图 8-8 所示。

如果用户输入 2,进入存款界面,图 8-9 显示的是存款 2000 后的界面。如果用户输入 3 进入查询余额界面,图 8-10 是在主界面输入"4"的情况,退出程序。

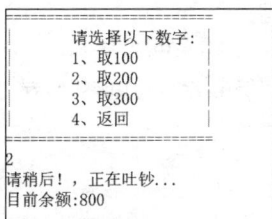

图 8-8 取款界面

图 8-9 存款页面

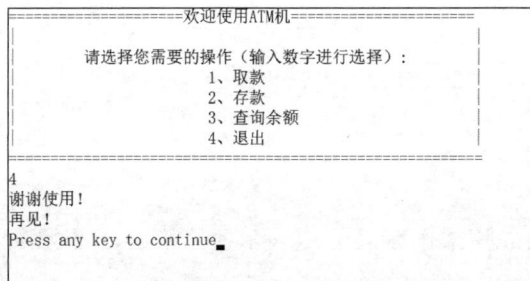

图 8-10 退出页面

8.4 例 8-4:口算小程序

8.4.1 设计说明

1. 功能说明

本题目的功能是进行加减乘除四则运算的练习,允许用户输入四则运算的范围。例如,用户输入 50,表示选择 50 以内的加减乘除运算。本题可以帮助小学生进行口算练习。

2. 预处理

♯include "stdio. h"：输入/输出头文件。

♯include "stdlib. h"：标准库头文件，srand()函数和 rand()函数都包含在该库中。

♯include "time. h"：日期和时间头文件，程序中用到的 time()函数包含在该库中。

3. 常量

♯define N 5：N 是常量。

4. 子函数

（1）函数：get_input。

函数功能：接收参数传进来的运算数和运算符，函数内提示用户输入运算结果。

返回值：无。

参数：int number1[], char opt[], int number2[], int input[]。

number1 是运算数 1，opt 是运算符，number2 是运算符 2，input 用来表示运算结果。

处理流程：进入循环，共循环 N 次。

① 打印参数传进来的运算数和运算符。

② 输入运算结果。

（2）函数：summary。

函数功能：进行成绩汇总。

返回值：无。

参数：int number1[], char opt[], int number2[], int input[], int result[]。

number1 是运算数 1，opt 是运算符，number2 是运算符 2，input 用来表示运算结果，result 用来存储标准答案。

处理流程：

① 定义变量，is_right 用来作标识位，0 表示回答错误，1 表示回答正确；count 用来统计答对的题目数。

② 进入循环，i 是循环变量，循环体内：

- 打印参数传进来的运算数和运算符。

- 比较用户运算的结果（input）和标准答案（result），如果（input[i] == result[i]），变量 is_right 得到的值为 1，count 增 1；否则，打印标准答案。

- 打印统计结果，包括答对数量和正确率。

（3）函数：get_rand_opt。

函数功能：随机产生四则运算符。

返回值：return opt，产生的运算符。

参数：无。

处理流程：

① 定义变量 optId 用来存储运算符，使用"rand() ％ 4"随机生成 0～3 的随机数。

② 使用 switch 语句根据 optId 的值给变量 opt 赋予对应的运算符。

③ 返回运算符 opt。

5. 主函数

程序的主要功能如下。

（1）用户根据提示输入四则运算的难度，用变量 scope 来存储。例如，输入 50，表示 50以内的四则运算，50 赋值给变量 scope。

（2）每次程序共执行 5 次，即生成 5 道题目，在循环体内，首先利用"srand((unsigned) time(NULL))"来设置随机数种子。

（3）使用"rand() ％ scope ＋ 1"方法生成 1～scope 的随机数，加 1 后生成 1～scope 的随机数，将生成的随机数赋值给 number1 和 number2。

（4）调用 get_rand_opt()函数随机生成"＋，－，＊，/"四则运算符。

（5）进行四则运算，运算结果存放在 result 数组中。

（6）调用 get_input()函数，完成用户四则运算，用户计算的结果存放在 input 数组中。

（7）调用 summary()函数来汇总用户完成四则运算的结果，如果数组 result 的值与input 中的值相等，则计算正确；否则计算错误。变量 counter 用来统计算对的题目个数。最后算出计算的准确率。

提示：

srand 函数是随机数发生器的初始化函数。

原型：void srand(unsigned seed)。

用法：初始化随机种子，这个种子会对应一个随机数，如果使用相同的种子后面的 rand()函数会出现一样的随机数，如 srand(1)，直接使用 1 来初始化种子。为了防止随机数每次重复，常常使用系统时间来初始化，即使用 time 函数来获得系统时间，它的返回值为从00:00:00 GMT，January 1，1970 到现在所持续的秒数，然后将 time_t 型数据转换为unsigned 型再传给 srand 函数，即 srand((unsigned) time(&t))；还有一个经常的用法，不需要定义 time_t 型 t 变量，即 srand((unsigned) time(NULL))，直接传入一个空指针，因为程序中并不需要经过参数获得的数据。

如果想在一个程序中生成随机数序列，需要至多在生成随机数之前设置一次随机种子。即只需在主程序开始处调用 srand((unsigned)time(NULL))，后面直接用 rand 就可以了。不要在 for 等循环内放置 srand((unsigned)time(NULL))。

rand()函数的功能是生成随机数，例如，rand()％4 生成 0～3 的随机数。

8.4.2　程序源代码

```c
#include <stdio.h>
#include <stdlib.h>
#include <time.h>
#define N 5
void get_input(int number1[ ], char opt[ ], int number2[ ], int input[ ]);
void summary(int number1[ ], char opt[ ], int number2[ ], int input[ ], int result[ ]);
char get_rand_opt();
int main()
{
```

```
        int i;
        int number1[N];
        int number2[N];
        char opt[N];
        int result[N];
        int input[N];
        int scope;
        printf("请输入口算的范围(例如要完成 50 以内的口算,则输入 50)\n");
        scanf(" % d",&scope);
        srand((unsigned)time(NULL));              /* 为随机数设置种子 */
        for(i = 0; i < N; i++)
        {
            number1[i] = rand() % scope + 1;
            number2[i] = rand() % scope + 1;
            opt[i] = get_rand_opt();
            switch(opt[i])
            {
            case '+':
                result[i] = number1[i] + number2[i];break;
            case '-':
                result[i] = number1[i] - number2[i];break;
            case '*':
                result[i] = number1[i] * number2[i];break;
            case '/':
                result[i] = number1[i] / number2[i];break;
            }
        }
        get_input(number1, opt, number2, input);
        summary(number1, opt, number2, input, result);
        return 0;
}
void get_input(int number1[ ], char opt[ ], int number2[ ], int input[ ])
{
        int i;
        for(i = 0;i < N;i++)
        {
            printf("第 % 02d 题:", i + 1);
            printf(" % 2d % c % 2d = ", number1[i], opt[i], number2[i]);
            scanf(" % d", &input[i]);
        }
}
void summary(int number1[ ], char opt[ ], int number2[ ], int input[ ], int result[ ])
{
        int is_right = 0;                         // 0:回答错误,1:回答正确
        int counter = 0;
        int i;
        printf("\n 成绩汇总:\n");
        for(i = 0;i < N;i++)
        {
            printf(" % 2d % c % 2d = ", number1[i], opt[i], number2[i]);
            printf(" % 2d", input[i]);
            is_right = (input[i] == result[i]);
```

```
        if(is_right)
        {
            printf("\n");
            counter++;
        }
        else
        {
            printf(" [答案:%d]\n", result[i]);
        }
    }
    printf("题目总数:%6d\n答对数量:%6d\n", N, counter);
    printf("正确率:%7.2f%%\n", counter * 100.0 / N);
}
/*随机生成"+,-,*,/"四则运算符*/
char get_rand_opt()
{
    char opt;
    int optId = 0;
    optId = rand() % 4;
    switch(optId)
    {
        case 0:opt = '+';break;
        case 1:opt = '-';break;
        case 2:opt = '*';break;
        case 3:opt = '/';break;
    }
    return opt;
}
```

8.4.3　程序运行情况

程序运行后,首先提示用户输入口算的难度(范围),如输入 20,表示系统会随机生成 5 道 20 以内的加、减、乘、除口算题。随机生成一道口算题后,用户来计算,5 道题计算完成后,程序进行成绩的汇总,统计答对题目的数量和正确率。程序运行情况如图 8-11 所示。

```
请输入口算的范围(例如要完成50以内的口算，则输入50)
20
第01题: 14 * 17 = 208
第02题: 20 + 1 = 21
第03题: 2 * 1 = 2
第04题: 20 + 5 = 25
第05题: 9 * 4 = 36

成绩汇总:
14 * 17 = 208 [答案: 238]
20 + 1 = 21
 2 * 1 = 2
20 + 5 = 25
 9 * 4 = 36
题目总数:      5
答对数量:      4
正确率:    80.00%
Press any key to continue
```

图 8-11　口算小程序运行界面

8.5　例 8-5：二维数组存储学生成绩信息

8.5.1　设计说明

1. 功能说明

设计有 5 个学生 3 门课的成绩,首先输入成绩,然后计算学生平均分,最后输出结果。可以运用嵌套调用和菜单方式设计程序。

2. 预定义、常量和变量说明

♯include "stdio.h"：标准的输入/输出头文件。

♯include "stdlib.h"：标准库头文件。

♯define M 5：M 表示学生数。

♯define N 3：N 表示课程数目。

float score[M][N]：score 是全局变量,表示学生的成绩信息,即 5 名学生的 3 门课程信息。

char name[M][20]：字符数组,用来存储 5 名学生的姓名。

3. 函数声明

void Enter(char name[M][20],float score[M][N])：输入学生信息函数。

void DispScore(char name[][20],float score[][N])：浏览学生信息函数。

void CalAver(float score[][N])：计算学生平均分函数。

void menu(int sel)：菜单函数。

4. 子函数

(1)函数：Enter。

函数功能：输入数据,用来输入学生的姓名及课程信息。

返回值：无。

参数：char name[M][20],float score[M][N]。

name[M][20]用来表示 M 个学生的姓名,score[M][N]用来存储 M 个学生 N 门课程的信息。

处理流程：进入循环体,循环体从 1−M 做循环,依次提示用户输入学生姓名和三门课程的成绩。

(2)函数：DispScore。

函数功能：显示学生信息。

返回值：无。

参数：char name[][20],float score[][N]。

name[][20]用来表示 M 个学生的姓名,score[][N]用来存储 M 个学生 N 门课程的

信息

处理流程：进入循环体,循环体从 1—M 做循环,依次显示各个学生的姓名和三门课程的成绩。

（3）函数：CalAver。

函数功能：用来计算三门课程的平均分。

返回值：无。

参数：float score[][N],表示 M 个学生 N 门课程的成绩。

处理流程：

① 定义变量,sum 用来存储各门课程的总分,aver 用来存储各门课程的平均分。

② 共两重循环,外层循环共循环 1—N 次,计算每门课程的总分。

• 令 sum＝0。

• 进入内层循环,共循环 0～(M—1)次,将成绩累加到 sum 中。

③ 计算平均分,并输出。

（4）函数：menu。

函数功能：打印菜单函数,主要功能是调用其他子函数。

返回值：无。

参数：int sel,表示用户的选择。

处理流程：进入 switch 语句,根据用户传进来的 sel 值的不同,调用不同的函数。

5. 主函数

主函数的执行过程如下。

（1）进入欢迎界面,提示用户选择要进行的操作,用户输入的数存储在变量 sel 中,如果用户输入的 sel 值小于 0 或者大于 4,则提示输入错误,使用 continue 语句结束本次循环,进入下次循环；如果用户输入 1～4 的数,则调用函数 menu(sel),将用户输入的 sel 值通过参数传给 menu 函数。

（2）调用 menu 函数,根据用户的输入调用不同的函数。用户输入"1",调用输入数据函数；用户输入"2",调用显示学生信息函数；用户输入"3",调用计算平均分函数；用户输入"4",执行 exit(0)语句,结束整个程序。

8.5.2 程序源代码

```
#include "stdio.h"
#include "stdlib.h"
#define M 5                                    /*M表示学生数*/
#define N 3                                    /*N表示课程数目*/
void Enter(char name[M][20],float score[M][N]);    /*函数声明*/
void DispScore(char name[ ][20],float score[ ][N]);  /*函数声明*/
void CalAver(float score[ ][N]);                 /*函数声明*/
void menu(int sel);                             /*函数声明*/
float score[M][N];         /*全局变量,表示学生的成绩信息,即5名学生的3门课程信息*/
char name[M][20];                   /*全局变量,用来存储学生的姓名*/
main( )                             /*主函数定义,主要输出菜单*/
{
```

```c
    int sel;
    for(;;)                                  /*进入循环,通过 break 语句结束循环*/
    {
        printf("欢迎进入学生信息管理程序,请按提示选择要的操作\n\n");
        printf("        1.输入学生信息\n");
        printf("        2.浏览所有学生信息\n");
        printf("        3.计算平均分\n");
        printf("        4.退出\n");
        printf(" ************************ \n");
        printf("\n 请输入你的选择(1~4):");        /*提示输入选项*/
        scanf("%d",&sel);                        /*输入选择项*/
        if(sel<0||sel>4)                         /*选择项不在 1~4 则重输*/
        {
            printf("输入不正确,请重试...\n");
            continue;
        }
        else
            menu(sel);                           /*调用 menu 函数*/
    }
}
/*菜单函数,主要调用其他子函数*/
void menu(int sel)
{   /*根据参数 sel 的值选择不同的函数来调用*/
    switch(sel)
    {
        case 1:Enter(name,score);break;          /*调用 Enter 函数,输入学生信息*/
        case 2:DispScore(name,score);break;      /*调用 DispScore 函数显示学生信息*/
        case 3:CalAver(score);break;             /*调用 CalAver 函数,计算 3 门课程的平均分*/
        case 4:exit(0);break;                    /*选择 4 时,退出*/
    }
}
/*输入数据函数,用来输入学生的姓名及课程信息*/
void Enter(char name[M][20],float score[M][N])
{
    int i,j;
    for(i=0;i<M;i++)
    {
        printf(" 学生 %d 的名字:",i+1);
        scanf("%s",name[i]);
        printf("请输入第 %d 名学生的 3 门成绩(以 Enter 键结束):",i+1);
        for(j=0;j<N;j++)
        scanf("%f",&score[i][j]);
    }
}
/*显示学生信息函数*/
void DispScore(char name[ ][20],float score[ ][N])
{
    int i,j;
    printf("\n 以下是学生的成绩信息:\n");
    for(i=0;i<M;i++)
    {
        printf("%s",name[i]);
        for(j=0;j<N;j++)
            printf("%8.2f",score[i][j]);
        printf("\n");
    }
    printf("\n");
```

```
}
    /*计算平均分函数,用来计算3门课程的平均分*/
void CalAver(float score[ ][N])
{
    float sum,aver;
    int i,j;
    printf("\n以下是3门课程的平均成绩:\n");
    for(i = 0;i < N;i++)
    {
        sum = 0;
        for(j = 0;j < M;j++)
            sum = sum + score[j][i];
        aver = sum/M;
        printf("第 %d 门课程的平均分是 %8.2f\n",i + 1,aver);
    }
    printf("\n");
}
```

8.5.3 程序运行情况

程序运行后,提示用户输入1~4进行操作。用户输入"1"用来输入学生信息;用户输入"2"可以浏览学生信息;用户输入"3"计算学生的平均分。图8-12是输入用户信息界面,图8-13是浏览学生信息界面和计算平均分界面。

```
欢迎进入学生信息管理程序,请按提示选择要的操作

  1. 输入学生信息
  2. 浏览所有学生信息
  3. 计算平均分
  4. 退出
***************************
请输入你的选择(1~4):1
请输入第 1 个学生的名字: lucy
请输入第 1 名学生的3门成绩(以空格或 Enter 键结束): 90 89 70
请输入第 2 个学生的名字: kitty
请输入第 2 名学生的3门成绩(以空格或 Enter 键结束): 97 93 86
欢迎进入学生信息管理程序,请按提示选择要的操作

  1. 输入学生信息
  2. 浏览所有学生信息
  3. 计算平均分
  4. 退出
***************************
```

图8-12 输入学生信息界面

```
请输入你的选择(1~4):2

以下是学生的成绩信息:
lucy   90.00   89.00   70.00
kitty  97.00   93.00   86.00

欢迎进入学生信息管理程序,请按提示选择要的操作

  1. 输入学生信息
  2. 浏览所有学生信息
  3. 计算平均分
  4. 退出
***************************

请输入你的选择(1~4):3

以下是3门课程的平均成绩:
第 1 门课程的平均分是      93.50
第 2 门课程的平均分是      91.00
第 3 门课程的平均分是      78.00
```

图8-13 浏览和计算平均分界面

8.6 例8-6:数组与指针

8.6.1 设计说明

1. 功能说明

实现如下功能:输入4个学生的3门课程的信息,查找课程不及格的学生,并输出其不及格的课程成绩。

2. 子函数

函数：search。

函数功能：查找课程不及格的学生,并输出其不及格的课程成绩。

返回值：无。

参数：float（＊p）[3], int n。

float（＊p）[3]是指向一维数组的指针变量,int n 表示学生人数。

提示：指向一维数组的指针变量,可以看作指向二维数组的行指针,因为二维数组的一行是一个一维数组,其一般形式为

基类型　（＊指针变量）[列宽]

处理流程：

共两重循环,外层循环执行 0～(n−1)次,计算每名学生的不及格的课程信息。

(1) 设置 flag 为标志位,初值为 0。

(2) 进入内存循环,＊(＊(p+j)+i)这里等同于 p[j][i],表示第 j 名同学的 i 门课程,如果＊(＊(p+j)+i)＜60,设置 flag 值为 1。

(3) 如果 flag＝＝1,表示该名同学有不及格的课程,输入其不及格的课程信息。

3. 主函数

主函数的执行过程如下。

(1) 定义变量。

(2) 提示用户输入 4 名学生 3 门课程的成绩,并将其存储在二维数组 score 中。

(3) 调用函数 search,将二维数组 score 和 4 作为实参传给形参（＊p）[3]和 n。

8.6.2　程序源代码

```c
#include "stdio.h"
void search(float (＊p)[3], int n)
{    int i,j,flag;
    for(j = 0;j < n;j++)
    {
        flag = 0;
        for(i = 0;i < 3;i++)
            if(＊(＊(p + j) + i)<60)
                flag = 1;
        if(flag == 1)
        {
            printf("第%d 名同学有不及格的课程,分数为:\n",j + 1);
            for(i = 0;i < 3;i++)
            {
                if(＊(＊(p + j) + i) < 60)
                    printf("%5.1f ",＊(＊(p + j) + i));
            }
            printf("\n");
        }
    }
```

```
}
main()
{
    int i,j;
    float score[4][3];
    void search(float ( * p)[3], int n);

    printf("请输入 4 名学生的 3 门课程的成绩(以空格或 Enter 键结束):\n");
        for(i = 0;i < 4;i++)
        {
            printf("请输入第 % d 名同学的 3 门课得分:\n",i + 1);
            for(j = 0;j < 3;j++)
                scanf(" % f",&score[i][j]);
        }
    search(score,4);
}
```

8.6.3 程序运行情况

程序运行后,提示用户输入 4 名学生 3 门课程的成绩,根据用户的输入,打印出不及格同学的课程分数,如图 8-14 所示。

```
请输入4名学生的3门课程的成绩(以空格或Enter键结束):
请输入第1名同学的3门课得分:
56 89 87
请输入第2名同学的3门课得分:
78 90 58
请输入第3名同学的3门课得分:
91 95 98
请输入第4名同学的3门课得分:
78 76 70
第1 名同学有不及格的课程, 分数为:
 56.0
第2 名同学有不及格的课程, 分数为:
 58.0
Press any key to continue
```

图 8-14　打印不及格成绩的界面

8.7　例 8-7:人机对战小游戏——剪刀石头布

8.7.1　设计说明

1. 功能说明

人机对战:"剪刀、石头、布"的小游戏,包括选择英雄(对手)、人机对战(剪刀石头布)、显示对战结果等功能。

2. 预处理

♯include "stdio. h":输入/输出类库文件。

♯include "stdlib. h":标准库头文件,函数 system("cls")包含在该库中。

＃include "string. h"：字符串处理头文件。

＃include "time. h"：日期时间头文件。

3. 全局变量说明

char name[]="玩家"：字符数组,用来存储玩家的名字。

char hero_name[]=" "：字符数组,用来存储英雄的名字。

int ren_win=0：存储玩家赢的次数。

int pc_win=0：存储计算机赢的次数。

int pk_sum=0：存储对决的次数。

4. 子函数

(1) 函数：selectHeros。

函数功能：选择英雄。

返回值：无。

参数：无。

处理流程：

① 定义变量。

② 输入用户昵称。

③ 打印用户可以选择的英雄,并提示用户输入 1～4 的数。

④ 根据用户的输入显示用户选择的英雄。

(2) 函数：ren_pc_pk。

函数功能：利用循环模仿人机对决的过程。

返回值：无。

参数：无。

处理流程：

① 定义变量。

② 进入循环后,首先对决次数增 1,即 pk_sum += 1。

③ 提示用户输入要出的手势(1. 石头、2. 剪刀、3. 布),根据用户的输入给出对应的提示信息。

④ 使用语句 srand(time(NULL));和 pc_key = rand()%3;随机生成 1～3 的随机数,随机数给变量 pc_key 赋值,根据 pc_key 的值打印出对应的提示。

⑤ 判断对决结果,即变量 ren_key 和 pc_key 进行比较,并打印对决结果的提示信息。

⑥ 判断对决次数,对决共进行 5 次,pk_sum 的值取 0～4,如果 pk_sum 的值超过 4,使用 break 语句结束循环。

(3) 函数：showResult。

函数功能：打印游戏结果。

返回值：无。

参数：无。

处理流程：进入循环,共循环 N 次。

① 根据变量 ren_win 和 pc_win 的值,打印游戏的结果。

② 提示用户是否继续游戏,如果用户输入"q"或"Q",则执行 exit(0)语句,结束程序;否则,将全局变量 pk_sum、ren_win 和 pc_win 的值赋为 0,重新调用函数 selectHeros()、ren_pc_pk()和 showResult()。

5. 主函数

主函数的执行流程如下。

(1) 打印欢迎界面。

(2) 调用选择英雄函数 selectHeros()。

(3) 调用人机对战函数 ren_pc_pk()。

(4) 调用显示结果函数 showResult()。

8.7.2 程序源代码

```c
# include "stdio.h"
# include "stdlib.h"
# include "string.h"
# include "time.h"
/ * 设置全局变量 * /
/ * 挑选对战的英雄 * /
char name[ ] = "玩家";                      / * 玩家的名字 * /
char hero_name[ ] = " ";                   / * 选择的英雄的名字 * /
int ren_win = 0;                          / * 玩家赢的次数 * /
int pc_win = 0;                           / * 计算机赢的次数 * /
int pk_sum = 0;                           / * 对决次数 * /
void selectHeros()
{
    char name[20];
    char hero[20];
    int hero_num;
    int ren_sum = 0;
    int pc_sum = 0;
    //得到英雄昵称
    printf("请输入您的昵称");
    scanf(" % s",name);
    printf("您好 % s\n",name);
    //得到英雄编号(默认得到的是字符串)
    printf("请选择你要对战的英雄:1. 亚瑟 2.芈月 3.吕布 4.夏侯淳\n");
    scanf(" % d",&hero_num);
    if (hero_num == 1)
    {
        printf("你选择了亚瑟!\n");
        strcpy(hero_name,"亚瑟");
    }
    else if(hero_num == 2)
    {
        printf("你选择了芈月!\n");
        strcpy(hero_name,"芈月");
    }
    else if (hero_num == 3)
```

```c
    {
        printf("你选择了吕布!\n");
        strcpy(hero_name,"吕布");
    }
    else if (hero_num == 4)
    {
        printf("你选择了夏侯淳!\n");
        strcpy(hero_name,"夏侯淳");
    }
    else
        printf("英雄都选不来,还玩什么游戏!");
}
//# 进行 pk
void ren_pc_pk()
{
    //用循环模仿对决
    int ren_key;                          //人做出的手势编号,1 为石头,2 为剪刀,3 是布
    int pc_key;                           //计算机随机生成的手势
    while(1)
    {   //每次进入循环,对局数就加 1
        pk_sum += 1;
        //人选择手势
        printf("请选择你要出的手势:(1.石头)(2.剪刀)(3.布)\n");
        scanf(" % d",&ren_key);
        if(ren_key == 1)
            printf("你选择了石头\n");
        else if (ren_key == 2)
            printf("你选择了剪刀\n");
        else if (ren_key == 3)
            printf("你选择了布\n");
        else
        {
            printf("手势都选不来,别玩游戏了\n");
            exit(0);
        }
        //计算机随机选择手势
        //获取 1~3 的随机整数
        srand(time(NULL));
        pc_key = rand() % 3;
        if (pc_key == 1)
            printf("计算机选择了石头\n");
        else if (pc_key == 2)
            printf("计算机选择了剪刀\n");
        else
            printf("计算机选择了布\n");
        //判断对决结果
        if(ren_key == 1 && pc_key == 2 ||ren_key == 2 && pc_key == 3 || ren_key == 3 &&
pc_key == 1)
        {
            ren_win = ren_win + 1;
            printf("您赢了,厉害了我的哥!\n");
        }
        else if(ren_key == pc_key)
            printf("平局了,不服再战!\n");
        else
```

```
        {
            pc_win = pc_win + 1;
            printf("您输了!\n");
        }
        if(pk_sum > 4)
            {
                printf(" 对战结束\n");
                break;
            }//break作用的范围是离当前代码从内到外最近的循环结构
    }
}
        //结果展示
void showResult()
{
    char k;
    printf(" ================= 对战结束 ================= ");
    printf("今日对决一共对战了%d局,其中%s赢了%d局,%s赢了%d局\n,最终结果是:\n",
pk_sum,name,ren_win,hero_name,pc_win);
    if(ren_win > pc_win)
        printf("大吉大利,今晚吃鸡!\n");
    else if(ren_win == pc_win)
        printf("今天平局,来日再战\n");
    else
        printf("有点菜哦!你连%s都打不过!\n",hero_name);

    printf("是否继续?按q或Q退出游戏,按任意键继续!\n");
    getchar();
    k = getchar();
    if (k == 'q'||k == 'Q')
        {
            printf("游戏结束!");
            exit(0);
        }
    else
    {
        pk_sum = 0;
        ren_win = 0;
        pc_win = 0;
        selectHeros();
        ren_pc_pk();
        showResult();
        exit(0);
    }
}
main()
{
    printf(" ============ 欢迎来到人机对战系统 ================ \n");
    printf(" =================== 剪刀石头布 =================== \n");
    printf(" ============================================= \n");
    selectHeros();
    ren_pc_pk();
    showResult();
}
```

8.7.3 程序运行情况

程序运行后,首先提示用户输入昵称,接着选择要对战的英雄,如图 8-15 所示。

图 8-15 选择英雄界面

根据程序提示输入手势,"1"表示选择石头,"2"表示选择剪刀,"3"表示选择布,同时程序随机生成手势,并与用户的手势对决,如图 8-16 所示。图 8-17 是显示对决结果的界面。

图 8-16 对决界面

图 8-17 显示对决结果界面

第9章

综合练习

本章详细介绍了通讯录管理、学生成绩管理、会员信息管理、家庭财务管理、图书管理系统、万年历、基于堆栈的计算器等 7 个综合案例的设计与实现过程；编写较大的综合案例既可以帮助读者加深对 C 语言模块化设计、链表及文件操作等知识的掌握，也可以帮助读者理解系统开发的原理及流程。

9.1 例 9-1：通讯录管理

9.1.1 设计说明

1. 功能说明

主要功能需求描述如下。

（1）系统主控平台：允许用户选择想要进行的操作，包括输入添加联系人信息、显示联系人信息、查找联系人信息、删除联系人信息和退出系统等。

（2）添加联系人信息：用户根据提示输入联系人的姓名、性别、电话、手机、微信、地址及邮编等。输入完一条联系人信息，提示用户是否继续输入下一条联系人信息或者继续其他操作。允许输入多条联系人的信息。输入完的联系人信息暂时保存在单链表中，等待下一步的操作。

（3）显示联系人信息：在选择了"显示联系人"后，将刚输入的联系人信息从单链表中调出来显示，如果没有数据，则提示无联系人信息。

（4）查找联系人信息：可以根据联系人姓名从单链表中对所有联系人的信息进行查询，如果没有查询到任何信息，系统给出提示信息。

（5）删除联系人信息：提示用户输入要删除的联系人的姓名，系统根据用户输入的信息在单链表中查找，如果找到，直接删除该联系人全部信息；如果没找到，系统给出提示信息。

（6）退出：退出系统。

通讯录管理系统的功能模块如图 9-1 所示。

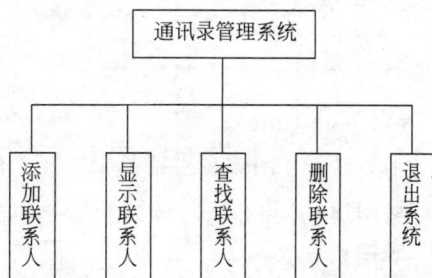

图 9-1 通讯录管理系统功能模块

2．预处理

♯include "stdio. h"：标准输入/输出函数库。

♯include "stdlib. h"：标准函数库。

♯include "string. h"：字符和字符串处理函数库。

3．常量说明

♯define MAX_NAME 20。

4．自定义类型

（1）定义一个结构体类型_person，使用 typedef 语句定义一个新类型 person，结构体中包括联系人姓名、性别、出生日期、电话、手机、微信、地址及邮编共 8 个成员。

```
typedef struct _person
{
    char name[MAX_NAME];            / * 姓名 * /
    char sex[3];                    / * 性别 * /
    char birthday[21];              / * 出生日期 * /
    char tel[21];                   / * 电话 * /
    char mobile[21];                / * 手机 * /
    char wechat[21];                / * 微信 * /
    char address[101];              / * 地址 * /
    char email[21];                 / * 邮编 * /
}person;
```

（2）定义一个结构体类型_addr_book，使用 typedef 语句定义一个新类型 addr_book，结构体中包括一个存储联系人基本信息的结构体变量 per 和指向下一个联系人的指针变量。

```
typedef struct _addr_book
{
    person per;                         / * 联系人基本信息 * /
    struct _addr_book * next;
}addr_book;
```

（3）定义一个头结点，将其初始化为空。

```
addr_book * first = NULL;            / * addr_book 结构体,链表的头结点,置空 * /
```

5．子函数

（1）void add()。

函数功能：用户在主菜单中选择 1 的时候调用此函数，用来输入联系人的基本信息。

返回值：无。

参数：无。

处理流程：

① 创建一个结构体指针变量 new_addr，并将其 next 指针置空，其余信息使用 memset 函数置 0。

② 判断单链表是否有数据，如果有，即 first == NULL，则置 new_addr 为头结点；否则调用函数 get_last 找到单链表中的最后一个结点 last，将 new_addr 连接到最后一个结点 last 的后面。

③ 调用函数 input_person 完成一个联系人信息的输入。

④ 提示用户是否继续输入联系人信息，如果用户输入"y"或"Y"，表示继续输入，则调用本函数；否则返回主函数。

（2）void show()。

函数功能：用户在主菜单中选择 2 的时候调用此函数，用来显示联系人的基本信息。

返回值：无。

参数：无。

处理流程：

① 定义一个指针变量 p 指向头结点 first。

② 在单链表未结束时（p != NULL）反复调用函数 print_person 逐个打印联系人信息。

③ 如果单链表中没有数据，系统给出提示信息。

④ 返回主函数。

（3）void search()。

函数功能：用户在主菜单中选择 3 的时候调用此函数，根据联系人姓名查找相关信息。

返回值：无。

参数：无。

处理流程：

① 定义一个指针变量 p 指向头结点 first。

② 输入要查找的联系人姓名，根据姓名在单链表中逐个查找联系人信息；如果找到，调用函数 print_person 显示该联系人信息，否则给出提示信息。

③ 提示用户是否查找，如果用户输入"y"或"Y"，表示继续查找，则调用本函数；否则返回主函数。

（4）void del()。

函数功能：用户在主菜单中选择 4 的时候调用此函数，根据联系人姓名删除该联系人相关信息。

返回值：无。

参数：无。

处理流程：

① 定义一个指针变量 p 指向头结点 first，定义一个指针变量 p1，将其置空。

② 输入要删除的联系人姓名，根据姓名在单链表中逐个查找联系人信息；如果没找到，系统给出提示信息，否则进行删除操作。

- 如果要删除的结点 p 是头结点，则将 p->next 赋值给 first，即 first = p->next，直接删除。

- 如果要删除的结点不是头结点，则先设置 p1 指向头结点，然后在循环体中判断 p1 的后续结点是不是 p，借助 p1 删除结点 p，即 p1->next = p->next。

· 释放结点 p。

③ 提示用户是否删除操作,如果用户输入"y"或"Y",表示继续删除,调用本函数;否则返回主函数。

(5) void quit()。

函数功能:用户在主菜单中选择 5 的时候调用的函数,退出系统。

返回值:无。

参数:无。

处理流程:

① 如果 pdel 的 next 指针为空,直接结束程序。

② 循环体中,判断 pdel 的 next 指针不为空,表示有下一条数据,先将 p 指向 pdel,释放掉 pdel(即 free(pdel)),再将 p 重复给 pdel。

③ 释放掉 pdel,将单链表中的数据全部释放掉,防止内存泄漏,退出系统。

(6) int print_menu()。

函数功能:打印主菜单界面。

返回值:返回用户输入的选择,即 1~5 的整数。

参数:返回用户输入的 1~5 的数。

处理流程:

① 打印主菜单。

② 提示用户输入 1~5 的整数,存储在变量 selected 中,如果用户输入 1~5 之外的数,则给出错的提示信息,提示用户再次输入,直到输入正确为止。

③ 返回用户输入的值 selected。

(7) void input_person(person * p)。

函数功能:提示输入一个联系人具体信息。

返回值:无。

参数:person * p,p 是结构体指针,用来表示联系人。

处理流程:依次提示用户输入联系人 p 的相关信息。

(8) void print_person(person * p)。

函数功能:显示一个联系人信息。

返回值:无。

参数:person * p,p 是结构体类型,表示一个学生。

处理流程:依次打印出联系人 p 的相关信息。

(9) addr_book * get_last(addr_book * from)。

函数功能:取得链表最后一个值。

返回值:addr_book * ,addr_book 类型的指针变量,一个结点。

参数:addr_book * from,addr_book 类型的指针变量,一个结点。

处理流程:参数传过来一个结点 from,如果 from 不为空,则顺序找到该链表的最后一个结点;如果为空,则 from 就是最后一个结点。

6. 主函数

主函数的执行流程如下。

(1) 允许用户输入 1～5 的整数来选择要进行的操作,输入其他字符都是无效的,系统会给出出错的提示信息。

(2) 若用户输入 1,则调用 add()函数,进行添加联系人操作;若输入 2,则调用 show()函数,显示联系人信息;若输入 3,则调用 search()函数,查找联系人信息;若输入 4,则调用 delete()函数,删除联系人信息;若输入 5,则调用 update()函数,更新联系人信息;若输入 6,则调用 save()函数,将联系人信息保存到文件;若输入 7,则调用 quit()函数,退出系统。

9.1.2 程序源代码

```c
# include < stdio.h >                    /* 标准输入/输出函数库 */
# include < stdlib.h >                   /* 标准函数库 */
# include "string.h"
# define MAX_NAME 20
/* 定义一个结构体类型_person,使用 typedef 语句定义一个新类型 person */
/* 结构体中包括联系人姓名、性别、出生日期、电话、手机、微信、地址及邮编共 8 个成员。*/
typedef struct _person
{
    char name[MAX_NAME];                 /* 姓名 */
    char sex[3];                         /* 性别 */
    char birthday[21];                   /* 出生日期 */
    char tel[21];                        /* 电话 */
    char mobile[21];                     /* 手机 */
    char wechat[21];                     /* 微信 */
    char address[101];                   /* 地址 */
    char email[21];                      /* 邮编 */
}person;
/* 定义一个结构体类型_addr_book,使用 typedef 语句定义一个新类型 addr_book */
/* 结构体中包括一个存储联系人基本信息的结构体变量 per 和指向下一个联系人的指针变量。*/
typedef struct _addr_book
{
    person per;                          /* 联系人基本信息 */
    struct _addr_book * next;
}addr_book;
/* 定义一个头结点,将其初始化为空. */
addr_book * first = NULL;                /* addr_book 结构体,链表的头结点,置空 */
/* 函数及变量声明 */
void add();                              /* 添加联系人函数 */
void show();                             /* 显示联系人函数 */
void search();                           /* 查找联系人函数 */
void del();                              /* 删除联系人函数 */
void quit();                             /* 退出 */
/* 辅助函数声明 */
int print_menu();                        /* 打印主菜单界面 */
addr_book * get_last(addr_book * from);  /* 取得链表最后一个值 */
void print_person(person * p);           /* 显示一个联系人信息 */
void input_person(person * p);           /* 提示输入一个联系人具体信息 */
/* 主函数 */
void main()
```

```
    {
        int flg = 1;
        while (flg)
        {
            switch(print_menu())
            {
            case 1:
                add();
                break;
            case 2:
                show();
                break;
            case 3:
                search();
                break;
            case 4:
                del();
                break;
            case 5:
                quit();
                break;
            }
        }
    }
/* 添加联系人 */
void add()
{
    char input = 'N';
    addr_book * last = NULL;
    addr_book * new_addr = (addr_book * )malloc(sizeof(addr_book));
    /* 将 new_addr 中的前 addr_book 个长度的初值设置为 0 */
    memset(new_addr, 0, sizeof(addr_book));
    new_addr -> next = NULL;
    if (first == NULL)
    {
        first = new_addr;
    }
    else
    {
        last = get_last(first);
        last -> next = new_addr;
    }
    input_person(&(new_addr -> per));
    printf(">继续输入?(Y 继续, N 返回菜单)");
    getchar();
    input = getchar();
    if (input == 'Y' || input == 'y')
    {
        add();
    }
}
/* 显示联系人信息 */
void show()
{
    int i = 0;
```

```
        addr_book * p = first;
        while (p != NULL)
        {
            i++;
            printf(" ***** 第 %d 个联系人 ******************************** \n", i);
            print_person(&(p->per));
            p = p->next;
        }
        if (i == 0)
        {
            printf("没有联系人!");
        }
        printf("按任意键返回菜单...");
        getchar();
        getchar();
}
/* 查找联系人信息 */
void search()
{
        int count = 0;
        char input = 'N';
        char name[MAX_NAME] = {0};
        addr_book * p = first;
        printf(">请输入要查找的联系人姓名(最大 %d 个字符):", MAX_NAME - 1);
        scanf(" %s", name);
        while (p != NULL)
        {
            if (strcmp(p->per.name, name) == 0)
            {
                print_person(&(p->per));
                count++;
            }
            p = p->next;
        }
        if (count == 0)
        {
            printf("没有找到姓名为 %s 的人.", name);
        }
        printf("继续查找吗?(Y 继续查找, N 返回菜单)");
        getchar();
        input = getchar();
        if (input == 'Y' || input == 'y')
        {
            search();
        }
}
/* 删除联系人信息 */
void del()
{
        int count = 0;
        char input = 'N';
        char name[MAX_NAME] = {0};
        addr_book * p = first;
        addr_book * p1 = NULL;
        printf(">请输入要删除的联系人姓名(最大 %d 个字符):", MAX_NAME - 1);
```

```
        scanf(" % s", name);
        while (p != NULL)
        {
            if (strcmp(p -> per. name, name) == 0)
            {
                print_person(&(p -> per));
                count++;
                break;
            }
            p = p -> next;
        }
        if (count == 0)
        {
            printf("没有姓名为 % s 的人.", name);
        }
        else
        {
            printf("确定要删除姓名为[ % d]的联系人吗?(Y 确认, N 取消)", name);
            getchar();
            input = getchar();
            if (input == 'Y' || input == 'y')
            {
                if (p == first)
                {
                    first = p -> next;
                }
                else
                {
                    p1 = first;
                    while (p1 != NULL)
                    {
                        if (p1 -> next == p)
                        {
                            p1 -> next = p -> next;
                            break;
                        }
                        p1 = p1 -> next;
                    }
                }
                free(p);
            }
        }
        printf("继续删除其他联系人吗?(Y 继续删除, N 返回菜单)");
        getchar();
        input = getchar();
        if (input == 'Y' || input == 'y')
        {
            del();
        }
    }
    /* 退出系统 */
    void quit()
    {
        addr_book * pdel = first;
        addr_book * p = NULL;
```

```c
        if (pdel == NULL)
        {
            exit(0);
        }
        /*如果 pdel 的 next 指针不为空,表示有下一条数据*/
        /*先将 p 指向 pdel,释放掉 pdel,再将 p 重复给 pdel*/
        while (pdel->next != NULL)
        {
            p = pdel->next;
            free(pdel);
            pdel = p;
        }
        free(pdel);          /*如果 pdel 的 next 指针为空,表示没有下一条数据,直接删除该结点*/
        exit(0);
}
/*辅助函数功能介绍*/
/*显示主菜单界面*/
int print_menu()
{
    int selected = 0;
    system("cls");
    printf(" +====================================================== + \n"
        "| 通讯录管理系统                                           |\n"
        " +------------------------------------------------------+ \n"
        "| 1 添加联系人                                            |\n"
        "| 2 显示所有联系人                                         |\n"
        "| 3 查找联系人                                            |\n"
        "| 4 删除联系人                                            |\n"
        "| 5 退出系统                                              |\n"
        " +====================================================== + \n");
    printf(">请选择[1-5]:");
    scanf(" % d", &selected);
    if(selected < 1 || selected > 7)
    {
        printf("错误的选择!(请输入 1-5). 按任意键继续...");
        getchar();
        getchar();
    }
    return selected;
}
/*显示主菜单界面*/
void input_person(person * p)
{
    printf(">请输入联系人信息:\n");
    printf("请输入姓名(最大长度 % d 个字符):", MAX_NAME - 1);
    scanf(" % s", p->name);
    printf("请输入性别(最大长度 % d 个字符):", 3);
    scanf(" % s", p->sex);
    printf("请输入出生日期(最大长度 % d 个字符):", 10);
    scanf(" % s", p->birthday);
    printf("请输入电话(最大长度 % d 个字符):", 20);
    scanf(" % s", p->tel);
    printf("请输入手机(最大长度 % d 个字符):", 20);
    scanf(" % s", p->mobile);
    printf("请输入微信号(最大长度 % d 个字符):", 20);
```

```c
        scanf("%s", p->wechat);
        printf("请输入地址(最大长度%d个字符):", 100);
        scanf("%s", p->address);
        printf("请输入email(最大长度%d个字符):", 20);
        scanf("%s", p->email);
}
/*显示一个联系人的信息*/
void print_person(person* p)
{
        printf("姓名:%s\t性别:%s\t生日:%s\n", p->name, p->sex, p->birthday);
        printf("电话:%s\n", p->tel);
        printf("手机:%s\n", p->mobile);
        printf("微信号:%s\n", p->wechat);
        printf("地址:%s\n", p->address);
        printf("电子邮箱:%s\n", p->email);
        printf("\n");
}
/*取得链表最后一个值*/
addr_book* get_last(addr_book* from)
{
        addr_book* p = from;
        while (p->next != NULL)
        {
            p = p->next;
        }
        return p;
}
```

9.1.3　程序运行情况

程序运行后,进入通讯录管理主界面,界面提示用户输入 1~5 的数字来进行操作。如输入"1"进入添加联系人界面,如图 9-2 所示。添加结束后,输入"2"可以显示所有联系人信息,如图 9-3 所示。用户输入"3"可以查找联系人信息,如果找到,打印联系人信息;如果没找到,给出没找到的提示信息,如图 9-4 所示。输入"4"实现删除联系人操作,输入"5"退出系统。

```
+=====================================================+
| 通讯录管理系统                                        |
+-----------------------------------------------------+
| 1 添加联系人                                          |
| 2 显示所有联系人                                       |
| 3 查找联系人                                          |
| 4 删除联系人                                          |
| 5 退出系统                                            |
+-----------------------------------------------------+
>请选择[1-5]:1
>请输入联系人信息:
请输入姓名(最大长度19个字符):刘大志
请输入性别(最大长度3个字符):男
请输入出生日期(最大长度10个字符):20000309
请输入电话(最大长度20个字符):13604112138
请输入手机(最大长度20个字符):15704118909
请输入微信号(最大长度20个字符):Char
请输入地址(最大长度100个字符):HuangheRoad 796
请输入email(最大长度20个字符):>继续输入?(Y 继续, N 返回菜单)n
```

图 9-2　添加联系人信息界面

图 9-3　显示联系人信息界面

图 9-4　查找联系人界面

9.2　例 9-2：学生成绩管理

9.2.1　设计说明

1. 功能说明

（1）输入学生信息。

在主菜单中调用 input_person()函数，输入学生信息，首先建立单链表，将用户输入的学生信息存储到单链表中，输入完成后提示用户是否继续输入。如果用户输入"Y"或"y"，则再次调用该函数，实现继续输入学生信息的操作；如果用户输入"N"或"n"，则返回主菜单界面。

（2）显示学生信息。

在主菜单中调用 show_record()函数来显示学生信息，首先调用 print_table_head()函数来显示学生成绩表格的表格头,接着判断单链表不为空时,逐条显示单链表中的学生信息,显示时调用 print_table_row(p)函数按照指定的格式显示一个学生的信息。最后调用 print_table_buttom()函数显示表格尾。

（3）删除学生信息。

在主菜单中调用 delete_record()函数,以删除学生信息。首先按学号查询学生信息,如果没找到学生信息,给出提示信息。如果查找到该学生信息,给出该学生的学号和姓名,并提示用户是否真的要删除该学生信息,如果用户输入"Y"或"y",则删除该学生信息,并给出删除成功的提示信息。如果用户输入"N"或"n",则不进行删除的操作。操作结束后,提示用户是否继续删除的操作。如果用户输入"Y"或"y",则再次调用该函数进行删除学生信息的操作;如果用户输入"N"或"n",则返回主菜单界面。

（4）计算学生成绩。

在主菜单中选择 4 的时候计算学生的成绩,调用 calculate()函数直接进入计算子菜单界面,可以分别进行计算总成绩、计算平均分的操作。

计算总成绩,调用 calc_total()函数计算总成绩。

计算平均分,调用 calc_average()函数计算平均成绩。

（5）退出。

将单链表中的数据全部释放掉,防止内存泄露,退出系统。

学生成绩管理的功能模块如图 9-5 所示。

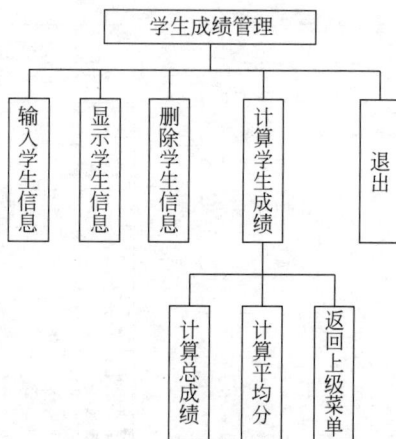

图 9-5　学生成绩管理的功能模块

2．预处理

♯include "stdio. h"：标准输入/输出函数库。

♯include "stdlib. h"：标准函数库。

♯include "string. h"：字符串函数库。

3．常量定义

♯define MAX 10

4．数据结构定义

结构体类型 student,使用 typedef 语句定义一个新类型 stu,变量中包括学生基本信息的姓名、学号和性别,包括 4 门课程的成绩以及指向下一个学生的指针,共 8 个结构体成员。

```
typedef struct student{
    char name[MAX];                    /*姓名*/
    char num[MAX];                     /*学号*/
    char sex[MAX];                     /*性别*/
    int chinese;                       /*语文成绩*/
    int mathematic;                    /*数学成绩*/
    int english;                       /*英语成绩*/
    int computer;                      /*计算机成绩*/
```

```
    struct student * next;                    / * 指向下一个学生的指针 * /
}stu;
stu * head = NULL:stu 是 student 结构体链表的头结点,将其初始化为空。
```

5．子函数

(1) void input_record()。

函数功能:输入学生基本信息。用户在主菜单中选择 1 的时候调用此函数,用来输入学生基本信息。

返回值:无。

参数:无。

处理流程:

① 创建一个结构体指针变量 stu,并将其 next 指针置空。

② 调用函数 create_stu_by_input()为 pNewStu 赋值。

③ 判断单链表是否有数据,如果有,即 head == NULL,则置 pNewStu 为头结点;否则调用函数 get_last_student()找单链表中的最后一个结点,将 pNewStu 连接到最后一个结点的后面;完成一个学生信息的输入。

④ 提示用户是否继续输入学生信息,如果用户输入"y"或"Y",则表示继续输入,调用本函数;否则调用显示主菜单函数 print_menu_main()返回主菜单界面。

(2) void show_record()。

函数功能:用户在主菜单中选择 2 的时候调用此函数,用来显示学生的基本信息。

返回值:无。

参数:无。

处理流程:

① 打印表头信息。

② 当 p 不为空(p ! = NULL)时打印学生的信息。

③ 打印表尾。

④ 调用显示主菜单函数 print_menu_main()返回主菜单界面。

(3) void delete_record()。

函数功能:删除学生的基本信息,当用户在主菜单中选择 3 的时候调用此函数。

返回值:无。

参数:无。

处理流程:

① 输入要删除的学生学号,按学号查找学生的信息。

② 如果该学生不存在(即 p==NULL),系统给出提示信息;如果存在,则再次提示用户是否确认删除,用户输入"y"或"Y",表示确认删除。删除过程如下。

首先定义结构体指针 pPre 用来存储 p 结点的前序结点,如果要删除的学生信息(即 p)是单链表的头结点,即 pPre=head;且 pPre==p,则直接删除 p,即 head=p-> next;。

如果 p 不是头结点,则找到 p 的前序结点 pPre 后,pPre 的 next 指针指向 p 的 next,即执行语句 pPre-> next=p-> next;后,再将 p 删除。

③ 提示用户是否继续删除,如果用户输入"n"或"N"表示不再删除,则调用函数 print_menu_main()返回主菜单,反之,则递归调用本程序,继续进行删除的操作。

(4) void calculate()。

函数功能:用户在主菜单中选择 4 的时候调用此函数,用来对学生的成绩进行计算,函数中显示一个子菜单,等待用户选择子菜单项,根据用户的选择调用相应的函数。

返回值:无。

参数:无。

处理流程:

① 调用自定义的辅助函数按预定格式显示计算成绩子菜单界面,等待用户输入 1~3 中的任一数据,如果用户输入 1~3 之外的数据,则打印出错的提示信息,提示用户再次输入,直到输入正确为止。

② 如果输入正确,根据用户输入的数据使用 switch 语句调用对应的函数。

例如,用户输入"1",调用 calc_total()函数计算总分;用户输入"2",调用 calc_average()函数计算平均分;用户输入"3",调用 print_menu_main()函数返回上级菜单。

(5) void calc_total()。

函数功能:计算学生的总成绩。

返回值:无。

参数:无。

处理流程:

① 打印表格头部。

② 当 p 不为空(p != NULL)时计算学生的总成绩。

③ 打印表格的底部。

④ 调用函数 calculate()返回上级菜单。

(6) void calc_average()。

函数功能:计算学生的平均分。

返回值:无。

参数:无。

处理流程:

① 打印表格头部。

② 当 p 不为空(p != NULL)时计算学生的平均分。

③ 打印表格的底部。

④ 调用函数 calculate()返回上级菜单。

(7) int exit_system()。

函数功能:当用户在主菜单中选择 5 时调用的函数,退出系统。

返回值:无。

参数:无。

处理流程:

① 调用函数 clear_record(head);释放整个链表。

② 使用 exit(0)语句结束程序。

（8）void create_stu_by_input(stu * pNewStu)。

函数功能：提示用户输入学生信息，即通过输入为结构体指针 pNewStu 赋值。

返回值：无。

参数：stu * pNewStu，将 input_record() 函数中创建的结构体指针变量 stu 通过参数传递给 pNewStu 赋值。

处理流程：提示用户输入学生的基本信息。

（9）stu * get_last_student(stu * p)。

函数功能：取得链表的最后一个值，即找到最后一个学生的记录。

返回值：stu * p，stu 类型的指针，这里指一个学生记录。

参数：stu *，stu 类型的指针，这里指一个学生记录。

处理流程：判断 p 的 next 是否为空，如果为空（即 p-> next == NULL），则返回 p；否则递归调用 p-> next。

（10）void clear_record(stu * head)。

函数功能：清空所有记录。

返回值：无。

参数：stu * head，stu 类型头指针。

处理流程：

① 如果当前结点 p 为空，直接返回。

② 如果当前结点 p 的 next 指针是空则表示没有下一条数据，删除该结点；否则再次调用本函数，当前结点 p 的 next 指向的结点作为参数，删除当前结点，将指针置空，防止野指针。

（11）void print_menu_main()。

函数功能：显示主菜单，为了让系统显示得更加规范，可操作性强。

返回值：无。

参数：无。

处理流程：

① 打印主菜单界面，等待用户输入 1～5 中的任一数据，如果用户输入 1～5 之外的数据，则打印出错提示信息，提示用户再次输入，直到输入正确为止。

② 如果输入正确，使用 switch 语句调用对应的函数，例如，用户输入 1，调用函数 input_record() 输入学生的基本信息。

6. 主函数

主函数的处理流程如下。

系统的执行应从系统菜单的选择开始，允许用户输入 1～5 的数值来选择要进行的操作，输入其他字符都是无效的，系统会给出出错的提示信息。

若输入 1，则调用 input_record() 函数，进行输入学生信息操作。

若输入 2，则调用 show_record() 函数，进行显示学生信息操作。

若输入 3，则调用 delete_record() 函数，进行删除学生信息操作。

若输入 4，则调用 calculate() 函数，计算学生成绩操作，此时进入计算子菜单，计算子菜单允许用户输入 1~3 的数值来选择查询的方式,其中,1 是计算总成绩,2 是计算平均分,3 是返回主菜单。

若输入 5,则调用 exit_system()函数,释放单链表中的数据,退出系统。

9.2.2   程序源代码

```c
# include < stdio.h >                    /* 标准输入/输出函数库 */
# include < stdlib.h >                   /* 标准函数库 */
# include < string.h >                   /* 字符串函数库 */
# define MAX 10
/* 数据结构定义 */
/* 使用 typedef 语句定义一个新类型 stu,包括学生基本信息的姓名、学号和性别 */
/* 4 门课程的成绩以及指向下一个学生的指针,共 8 个结构体成员。 */
typedef struct student{
    char name[MAX];                      /* 姓名 */
    char num[MAX];                       /* 学号 */
    char sex[MAX];                       /* 性别 */
    int chinese;                         /* 语文成绩 */
    int mathematic;                      /* 数学成绩 */
    int english;                         /* 英语成绩 */
    int computer;                        /* 计算机成绩 */
    struct student * next;               /* 指向下一个学生的指针 */
}stu;
//定义一个头结点,将其初始化为空.
stu * head = NULL;                       /* student 结构体链表的头结点 */
/* 函数及变量声明 */
void input_record();                     /* 输入学生成绩的处理 */
void show_record();                      /* 显示学生成绩的处理 */
void delete_record();                    /* 删除学生成绩 */
void calculate();                        /* 计算学生成绩 */
void exit_system();                      /* 退出系统 */
/* 计算子函数声明 */
void calc_total();                       /* 计算总成绩的处理 */
void calc_average();                     /* 计算平均分的处理 */
/* 辅助函数声明 */
void create_stu_by_input(stu * pNewStu); /* 通过输入为 student 赋值 */
stu * get_last_student(stu * p);         /* 找到最后一个学生的记录 */
void clear_record(stu * head);           /* 清空所有记录 */
/* 显示控制函数声明 */
void print_menu_main();                  /* 显示主菜单 */
/* 主函数调用函数 print_menu_main(),显示主菜单,等待用户输入. */
void main()
{
    print_menu_main();                   /* 显示主菜单等待用户输入 */
}
/* 输入学生信息函数 */
/* 用户在主菜单中选择 1 的时候调用此函数,用来输入学生基本信息. */
void input_record()
{
    char continue_input = 'N';
    stu * pLastStu = NULL;
    stu * pNewStu = (stu *)malloc(sizeof(stu));      /* 创建一个 stu */
    pNewStu -> next = NULL;
```

```
        create_stu_by_input(pNewStu);            /* 让用户为创建的 stu 赋值 */
        if (head == NULL)                        /* 一个都没有 */
        {
            head = pNewStu;
        }
        else
        {
            pLastStu = get_last_student(head);   /* 找到最后一个 */
            pLastStu->next = pNewStu;
        }
        printf("继续输入学生成绩?(Y 继续, N 返回菜单)");
        getchar();
        continue_input = getchar();
        if (continue_input == 'n' || continue_input == 'N')
        {
            print_menu_main();                   /* 不继续输入的话显示主菜单 */
        }
        else
        {
            input_record();                      /* 再次调用这个函数输入新的学生成绩 */
        }
}
/* 显示学生成绩函数 */
/* 用户在主菜单中选择 2 的时候调用此函数,用来显示学生的基本信息。 */
void show_record()
{
    stu* p = head;
    printf(" +----------+----------+----------+----+----+----+------+ \n");
    printf("| 学号 | 姓名 | 性别 |语文|数学|英语|计算机|\n");
    printf(" +----------+----------+----------+----+----+----+------+ \n");
    /* 逐条显示学生记录 */
    while(p != NULL)
    {
        /* 显示一个学生信息 */
        printf("| %10s| %10s| %10s| %4d| %4d| %4d| %6d|\n",
        p->num, p->name, p->sex, p->chinese, p->mathematic, p->english, p->
computer);
        p = p->next;
    }
    printf(" +----------+----------+----------+----+----+----+------+ \n");
    printf("按任意键返回菜单..\n");
    getchar();
    getchar();
    print_menu_main();
}
/* 删除学生信息函数 */
/* 删除学生的基本信息,当用户在主菜单中选择 3 的时候调用此函数。 */
void delete_record()
{
    stu* p = head;
    stu* pPre = NULL;
    char id[MAX];
    char continue_input = 'N';
    printf("请输入要删除的学生学号:");
    scanf("%s", id);
```

```c
        while (p != NULL)
        {
            if (strcmp( p -> num, id) == 0)
            {
                break;
            }
            p = p -> next;
        }
        if (p == NULL)
        {
            printf("没有学号是[%s]的学生.", id);
        }
        else
        {
            printf("确定要删除学号为[%s]姓名为[%s]的学生吗?(Y 确定, N 取消)", p -> num, p ->
name);
            getchar();
            continue_input = getchar();
            if (continue_input == 'y' || continue_input == 'Y')
            {
                pPre = head;
                if(pPre == p)
                {
                    head = p -> next;
                    free(p);
                }
                else
                {
                    while (pPre != NULL)
                    {
                        if(pPre -> next == p)
                        {
                            pPre -> next = p -> next;
                            free(p);
                            break;
                        }
                        pPre = pPre -> next;
                    }
                }
                printf(">删除成功!\n");
            }
        }
        printf("继续删除吗?(Y 继续, N 返回菜单)");
        getchar();
        continue_input = getchar();
        if (continue_input == 'n' || continue_input == 'N')
        {
            print_menu_main();
        }else{
            delete_record();
        }
    }
}
/* 计算学生成绩函数 */
/* 用户在主菜单中选择 4 的时候调用此函数,用来对学生的成绩进行计算,函数中显示一个子菜单,
等待用户选择子菜单项,根据用户的选择调用相应的函数. */
```

```c
void calculate()
{
    int selected = 0;
    system("cls");
    printf(" ===================================================== \n");
    printf("| 计算学生成绩\n");
    printf(" ----------------------------------------------------- \n");
    printf(
        "|\n"
        "| 1 计算总成绩\n"
        "| 2 计算平均分\n"
        "| 3 返回上级菜单\n"
        "|\n"
    );
    printf(" ===================================================== \n");
    while (!(selected >= 1 && selected <= 3))
    {
        printf(">请选择:");
        scanf(" %d", &selected);
        if (selected >= 1 && selected <= 3)
        {
            break;
        }
        printf("\n>输入错误!(请选择 1 - 3)\n");
    }
    switch (selected - 1)
    {
    case 0:calc_total();break;
    case 1:calc_average();break;
    case 2:print_menu_main();break;
    }
}
/* 计算总成绩函数 */
void calc_total()
{
    int t = 0;                          /* total */
    stu * p = head;
    printf(" +----------+----------+----------+----+----+----+------+------+ \n");
    printf("| 学号 | 姓名 | 性别 |语文|数学|英语|计算机|总成绩|\n");
    printf(" +----------+----------+----------+----+----+----+------+------+ \n");
    while (p != NULL)
    {
        //print_table_row_total(p);
        t = p->chinese + p->mathematic + p->english + p->computer;
        printf("| %10s| %10s| %10s| %4d| %4d| %4d| %6d| %6d|\n",
        p -> num, p -> name, p -> sex, p -> chinese, p -> mathematic, p -> english, p ->
computer, t);
        p = p -> next;
    }
    printf(" +----------+----------+----------+----+----+----+------+------+
\n");
    printf("按任意键返回菜单..\n");
    getchar();
    getchar();
    calculate();
```

```c
}
/* 计算平均分函数 */
void calc_average ()
{
    float a = 0.0;
    stu * p = head;
    printf(" +----------+----------+----------+----+----+----+------+--------+ \n");
    printf("| 学号 | 姓名 | 性别 |语文|数学|英语|计算机|平均成绩|\n");
    printf(" +----------+----------+----------+----+----+----+------+--------+ \n");
    while (p != NULL)
    {
        a = ((float)(p -> chinese + p -> mathematic + p -> english + p -> computer)) /
(float)4.0;
        printf("| % 10s| % 10s| % 10s| % 4d| % 4d| % 4d| % 6d| % 8.1f |\n",
        p -> num, p -> name, p -> sex, p -> chinese, p -> mathematic, p -> english, p -> computer, a);
        p = p -> next;
    }
    printf(" +----------+----------+----------+----+----+----+------+--------+ \n");
    printf("按任意键返回菜单..\n");
    getchar();
    getchar();
    calculate();
}
/* 退出系统函数 */
void exit_system()
{
    clear_record(head);                    /* 释放整个链表 */
    exit(0);
}
/* 提示用户输入学生信息的函数 */
void create_stu_by_input(stu * pNewStu)
{
    printf(">请输入学生信息(注:最大长度是 10 个字符):\n");
    printf("学号:");scanf(" % s", pNewStu -> num);
    printf("姓名:");scanf(" % s", pNewStu -> name);
    printf("性别:");scanf(" % s",pNewStu -> sex);
    printf(">请输入 % s 的成绩(注:成绩范围 0 - 100):\n", pNewStu -> name);
    printf("语文:");scanf(" % d",&(pNewStu -> chinese));
    printf("数学:");scanf(" % d",&(pNewStu -> mathematic));
    printf("英语:");scanf(" % d",&(pNewStu -> english));
    printf("计算机:");scanf(" % d",&(pNewStu -> computer));
}
/* 取得链表最后一个值函数 */
stu * get_last_student(stu * p)
{
    if (p -> next == NULL)
    {
        return p;
    }
    else
    {
        return get_last_student(p -> next);
    }
}
/* 递归删除 student 结构链表的函数 */
```

```
/* 递归删除 student 结构链表中的结点,从最后一个开始删除 */
void clear_record(stu* p)
{
    if (p == NULL)
    {
        return;
    }
    /* 如果 p 的 next 指针是空则表示没有下一条数据,删除该结点 */
    if (p->next == NULL)
    {
        free(p);
    }
    /* 如果 student 结构体的 next 指针不为空, */
    else
    {
        clear_record(p->next);  /* 再次调用本函数,student 结构体 next 指向的结点作为参数 */
        free(p);                              /* 删除当前结点 */
        p = NULL;                             /* 将指针置空,防止野指针 */
    }
}
/* 显示主菜单界面 */
void print_menu_main()
{
    int selected = 0;                       /* 用户选择的菜单项 */
    system("cls");                          /* 清屏 */
    printf(" =================================================== \n");
    printf("| 学生成绩管理系统\n");
    printf(" --------------------------------------------------- \n");
    printf(
        "|\n"
        "| 1 输入学生成绩\n"
        "| 2 显示学生成绩\n"
        "| 3 删除学生成绩\n"
        "| 4 计算学生成绩\n"
        "| 5 退出系统\n"
        "|\n"
    );                                      /* 显示菜单字符 */
    printf(" =================================================== \n");
    /* 如果用户没有选择或者选择错误,循环等待 */
    while (!(selected >= 1 && selected <= 5))
    {
        printf(">请选择:");
        scanf(" % d", &selected);
        if (selected >= 1 && selected <= 5)
        {
            break;
        }
        printf("\n>输入错误!(注:请选择 1 - 5)\n");
    }
    switch (selected - 1)
    {
    case 0:
        input_record();break;
    case 1:
        show_record();break;
```

```
    case 2:
        delete_record();break;
    case 3:
        calculate();break;
    case 4:
        exit_system();break;
    }
}
```

9.2.3 程序运行情况

程序运行后,首先进入学生成绩管理系统主菜单,给出系统中能实现的功能,用户输入1~5的数字进行操作。输入"1"是输入学生的成绩,如图9-6所示。输入"2"显示学生的成绩信息,如图9-7所示。输入"3"可以删除学生的成绩信息。输入"4"进入计算学生成绩界面,如图9-8所示,在这里可以计算总成绩和平均分,如图9-9所示。

图 9-6 添加学生成绩

图 9-7 显示学生成绩

```
计算学生成绩
────────────────────────────────────────

  1 计算总成绩
  2 计算平均分
  3 返回上级菜单

>请选择:
```

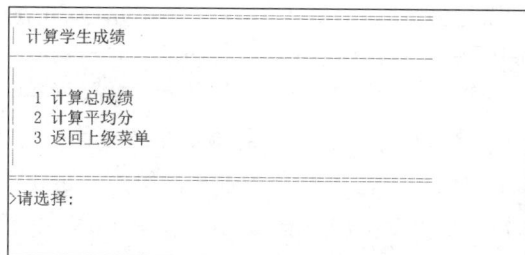

图 9-8　计算学生成绩界面

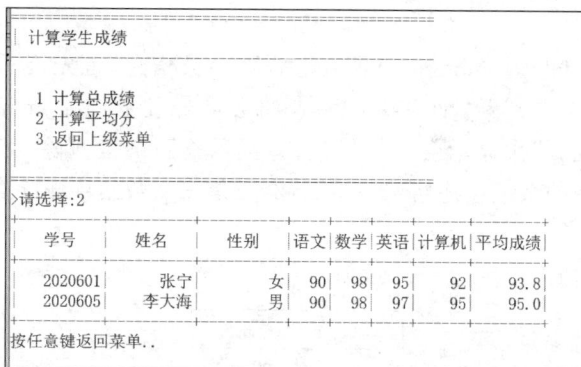

```
计算学生成绩

  1 计算总成绩
  2 计算平均分
  3 返回上级菜单

>请选择:2
  学号    │ 姓名  │ 性别 │语文│数学│英语│计算机│平均成绩│

 2020601│  张宁 │  女 │ 90 │ 98 │ 95 │  92  │  93.8 │
 2020605│ 李大海│  男 │ 90 │ 98 │ 97 │  95  │  95.0 │
按任意键返回菜单..
```

图 9-9　计算学生的平均分

9.3 例 9-3：会员管理系统

9.3.1 设计说明

1. 功能说明

（1）添加会员信息。

在主菜单中调用 addnew_member() 函数，输入会员信息，提示用户输入的会员信息存储到结构体数组中，输入完成后提示用户是否继续输入。如果用户输入"Y"或"y"，则再次调用该函数，实现继续输入会员信息的操作。

（2）查询会员信息。

在主菜单中调用 search_member() 函数来查询会员信息，首先提示用户输入要查询的会员号，接着在循环体中，判断用户输入的会员号和数组中 members[i]. member_number 的会员号是否相同，如果相同，依次显示会员的信息，令 mark 值增加 1；如果 mark 值为 0，表示没有找到会员信息，打印"没有找到"并退出。

（3）充值。

在主菜单中调用 add_balance 函数来进行会员充值操作。首先提示用户输入要充值的会员号，接着在循环体中判断用户输入的会员号和数组中 members[i]. member_number 的会员号是否相同，如果相同，则依次显示会员的信息，并提示是否添加金额，用户确认要充值金额后,提示用户输入要充值的金额,在结构体数组中增加相应的金额(members[i]. balance＝members[i]. balance＋m),显示充值后的会员信息,退出。

(4) 消费。

在主菜单中调用 charge()函数来进行会员的消费扣款操作。首先提示用户输入要消费的会员号,接着在循环体中判断用户输入的会员号和数组中 members[i]. member_number 的会员号是否相同,如果相同显示会员的信息,并提示是否扣款,用户确认要扣款后,提示用户输入要扣除的金额,在结构体数组中减少相应的金额,即 members[i]. balance＝members[i]. balance-k,显示消费扣款后的会员信息,退出。

(5) 删除会员。

在主菜单中调用 delete_member()函数来删除会员信息,首先提示用户输入要删除的会员号,接着在循环体中判断,如果用户输入的会员号和数组中 members[i]. member_number 的会员号相同,依次显示会员的信息,并提示是否继续删除会员,用户确认要删除信息后,显示将数组中的余额会还给用户,并将会员信息从数组中删除。

(6) 退出。

会员管理系统的功能模块如图 9-10 所示。

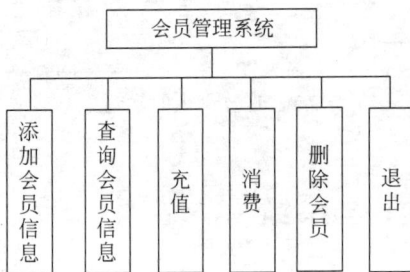

图 9-10　会员管理系统的功能模块

2. 预处理

♯include "stdio. h":输入/输出头文件。

♯include "stdlib. h":标准库头文件,system()函数需要引用该头文件。

♯include "string. h":字符串处理头文件,使用 strcmp()函数需要引用该头文件。

♯include "conio. h":getch()函数需引用 conio. h 头文件。

3. 数据结构定义

定义一个结构体数组 members,用来存储会员的信息。成员包括会员编员、会员姓名、联系电话、消费的项目、密码及消费金额。500 是数组的长度。

```
struct record
{
    char member_number[10];              /*会员编号*/
    char name[20];                       /*会员姓名*/
    char phone[20];                      /*联系电话*/
    char item[40];                       /*消费的项目*/
    char password[10];                   /*密码*/
```

```
    int balance;                        / * 消费金额 * /
}members[500];
```

4. 全局变量定义

int num＝0：外部变量 num 用来存储文件中的记录数。

FILE ＊fp：fp 是文件指针。

5. 子函数

（1）void readfile（）。

函数功能：读取文件。

返回值：无。

参数：无。

处理流程：

① 判断文件"cunsume. bin"是否存在，如果文件存在，则文件指针 fp 指向该文件，否则 fp 返回 NULL。当 fp 值为 NULL 时，表示文件不存在，则创建 cunsume. bin 文件。

② 使用 fseek(fp,0,2)函数让文件指针 fp 指向文件结尾。

③ 判断文件内是否有数据，如果有，则从文件头开始按 record 结构逐条读取数据。

（2）void select（）。

函数功能：打印主菜单。

返回值：无。

参数：无。

处理流程：

① 打印主菜单。

② 提示用户输入对应的操作。

③ 根据用户输入的值，使用 switch 语句选择调用对应的函数。

（3）void addnew_member（）。

函数功能：添加会员基本信息。用户在主菜单中选择 1 的时候调用此函数，用来输入会员基本信息。

返回值：无。

参数：无。

处理流程：提示用户输入会员的基本信息。

（4）void search_member（）。

函数功能：查询会员信息。用户在主菜单中选择 2 的时候调用此函数，用来根据会员号查询会员的信息。

返回值：无。

参数：无。

处理流程：

① 提示用户输入要查询的会员号。

② 在循环体中，比较用户输入的会员号和数组中 members[i]. member_number 的会

员号是否相同,如果相同,则依次显示会员的信息,令 mark 值增加1,返回。

③ 如果 mark 值为 0,则表示没有找到会员信息,打印"没有找到"并退出。

(5) void add_balance()。

函数功能:充值。用户在主菜单中选择 3 的时候调用此函数,用来实现为会员充值的功能。

返回值:无。

参数:无。

处理流程:

① 提示用户输入要充值的会员号。

② 接在循环体中判断用户输入的会员号和数组中 members[i]. member_number 的会员号是否相同,如果相同则依次显示会员的信息。

③ 提示是否添加金额,用户确认充值后,提示用户输入充值金额,并提示用户确认充值金额,用户确认充值金额后,在结构体数组中增加相应的金额,语句为 members[i]. balance = members[i]. balance+m,提示充值成功。

④ 显示充值后的会员信息,退出。

(6) void charge()。

函数功能:用户在主菜单中选择 4 的时候调用此函数,用来实现会员消费扣款的功能。

返回值:无。

参数:无。

处理流程:

① 提示用户输入要消费的会员号。

② 在循环体中判断用户输入的会员号和数组中 members[i]. member_number 的会员号是否相同,如果相同则依次显示会员的信息。

③ 提示是否扣款,用户确认要扣款后,提示用户输入要扣除的金额。

④ 如果卡内余额多于扣除金额,完成扣款,否则提示"余额不足"。

⑤ 打印会员扣除金额后的会员信息,退出。

(7) void delete_member()。

函数功能:用户在主菜单中选择 5 的时候调用此函数,用来删除会员基本信息。

返回值:无。

参数:无。

处理流程:

① 提示用户输入要删除的会员号。

② 如果输入的会员号不存在,打印提示信息。

③ 在循环体中,如果查找会员成功,先打印会员信息请用户确认后删除;用户确认删除后,打印退还会员卡内余额,并从数组中删除该会员。

④ 如果查找不成功,使用 continue 语句进行下一次循环。

(8) void writetofile()。

函数功能:用户在主菜单中选择 0 的时候调用此函数,用来保存会员基本信息后,退出系统。

返回值：无。

参数：无。

处理流程：

① 打开文件准备写文件。

② 逐条循环数据，把对应的数据依次写入文件。

③ 关闭文件，打印"会员卡系统文件已保存"，退出系统。

6. 主函数

主函数的处理流程如下。

程序运行后，首先进入主界面，允许用户输入 0～5 的数值来选择要进行的操作，输入其他字符都是无效的，系统会给出出错的提示信息。

若输入 1，则调用 addnew_member() 函数，进行会员信息的添加操作。

若输入 2，则调用 search_member() 函数，进行会员信息的查找操作。

若输入 3，则调用 add_balance() 函数，进行会员充值操作。

若输入 4，则调用 charge() 函数，进行会员消费操作。

若输入 5，则调用 delete_member() 函数，进行删除会员操作。

若输入 0，调用 writetofile() 函数将会员信息保存在文件中，并退出系统。

9.3.2 程序源代码

```c
# include "stdio.h"                      /*输入/输出头文件*/
# include "stdlib.h"                     /*标准库头文件,system()函数需要引用该头文件*/
# include "string.h"                     /*字符串处理头文件,使用 strcmp()函数需要引用该头文件*/
# include "conio.h"                      /*getch()函数需引用 conio.h 头文件*/
/*结构体类型*/
struct record
{
    char member_number[10];             /*会员编号*/
    char name[20];                      /*会员姓名*/
    char phone[20];                     /*联系电话*/
    char item[40];                      /*消费的项目*/
    char password[10];                  /*密码*/
    int balance;                        /*消费金额*/
}members[500];                          /*结构体数组*/
int num = 0;                            /*外部变量 num 为文件中的记录数*/
FILE *fp;
void select();                          /*主菜单*/
void addnew_member();                   /*添加会员*/
void search_member();                   /*查询会员*/
void readfile();                        /*读取文件*/
void delete_member();                   /*删除会员*/
void add_balance();                     /*充值*/
void charge();                          /*收费*/
void writetofile();                     /*保存会员信息*/
void main()
{
```

```c
    readfile();                             /* 读取文件 */
    while (1)
    {
        select();                           /* 主菜单 */
    }
}
/* 导入文件,打开欢迎进入界面 */
void readfile()
{
    if((fp = fopen("cunsume.bin","rb")) == NULL)        /* 判断文件是否存在,如果文件不存
在,返回 NULL */
    {
        if ((fp = fopen("cunsume.bin","wb")) == NULL)   /* 创建 cunsume.bin 文件 */
        {
            exit(0);
        }
        else
        {
            return;
        }
        exit(0);
    }
    fseek(fp,0,2);                          /* 将文件指针 fp 指向文件结尾 */
    if (ftell(fp)> 0)                       /* 判断文件内是否有数据 */
    {
        /* 从文件头开始按 record 结构逐条读取数据 */
        rewind(fp);
    for(num = 0;!feof(fp)&&fread(&members[num],sizeof(struct record),1,fp);num++);
        return;
    }
}
void select()                              /* 主菜单 */
{
    char choice;
    system("cls");
    printf("\n ================== 会员管理系统 ================== "); //界面
    printf("\n                1.添加会员");
    printf("\n                2.查询会员");
    printf("\n                3.充值");
    printf("\n                4.消费");
    printf("\n                5.删除会员");
    printf("\n                0.退出系统");
    printf("\n 请输入你的选择:");
    choice = getchar();
    switch (choice)                        //功能选择
    {
     case '1':
        addnew_member();                   /* 添加会员 */
        break;
     case '2':
        search_member();                   /* 查询会员 */
        break;
```

```
          case '3':
              add_balance();                    /*充值*/
              break;
          case '4':
              charge();                          /*添加消费信息*/
              break;
          case '5':
              delete_member();                   /*删除会员*/
              break;
          case '0':
              exit(0);
          default: select();
      }
}
/*添加会员*/
void addnew_member()
{
    system("cls");
    printf("\n=============== 请输入会员信息 ===============\n");
    printf("\n输入会员号:");
    scanf("%s",&members[num].member_number);
    printf("\n输入姓名:");
    scanf("%s",&members[num].name);
    printf("\n输入电话号码:");
    scanf("%s",&members[num].phone);
    printf("\n输入消费的项目:");
    scanf("%s",&members[num].item);
    printf("\n输入密码:");
    scanf("%s",&members[num].password);
    printf("\n输入消费金额:");
    scanf("%d",&members[num].balance);
    num++;
    printf("\n\t\t是否继续添加?(Y/N):");
    /*如果用户输入'y',继续添加*/
    if (getch() == 'y'||getch() == 'Y')
        addnew_member();
    return;
}
/*查询会员*/
void search_member()
{
    int mark = 0;
    int i;
    int a = 0;
    char member_number[10];
    system("cls");
    printf("\n=============== 按会员号查找 ===============\n");
    printf("\n请输入会员号:");
    scanf("%s",member_number);
    for(i = 0;i < num;i++)                  //循环查找
    {
        if (strcmp(members[i].member_number,member_number) == 0)
```

```
            {
                printf("\n ======== 以下是您查找的会员信息 =========== ");
                printf("\n 会员号: % s",members[i].member_number);
                printf("\n 姓名: % s",members[i].name);
                printf("\n 电话: % s",members[i].phone);
                printf("\n 消费的项目: % s",members[i].item);
                printf("\n 余额: % d",members[i].balance);
                printf("\n 密码: % s",members[i].password);
                printf("\n 按任意键返回主菜单:");
                mark++;
                getch();
                return;
            }
        }
        if (mark == 0)                          //没有找到
        {
            printf("\n 没有该会员的信息");
            printf("\n 按任意键返回主菜单");
            getch();
            return;
        }
}
/ * 充值 * /
void add_balance()
{
    int i;
    int m;
    int a = 0;
    char member_number[10];
    system("cls");
    printf("\n =============== 按会员号添加金额 =============== \n");
    printf("\n 请输入会员号:");
    scanf(" % s",member_number);
    for(i = 0;i < num;i++)                    //循环查找
    {
        if (strcmp(members[i].member_number,member_number) == 0)
        {
            printf("\n ========== 以下是您所选择会员信息 =========== ");
            printf("\n 会员号: % s",members[i].member_number);
            printf("\n 姓名: % s",members[i].name);
            printf("\n 电话: % s",members[i].phone);
            printf("\n 消费的项目: % s",members[i].item);
            printf("\n 余额: % d",members[i].balance);
            printf("\n 密码: % s",members[i].password);
            printf("\n 是否添加金额?(y/n)");
            if (getch() == 'y'||getch() == 'Y')
            {
                printf("\n 请输入你要添加金额:");
                scanf(" % d",&m);
                printf("确认添加 % d 元给 % s(y/n)?",m,members[i].name);
                if (getch() == 'y') {members[i].balance = members[i].balance + m;}
                printf("\n 添加金额成功");
```

```
        }
        printf("\n======== 以下是您选择会员添加金额后信息 ======== ");
        printf("\n 会员号: %s",members[i].member_number);
        printf("\n 姓名: %s",members[i].name);
        printf("\n 电话: %s",members[i].phone);
        printf("\n 消费的项目: %s",members[i].item);
        printf("\n 余额: %d",members[i].balance);
        printf("\n 密码: %s",members[i].password);
        printf("\n 按任意键返回主菜单");
        getch();
        return;
      }
    }
}
/* 收费 */
void charge()
{
    int i;
    int k;
    int a = 0;
    char member_number[10];
    system("cls");
    printf("\n=============== 按会员号扣费 =============== \n");
    printf("\n 请输入会员号:");
    scanf("%s",member_number);
    for(i = 0;i < num;i++)                //循环查找
    {
        if (strcmp(members[i].member_number,member_number) == 0)
        {
            printf("\n============= 以下是您选择会员信息 =========== ");
            printf("\n 会员号: %s",members[i].member_number);
            printf("\n 姓名: %s",members[i].name);
            printf("\n 电话: %s",members[i].phone);
            printf("\n 消费的项目: %s",members[i].item);
            printf("\n 余额: %d",members[i].balance);
            printf("\n 密码: %s",members[i].password);
            printf("\n 是否扣除金额?(y/n)");
            /* 如果用户输入 'y',从用户卡内扣除输入的金额 */
            if (getch() == 'y'||getch() == 'Y')
            {
                printf("\n 请输入你要扣除金额:");
                scanf("%d",&k);
                printf("确认从 %s 卡内扣除 %d 元?(y/n)",members[i].name, k);
                /* 提示用户确认会员名及扣除金额 */
                if (getch() == 'y'||getch() == 'Y')
                {
                    /* 如果卡内余额多于扣除金额,完成扣款,否则提示"余额不足" */
                    if(members[i].balance >= k)
                    {
                        members[i].balance = members[i].balance - k;
                        printf("\n\t\t 扣除金额成功");
                    }
```

```
                        else
                        {
                            printf("\n\t\t 金额不足!");
                        }
                    }
                }
                /* 显示用户扣除金额后的会员信息 */
                printf("\n====== 以下是您所选择会员扣除金额后信息  ======");
                printf("\n 会员号: % s",members[i].member_number);
                printf("\n 姓名: % s",members[i].name);
                printf("\n 电话: % s",members[i].phone);
                printf("\n 消费的项目: % s",members[i].item);
                printf("\n 余额: % d",members[i].balance);
                printf("\n 密码: % s",members[i].password);
                printf("\n 按任意键返回主菜单");
                getch();
                return;
            }
        }
}
/* 删除会员操作 */
void delete_member()
{
    int i,j;
    int deletemark = 0;
    char member_number[10];
    system("cls");
    printf("\n 请输入要删除会员会员号:");
    scanf(" % s",member_number);
    if(num == 0)                        /* 如果用户输入的会员号不存在,给出提示信息 */
    {
        printf("\n 对不起,文件中无任何记录");
        printf("\n 按任意键返回主菜单");
        getch();
        return;
    }
    /* 循环查找会员信息 */
    for (i = 0;i < num;i++)
    {
        /* 如果查找会员成功,先打印会员信息请用户确认后删除 */
        if (strcmp(members[i].member_number,member_number) == NULL)
        {
            printf("\n 以下是您要删除的会员信息:");
            printf("\n 会员号: % s",members[i].member_number);
            printf("\n 姓名: % s",members[i].name);
            printf("\n 电话: % s",members[i].phone);
            printf("\n 消费的项目: % s",members[i].item);
            printf("\n 余额: % d",members[i].balance);
            printf("\n 密码: % s",members[i].password);
            printf("\n 是否删除?(y/n)");
            /* 如果用户输入'y',删除记录 */
            if (getch() == 'y'||getch() == 'Y')
```

```
            {
    printf("\n\n!!!退还 %d 元给%s.!!!\n\n",members[i].balance,members[i].name);
                /* 从数组中删除记录 */
                for (j = i;j < num - 1;j++)
                    members[j] = members[j + 1];
                num -- ;
                deletemark++;
                printf("\n 删除成功");
                printf("\n 是否继续删除?(y/n)");
                if (getch() == 'y')
                    delete_member();
                return;
            }
            /* 如果用户输入不是'y'时,直接返回 */
            else
                return;
        }
        /* 查找不成功,执行下一次循环 */
        continue;
    }
    if (deletemark == 0)                    //没有查找到
    {
        printf("\n 没有该会员的信息");
        printf("\n 是否继续删除?(y/n)");
        if (getch() == 'y')
            delete_member();
        return;
    }
}
/* 把数据保存到文件 */
void writetofile()
{
    int i;
    system("cls");
    /* 打开文件准备写入 */
    if ((fp = fopen("cunsume.bin","wb")) == NULL)
    {
        printf("\n 文件打开失败");
    }
    /* 逐条循环数据,把对应的数据依次写入文件 */
    for (i = 0;i < num;i++)
    {
        if (fwrite(&members[i],sizeof(struct record),1,fp)!= 1)
        {
            printf("\n\t\t 写入文件错误!\n");
        }
    }
    fclose(fp);                             /* 关闭文件 */
    printf("\n 会员管理系统文件已保存");
    printf("\n 按任意键退出程序\n\t\t");
    exit(0);
}
```

9.3.3 程序运行情况

运行程序后,首先进入主界面,如图 9-11 所示。在主界面输入"1"进入添加会员信息界面,如图 9-12 所示。在主界面输入"2"进入查询会员页面,如图 9-13 所示。输入"3"进入充值页面,输入"4"进入消费页面,如图 9-14 所示。

```
==================会员管理系统==================
                1.添加会员
                2.查询会员
                3.充值
                4.消费
                5.删除会员
                0.退出系统
请输入你的选择:
```

图 9-11　会员管理系统主界面

```
=============== 请输入会员信息 ===============

输入会员号:1002

输入姓名:Lily

输入电话号码:13004111236

输入消费的项目:年卡

输入密码:1234

输入消费金额:200

          是否继续添加?(Y/N):
```

图 9-12　添加会员信息页面

```
=============== 按会员号查找 ===============

请输入会员号:1002

=============== 以下是您查找的会员信息 ===============
会员号:   1002
姓名:   Lily
电话:   13004111236
消费的项目:  年卡
余额:   200
密码:   1234
按任意键返回主菜单:
```

图 9-13　查找会员信息页面

```
=============== 按会员号扣费 ===============

请输入会员号:1002

=============== 以下是您选择会员信息 ===============
会员号:   1002
姓名:   Lily
电话:   13012340102
消费的项目:  年卡
余额:   500
密码:   1234
是否扣除金额?(y/n)
请输入你要扣除金额: 10
确认从Lily卡内扣除10元?(y/n)
              扣除金额成功
======= 以下是您所选择会员扣除金额后信息 =======
会员号:   1002
姓名:   Lily
电话:   13012340102
消费的项目:  年卡
余额:   490
密码:   1234
按任意键返回主菜单:
```

图 9-14　消费页面

9.4 例9-4：家庭财务管理系统

9.4.1 设计说明

1. 功能说明

主要功能描述如下。

（1）系统主菜单界面：允许用户选择想要进行的操作，包括输入收入管理、支出管理、统计和退出系统等操作。其中，收入管理包括添加收入、查询收入明细和删除收入的操作；支出管理包括添加支出、查询支出明细和删除支出的操作；统计是对总收入和总支出进行统计操作。

（2）添加收入处理：用户根据提示输入要添加的收入信息，包括收入的日期（要求4位的年和月份）、添加收入的家庭成员姓名、收入的金额及备注信息。输入完一条收入记录，将其暂时保存在单链表中，返回到主菜单界面。

（3）查询收入明细处理：根据用户输入的年月信息在单链表中查找收入信息，如果查询成功，按照预定格式显示该收入明细，如果没有数据，给出相应的提示信息。查询结束后，提示用户是否继续查找，根据用户的输入进行下一步的操作。

（4）删除收入处理：首先提示用户输入要删除的年月，根据用户的输入在单链表中查询，如果没有查询到任何信息，系统给出提示信息。如果查询成功，显示该收入明细，并提示用户输入对应的序号删除该收入信息，用户输入对应的序号就删除相关的收入信息，并给出删除成功的提示信息。用户按其他键则重新进行删除的操作。

（5）添加支出处理：完成用户支出信息的添加，与添加收入处理相似。

（6）查询支出明细处理：查询支出信息，与查询收入明细处理相似。

（7）删除支出处理：删除支出信息，与删除收入处理相似。

（8）统计总收入总支出处理：计算单链表中所有的收入的总和和所有支出的总和，并将二者相减，得到家庭收入的结余。

（9）退出：退出系统。

总体的功能模块图如图9-15所示。

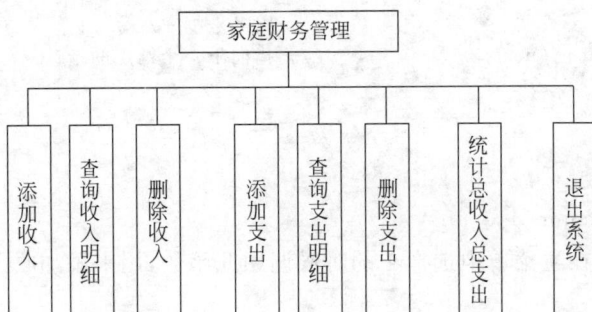

图9-15 家庭财务管理系统功能模块图

2. 预处理

#include "stdio. h"：输入/输出头文件。

#include "stdlib. h"：标准库头文件,system()函数需要引用该头文件。

#include "string. h"：字符串处理头文件,使用 strcmp()函数需要引用该头文件。

3. 常量定义

#define MAX_NAME 11：表示家庭成员姓名最大长度。

#define MAX_DETAIL 21：表示备注最大长度。

#define MENU_COUNT 9：表示菜单选项个数。

#define DATA_FILE "fs. dat"：数据文件名。

4. 自定义类型

(1) 自定义枚举类型 fi_type,用来表示收入和支出。

```c
typedef enum _fi_type
{
    income = 1,                      /* 收入 */
    payout = -1                      /* 支出 */
}fi_type;
```

(2) 用来存储家庭财务信息的结构体 fi_info。

```c
typedef struct _fi_info
{
    int year;                        /* 年 */
    int month;                       /* 月 */
    fi_type type;                    /* 数据类型 */
    char name[MAX_NAME];             /* 家庭成员姓名 */
    float money;                     /* 收入或支出金额 */
    char detail[MAX_DETAIL];         /* 备注 */
}fi_info;
```

(3) 存储财务数据结构的结构体 fi_data。

```c
typedef struct _fi_data
{
    fi_info info;                    /* 财务数据 */
    struct _fi_data * next;          /* 指向下一个结点的指针 */
}fi_data;
```

5. 子函数

(1) void add_income()。

函数功能：用户在主菜单中选择 1 的时候调用此函数,用来添加收入信息的操作。

返回值：无。

参数：无。

处理流程：首先建立单链表,调用 input_info()函数提示用户输入收入信息,并将输入的信息存储到单链表中,输入完成后返回到主菜单界面。

(2) void search_income()。

函数功能:用户在主菜单中选择 2 的时候调用此函数,用来查询收入明细的操作。

返回值:无。

参数:无。

处理流程:函数中调用 search_data()来完成收入明细的查询。

(3) void delete_income()。

函数功能:用户在主菜单中选择 3 的时候调用此函数,用来删除收入信息的操作。

返回值:无。

参数:无。

处理流程:函数中调用 delete_data ()来完成收入信息的删除。

(4) void add_payout()。

函数功能:用户在主菜单中选择 4 的时候调用此函数,用来添加支出信息的操作。

返回值:无。

参数:无。

处理流程:首先建立单链表,调用 input_info()函数提示用户输入支出信息,并将输入的信息存储到单链表中,输入完成后返回到主菜单界面。

(5) void search_payout()。

函数功能:用户在主菜单中选择 5 的时候调用此函数,用来查询支出明细的操作。

返回值:无。

参数:无。

处理流程:函数中调用 search_data()来完成支出明细的查询。

(6) void delete_payout()。

函数功能:用户在主菜单中选择 6 的时候调用此函数,用来删除支出信息的操作。

返回值:无。

参数:无。

处理流程:函数中调用 delete_data()来完成支出信息的删除。

(7) void count_total()。

函数功能:在单链表中,计算收入和支出的总和,并将二者相减得到家庭收入的结余,并按一定的格式显示出来。

返回值:无。

参数:无。

处理流程:

① 单链表未结束(即 p != NULL)时,计算收支情况。

② 打印收支情况。

(8) void quit()。

函数功能:退出系统。

返回值:无。

参数:无。

处理流程：

① 将数据保存到文件中。

② 调用 clear_data()函数清空链表。

（9）void search_data(fi_type type)。

函数功能：收入和支出的查询操作。

返回值：无。

参数：fi_type type。type 是枚举类型，用来表示收入和支出的类型，"1"表示收入，"−1"表示支出。

处理流程：

① 提示用户按照指定格式输入要查询的年月，如果用户输入错误，给出提示信息；如果用户输入正确，在单链表中查找该年月的收入信息。

② 如果查找成功，判断查询结果个数是否小于 9，调用函数 show_info()显示找到的收入信息，如果大于 9 条，按空格键进行翻页操作。

③ 如果没有找到任何信息，系统给出提示信息。

④ 提示用户是否继续查询的操作，如果用户输入"Y"或"y"，则再次进行查询操作；否则，返回主菜单界面。

（10）void delete_data(fi_type type)。

函数功能：收入和支出的删除处理。

返回值：无。

参数：fi_type type。type 是枚举类型，用来表示收入和支出的类型，"1"表示收入，"−1"表示支出。

处理流程：

① 提示用户输入要删除收入的年月，然后根据用户输入的年月信息在单链表中查找相关信息。

② 如果查找成功，如果查找到的数据小于 9，直接调用 show_info()函数显示查找到的收入信息，如果大于 9 条信息，则按空格键翻页。

③ 最后提示用户输入要删除的收入信息的序号，完成删除的操作。

④ 如果查找不成功，给出相应的提示信息。

⑤ 提示用户是否继续删除的操作，如果用户输入"Y"或"y"，则再次进行查询操作；否则，返回主菜单界面。

（11）void initialize()。

函数功能：系统初始化操作，包括数据文件和单链表的初始化。

返回值：无。

参数：无。

处理流程：

① 判断数据文件是否存在，如果不存在则创建一个文件。

② 产生一个新结点 p。

③ 循环建立链表，如果链表为空，将头结点指向 p；否则，在链表中找到最后一个结点，将 p 连到最后一个结点之后。

(12) void save_to_file()。

函数功能：将单链表中的数据保存到文件中。

返回值：无。

参数：无。

(13) void clear_data()。

函数功能：退出系统时调用该函数,清空单链表中的数据。

返回值：无。

参数：无。

(14) fi_data * get_last()。

函数功能：取得收入或支出数据链表的最后一个结点。

返回值：fi_data * 。fi_data 是结构体类型的指针,包括 info(fi_info 类型的财务数据)和 next(指向下一个 struct _fi_data 类型结点的指针)两个成员。

参数：无。

(15) fi_data * get_previous(fi_data * p)。

函数功能：取得收入或支出数据结点 p 的前一个结点。

返回值：fi_data * 。是结构体类型的指针,表示财务信息的结点。

参数：fi_data * p。p 是 fi_data 类型的结构体指针,表示财务信息的结点。

(16) void input_info(fi_info * info)。

函数功能：提示用户按指定格式输入收入或支出信息。

返回值：无。

参数：fi_info * info。是 fi_info 类型的结构体指针,包括 year(年)、month(月)、type(fi_type 数据类型)、name(家庭成员姓名的数组)、money(收入或支出金额)和 detail(备注)共 6 个成员。

(17) void show_info(fi_data * p[], int count)。

函数功能：显示财务数据。

返回值：无。

参数：fi_data * p[]。p 是结构体数组,数组中每个元素都是 fi_data 类型的,即财务数据的结点。

int count：收入或支出项数。

6. 主函数

主函数的处理流程如下。

(1) 调用 initialize()函数,进行系统初始化,判断数据文件是否存在,如果不存在则创建一个。

(2) 打印主菜单,即打印字符数组 menu。

(3) 提示用户输入选择的操作,用户需输入 0～7 的数字完成操作,用户输入的数字保存在变量 selected 中。

(4) 根据用户输入的数字调用函数指针数组 menu_fun[selected]。

如果 selected 的值为"0",调用函数 menu_fun[0],即 quit 函数,退出系统。

如果 selected 的值为"1",调用函数 menu_fun[1],即 add_income 函数,添加收入信息。

如果 selected 的值为"2",调用函数 menu_fun[2],即 search_income 函数,查询收入明细。

如果 selected 的值为"3",调用函数 menu_fun[3],即 delete_income 函数,删除收入信息。

如果 selected 的值为"4",调用函数 menu_fun[4],即 add_payout 函数,添加支出信息。

如果 selected 的值为"5",调用函数 menu_fun[5],即 search_payout 函数,查询支出明细信息。

如果 selected 的值为"6",调用函数 menu_fun[6],即 delete_payout 函数,删除收入信息。

如果 selected 的值为"7",调用函数 menu_fun[7],即 count_total 函数,统计家庭总收入和总支出信息。

9.4.2　程序源代码

```c
#define MAX_NAME 11                    /*家庭成员姓名最大长度*/
#define MAX_DETAIL 21                  /*备注最大长度*/
#define MENU_COUNT 7                   /*菜单选项个数*/

#define DATA_FILE "fs.dat"             /*数据文件名*/
#include <stdio.h>
#include <stdlib.h>
#include "string.h"
/*自定义枚举类型 fi_type,用来表示收入和支出*/
typedef enum _fi_type
{
    income = 1,                        /*收入*/
    payout = -1                        /*支出*/
}fi_type;
/*家庭财务信息的结构体 fi_info*/
typedef struct _fi_info
{
    int year;                          /*年*/
    int month;                         /*月*/
    fi_type type;                      /*数据类型*/
    char name[MAX_NAME];               /*家庭成员姓名*/
    float money;                       /*收入或支出金额*/
    char detail[MAX_DETAIL];           /*备注*/
}fi_info;
/*财务数据结构的结构体 fi_data*/
typedef struct _fi_data
{
    fi_info info;                      /*财务数据*/
    struct _fi_data * next;            /*指向下一个结点的指针*/
}fi_data;
/*函数声明*/
/*主菜单对应的处理函数*/
void add_income();                     /*添加收入*/
```

```
void search_income();                    /* 查询收入明细 */
void delete_income();                    /* 删除收入 */
void add_payout();                       /* 添加支出 */
void search_payout();                    /* 查询支出明细 */
void delete_payout();                    /* 删除支出 */
void count_total();                      /* 统计总收入总支出 */
void quit();                             /* 退出系统 */
/* 主要处理函数 */
void search_data(fi_type type);          /* 查询处理 */
void delete_data(fi_type type);          /* 删除处理 */
/* 辅助函数 */
void initialize();                       /* 系统初始化 */
void save_to_file();                     /* 将财务数据保存到文件 */
void clear_data();                       /* 清空链表中的数据 */
fi_data* get_last();                     /* 得到财务数据链表的最后一个结点 */
fi_data* get_previous(fi_data* p);       /* 取得财务数据结点 p 的前一个结点 */
void input_info(fi_info* info);          /* 输入财务数据信息 */
void show_info(fi_data* p[], int count); /* 显示财务数据 */
/* 定义一个头结点. */
fi_data* head;                           /* 财务数据的头结点 */
/* 常量,是主菜单中要显示的字符. */
char menu[] =
" ======================================================== \n"
"| 家庭财务管理系统                                        |\n"
" +-------------------------------------------------------+ \n"
"| 收入管理                                                |\n"
"|    <1> 添加收入                                         |\n"
"|    <2> 查询收入明细                                     |\n"
"|    <3> 删除收入                                         |\n"
"| 支出管理                                                |\n"
"|    <4> 添加支出                                         |\n"
"|    <5> 查询支出明细                                     |\n"
"|    <6> 删除支出                                         |\n"
"| 统计                                                    |\n"
"|    <7> 统计总收入总支出                                 |\n"
" +-------------------------------------------------------+ \n"
"| 输入<0>退出系统                                         |\n"
" +-------------------------------------------------------+ \n";
/* 函数指针数组 menu_main_func 存储的是主菜单项中 8 个功能函数的地址,分别对应 0～7 菜单
项。*/
void ( * menu_fun[])() =
{
        quit,                    /* 退出系统 */
        add_income,              /* 添加收入 */
        search_income,           /* 查询收入明细 */
        delete_income,           /* 删除收入 */
        add_payout,              /* 添加支出 */
        search_payout,           /* 查询支出明细 */
        delete_payout,           /* 删除支出 */
        count_total              /* 统计总收入总支出 */
};
int main()
{
```

```c
    int selected = 0;
    initialize();
    while(selected >= 0 && selected <= MENU_COUNT)
    {
        system("cls");
        printf(menu);
        printf(">请选择要进行的操作(%d - %d):", 0, MENU_COUNT);
        if(scanf("%d", &selected) != 1 || selected < 0 || selected > MENU_COUNT)
        {
            printf(">输入错误!请选择[ %d - %d ]之间的数字! 按任意键重试...", 0,
                MENU_COUNT);
            fflush(stdin);
            getchar();
        }
        else
        {
            menu_fun[selected]();
        }
        selected = 0;
    }
}
/* 添加收入 */
void add_income()
{
    fi_data* p = (fi_data*)malloc(sizeof(fi_data));
    memset(p, 0, sizeof(fi_data));
    p->next = NULL;
    input_info(&(p->info));
    p->info.type = income;
    if (head == NULL)
    {
        head = p;
    }
    else
    {
        get_last()->next = p;
    }
}
/* 查询收入明细 */
void search_income()
{
    search_data(income);
}
/* 删除收入 */
void delete_income()
{
    delete_data(income);
}
/* 添加支出 */
void add_payout()
{
    fi_data* p = (fi_data*)malloc(sizeof(fi_data));
    memset(p, 0, sizeof(fi_data));
```

```
        input_info(&(p->info));
        p->info.type = payout;
        if (head == NULL)
        {
            head = p;
        }
        else
        {
            get_last()->next = p;
        }
}
/* 查询支出明细 */
void search_payout()
{
    search_data(payout);
}
/* 删除支出 */
void delete_payout()
{
    delete_data(payout);
}
/* 统计总收入总支出 */
void count_total()
{
    float total_income = 0.0;
    float total_payout = 0.0;
    fi_data* p = head;
    while(p != NULL)
    {
        if (p->info.type == income)
        {
            total_income += p->info.money;
        }
        else
        {
            total_payout += p->info.money;
        }
        p = p->next;
    }
    printf(" +------------+------------+------------+ \n");
    printf("| 合计收入 | 合计支出 | 结余 |\n");
    printf(" +------------+------------+------------+ \n");
    printf("| %12.2f| %12.2f| %12.2f|\n", total_income, total_payout, total_income - total_
payout);
    printf(" +------------+------------+------------+ \n");
    printf(">按任意键返回主菜单...");
    fflush(stdin);
    getchar();
}
/* 退出系统 */
void quit()
{
    save_to_file();
```

```
        clear_data();
        exit(0);
}
/* 主要处理函数 */
/* 查询处理 */
void search_data(fi_type type)
{
    int year = 0;
    int month = 0;
    fi_data * p = NULL;
    fi_data * result[9] = {NULL};
    int count = 0;
    char input = ' ';
    while(1)
    {
        printf(">请输入要查询的年月(例如:2009/1)");
        if (scanf(" %d/ %d",&year, &month) != 2)
        {
            printf(">输入错误.\n");
        }
        else
        {
            p = head;
            count = 0;
            memset(result, 0, sizeof(fi_data * ));
            while(p != NULL)
            {
                if (p-> info.year == year
                    && p-> info.month == month
                    && p-> info.type == type)
                {
                    if (count < 9)
                    {
                        result[count] = p;
                        count++;
                    }
                    else
                    {
                        show_info(result, count);
                        printf(">输入空格并回车翻页。其他键退出。");
                        fflush(stdin);
                        input = getchar();
                        if (input == ' ')
                        {
                            memset(result, 0, sizeof(fi_data * ));
                            count = 0;
                            result[count] = p;
                            count++;
                        }
                        else
                        {
                            break;
                        }
                    }
```

```
                    }
                }
                p = p->next;
            }
            if (count != 0)
            {
                show_info(result, count);
            }
            else
            {
                printf(">没有找到数据。\n");
            }
            printf(">继续查找其他数据?(y or n)");
            fflush(stdin);
            input = getchar();
            if (input == 'y' || input == 'Y')
            {
                continue;
            }
            else
            {
                break;
            }
        }
    }
}
/* 删除处理 */
void delete_data(fi_type type)
{
    int year = 0;
    int month = 0;
    fi_data* p = NULL;
    fi_data* pre = NULL;
    fi_data* result[9] = {NULL};
    int count = 0;
    char input = ' ';
    int i = 0;
    while(1)
    {
        printf(">请输入要查询的年月(例如:2009/1)");
        if (scanf("%d/%d",&year, &month) != 2)
        {
            printf(">输入错误.\n");
        }
        else
        {
            p = head;
            count = 0;
            memset(result, 0, sizeof(fi_data*));
            while(p != NULL)
            {
                if (p->info.year == year
                    && p->info.month == month
```

```
                    && p -> info.type == type)
            {
                if (count < 9)
                {
                    result[count] = p;
                    count++;
                }
                else
                {
                    show_info(result, count);
                    printf(">输入空格并回车翻页。输入对应的序号删除,其他键退出。");
                    fflush(stdin);
                    input = getchar();
                    if (input == ' ')
                    {
                        memset(result, 0, sizeof(fi_data * ));
                        count = 0;
                        result[count] = p;
                        count++;
                    }
                    else if (input >= '1' && input <= 48 + count)
                    {
                        i = input - 49;
                        pre = get_previous(result[i]);
                        if (pre == NULL)
                        {
                            head = head -> next;
                        }
                        else
                        {
                            pre -> next = result[i] -> next;
                        }
                        free(result[i]);
                        for (; i < count - 1; i++)
                        {
                            result[i] = result[i + 1];
                        }
                        result[i] = p;
                        printf(">删除成功。\n");
                    }
                    else
                    {
                        break;
                    }
                }
            }

            p = p -> next;
        }
        if (count != 0)
        {
            show_info(result, count);
            printf(">输入对应的序号删除。其他键退出。");
```

```
                        fflush(stdin);
                        input = getchar();
                        if (input >= '1' && input <= 48 + count)
                        {
                            i = input - 49;
                            pre = get_previous(result[i]);
                            if (pre == NULL)
                            {
                                head = head->next;
                            }
                            else
                            {
                                pre->next = result[i]->next;
                            }
                            free(result[i]);
                            for (; i < count - 1; i++)
                            {
                                result[i] = result[i + 1];
                            }
                            result[i] = NULL;
                            count--;
                            printf(">删除成功。\n");
                        }
                    }
                    else
                    {
                        printf(">没有找到数据。\n");
                    }
                    printf(">继续查找其他数据?(y or n)");
                    fflush(stdin);
                    input = getchar();
                    if (input == 'y' || input == 'Y')
                    {
                        continue;
                    }
                    else
                    {
                        break;
                    }
                }
            }
}
/* 系统初始化 */
void initialize()
{
    FILE * fp = NULL;
    fi_data * p = NULL;
    fi_data * last = NULL;
    int count = 0;
    /* 判断数据文件是否存在, 如果不存在, 则创建一个文件 */
    fp = fopen(DATA_FILE, "rb");
    if (fp == NULL)
    {
```

```
            fp = fopen(DATA_FILE, "w");        /* 创建文件 */
            fclose(fp);
            return;
        }
        p = (fi_data *)malloc(sizeof(fi_data));
        memset(p, 0, sizeof(fi_data));
        p->next = NULL;
        while(fread(&(p->info), sizeof(fi_info), 1, fp) == 1)
        {

            if (head == NULL)              /* 链表为空 */
            {
                head = p;                  /* 将头结点指向 p */
            }
            else
            {
                last = get_last();         /* 头结点不为空时,在链表中找到最后一个 */
                last->next = p;            /* 将 p 连到最后一个结点之后 */
            }
            count++;
            fseek(fp, count * sizeof(fi_info), SEEK_SET);    /* 将文件指针指到下一个 */
            p = (fi_data *)malloc(sizeof(fi_data));
            memset(p, 0, sizeof(fi_data));
            p->next = NULL;
        }
        free(p);
        p = NULL;
        fclose(fp);
    }
    /* 将单链表中的数据保存到文件. */
    void save_to_file()
    {
        FILE * fp = fopen(DATA_FILE, "wb");
        fi_data * p = head;
        while(p != NULL)
        {
            fwrite(&(p->info),sizeof(fi_info), 1, fp );
            fseek(fp, 0, SEEK_END);
            p = p->next;
        }
        fclose(fp);
    }
    /* 清空链表中的数据 */
    void clear_data()
    {
        fi_data * p = NULL;
        while (head != NULL)               /* 链表不为空 */
        {
            if (head->next!= NULL)         /* 如果链表中有两条以上的数据 */
            {
                p = head;
                head = head->next;         /* 头结点向后移动一位 */
                free(p);                   /* 释放原来的头结点 */
```

```
                p = NULL;
            }
            else                              /* 清除链表 */
            {
                free(head);
                head = NULL;
            }
        }
    }
    /* 取最后一个结点 */
    fi_data * get_last()
    {
        fi_data * p = head;
        if (p == NULL)
        {
            return p;
        }
        while((p != NULL) && (p->next != NULL))
        {
            p = p->next;
        }
        return p;
    }
    /* 取参数 p 的前一个结点 */
    fi_data * get_previous(fi_data * p)
    {
        fi_data * previous = head;
        while(previous != NULL)
        {
            if (previous->next == p)
            {
                break;
            }
            previous = previous->next;
        }
        return previous;
    }
    /* 输入收入或支出数据信息 */
    void input_info(fi_info * info)
    {
        printf(">请输入年月 (YYYY/M):");
        scanf("%d/%d", &(info->year), &(info->month));

        printf(">请输入家庭成员姓名 (最大长度为 %d):", MAX_NAME - 1);
        scanf("%s", info->name);

        printf(">请输入金额:");
        scanf("%f", &(info->money));

        printf(">请输入备注 (最大长度为 %d):", MAX_DETAIL - 1);
        scanf("%s", info->detail);
```

```
    }
/ * 显示收入或支出数据 * /
void show_info(fi_data *  p[], int count)
{
    int i = 0;
    printf(" +---+---------+------+------------+------------+-------------+ \n");
    printf(" |No.| 年 - 月 | 类型 |    姓名    |    金额    |      备注      | \n");
    printf(" +---+---------+------+------------+------------+-------------+ \n");
    for (i = 0; i < count; i++)
    {
        printf(" | % 3d| % 4d - % 02d| % 4s | % - 10s | % 10.2f | % - 20s | \n",
            i + 1,
            p[i] -> info. year, p[i] -> info. month,
            p[i] -> info. type  ==  income ? "收入"  :  "支出",
            p[i] -> info. name,
            p[i] -> info. money,
            p[i] -> info. detail);
        printf(" +---+---------+------+------------+------------+---------+ \n");
    }
}
```

9.4.3　程序运行情况

1. 主界面

系统运行后,首先进入主菜单界面,允许用户输入 0～7 的数字,来实现不同的操作,主菜单界面如图 9-16 所示。

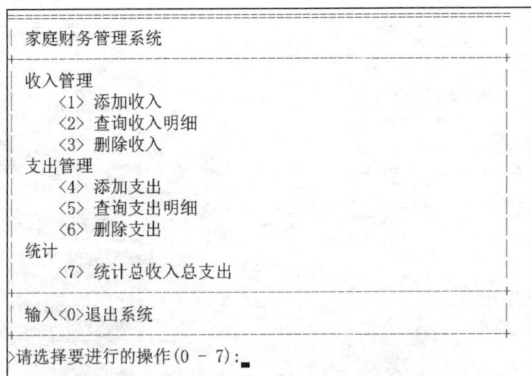

```
| 家庭财务管理系统                          |
|                                          |
| 收入管理                                 |
|      〈1〉 添加收入                       |
|      〈2〉 查询收入明细                   |
|      〈3〉 删除收入                       |
| 支出管理                                 |
|      〈4〉 添加支出                       |
|      〈5〉 查询支出明细                   |
|      〈6〉 删除支出                       |
| 统计                                     |
|      〈7〉 统计总收入总支出               |
|                                          |
| 输入〈0〉退出系统                         |
|                                          |
|>请选择要进行的操作(0 - 7): ▂            |
```

图 9-16　家庭财务管理系统主菜单界面

2. 添加收入信息

进入主菜单界面后,输入数字"1"进入添加收入信息操作,用户可以根据提示信息输入收入的年月、家庭成员姓名、收入明细和备注信息,输入完成后返回主界面。输入信息情况如图 9-17 所示。

```
┌─────────────────────────────────────────┐
│ 家庭财务管理系统                          │
│                                          │
│  收入管理                                 │
│      <1> 添加收入                         │
│      <2> 查询收入明细                     │
│      <3> 删除收入                         │
│  支出管理                                 │
│      <4> 添加支出                         │
│      <5> 查询支出明细                     │
│      <6> 删除支出                         │
│  统计                                     │
│      <7> 统计总收入总支出                 │
│                                          │
│  输入<0>退出系统                          │
├─────────────────────────────────────────┤
│ >请选择要进行的操作(0 - 7):1              │
│ >请输入年月 (YYYY/M):2020/12             │
│ >请输入家庭成员姓名 (最大长度为 10):郭靖 │
│ >请输入金额:15000                        │
│ >请输入备注 (最大长度为 20):工资         │
└─────────────────────────────────────────┘
```

图 9-17　添加收入信息

3. 查询收入明细

在主菜单中如果输入数字"2",则进行查询收入明细操作,系统提示输入要查询的年月,如果查询成功,符合条件的收入信息将按照预定的格式显示出来;如果不成功,系统将给出提示。

4. 删除收入信息

在主菜单中如果输入数字"3",则进行删除收入信息的操作,系统提示输入要删除的年月,如果查询成功,系统会将单链表中的收入信息按照预定的格式显示出来,再提示用户输入要删除的收入信息的序号,完成删除的操作。

5. 添加支出信息

在主菜单中如果输入数字"4",则进入添加支出信息操作。添加支出信息的操作如图 9-18 所示。

```
┌─────────────────────────────────────────┐
│ 家庭财务管理系统                          │
│                                          │
│  收入管理                                 │
│      <1> 添加收入                         │
│      <2> 查询收入明细                     │
│      <3> 删除收入                         │
│  支出管理                                 │
│      <4> 添加支出                         │
│      <5> 查询支出明细                     │
│      <6> 删除支出                         │
│  统计                                     │
│      <7> 统计总收入总支出                 │
│                                          │
│  输入<0>退出系统                          │
├─────────────────────────────────────────┤
│ >请选择要进行的操作(0 - 7):4              │
│ >请输入年月 (YYYY/M):2020/12             │
│ >请输入家庭成员姓名 (最大长度为 10):郭襄 │
│ >请输入金额:200                          │
│ >请输入备注 (最大长度为 20):买酒         │
└─────────────────────────────────────────┘
```

图 9-18　添加支出信息

6. 查询支出明细

在主菜单中如果输入数字"5",则进行查询支出明细操作。

7. 删除支出信息

在主菜单中如果输入"6",则进行删除支出信息的操作。

8. 统计

在主菜单中如果输入"7",则进行总收入和总支出信息的统计操作,操作界面如图 9-19 所示。

图 9-19　统计总收入和总支出

9.5　例 9-5：图书管理系统

9.5.1　功能需求分析

图书管理系统主要用于对大量的图书信息,包括书名、作者、出版社、出版日期、ISBN (国际标准书号)等进行增加、查询、保存等操作。同时也包括对用户的管理,用户包括管理员和普通用户两种权限,管理员可以完成全部操作,而普通用户只能对图书进行浏览和查询操作。为保存信息,系统将图书信息和用户信息都存储在文件中,每次启动系统时,先将数据从文件中读到单链表中,进行增、删、改、查等操作。在系统退出前,再将单链表中的数据保存到文件中,有效地将数据进行保存。系统为用户提供了简单的人机界面,使用户可以根据提示,输入操作项,调用系统提供的管理功能。

主要功能需求描述如下。

1．用户登录

首先提示用户输入用户名和密码。调用文件中存储的用户信息进行校验，只有用户名和密码都匹配时才允许用户使用该系统。用户登录到系统后能够使用的系统功能与用户的权限有关，管理员可以完成全部操作，而普通用户只能进行图书的浏览、查询。权限的判定在登录模块中完成。

2．系统主控平台

不同权限的用户登录不同的系统主控平台，管理员可以完成全部的操作，包括图书管理、用户管理以及退出系统三大功能模块。图书管理中包括新增图书信息、浏览图书信息、查询图书信息和保存图书信息等。用户管理包括新增用户、查找用户和保存用户信息等操作。普通用户可以进行浏览图书信息和查询图书信息的操作，通过输入相应的序号来选择相应的操作。

3．新增图书信息处理

用户根据提示输入图书的书名、作者、出版社、出版日期、ISBN 以及页数等数据。输入完一条图书信息后，可根据提示继续输入下一条图书信息或继续其他操作，允许输入多条图书的信息记录。输入完图书信息后，以单链表的形式暂时保存在单链表中，等待下一步操作。系统退出之前，将单链表中的全部图书信息保存到文件中。

4．浏览图书信息处理

在选择了浏览图书信息后，将图书信息从内存中调出来显示，最后提示是否再次浏览图书信息。如果没有查询到任何信息，系统会给出提示信息。

5．查询图书信息处理

选择查询图书信息后，进入查询子菜单，可以分别按书名、作者、出版社、出版日期、ISBN 对单链表中的图书信息进行查询。其中，按书名、作者、出版社和出版日期这 4 种查询实现的是模糊查询，按 ISBN 查询实现的是精确查询。

6．删除图书信息

首先提示用户输入要删除的图书的 ISBN，用户根据输入的信息在单链表中查找。如果该图书存在，则首先显示图书的基本信息，并提示用户是否进行删除操作，用户确认删除后，直接删除；如果没找到，系统会给出提示信息。

7．保存图书信息处理

该模块的功能是将单链表中的图书信息保存到文件中。

8．新增用户信息

只有管理员可以处理这个模块，根据提示信息输入用户的用户名、密码及权限。输入完一个用户信息后直接返回主菜单界面,进行其他操作。允许输入多个用户信息,但用户名不允许重复。输入完的图书信息暂时保存在单链表中,等待下一步的操作,系统退出之前,将单链表中的全部用户信息保存到文件中。

9. 查找用户

首先提示用户输入要查找的用户名,根据用户输入的用户名从单链表中对用户信息进行查询。查询成功后,显示该用户信息,并提示是否对该用户进行删除或修改,根据用户输入的信息可以完成对用户的删除或修改。如果没有查询到任何信息,系统会给出提示信息。

10. 保存用户信息

该模块的功能是将单链表中的用户信息保存到文件中。

11. 退出

该模块的功能是退出系统,并且在系统退出之前,保存用户和图书信息并释放链表,防止内存泄露。

管理员权限登录后可以完成以上全部操作,但普通用户权限仅能对图书进行浏览和查询操作。

9.5.2　总体设计

1. 功能模块设计

图书管理设置两种权限,即管理员和普通用户。以管理员身份登录,可以对系统中的所有功能模块进行操作,而普通用户只能进行浏览图书和查找图书的操作。

整个系统的功能模块主要分为图书信息管理和用户管理两大部分。

系统启动时,主函数中首先调用 init_user()函数对用户模块进行初始化的操作,即设定最初的管理员的用户名(为"admin")和密码(为"123"),并对文件进行初始设置,即用户文件不存在,则创建用户文件。再调用 load_users()函数将用户文件中的用户信息加载到用户单链表中。接着调用 init_book()函数对图书模块进行初始化操作,主要完成图书文件的初始设置,即图书文件不存在,则创建图书文件,再调用 load_books()函数将图书文件的图书信息加载到图书单链表中。最后调用 login()函数判断用户的类型,如果是管理员权限,则调用 show_admin_menu()函数进入管理员操作界面;如果是普通用户权限,则调用 show_ user_menu()函数进入普通用户操作界面。下面对模块的功能做简单介绍。

1) 登录系统

系统调用 login()函数完成登录操作。首先提示用户输入用户名和密码,调用 find_user()函数查找用户输入的用户名是否存在。如果用户名不存在,则给出用户名输入错误的提示信息;如果用户名存在,接着判断密码是否正确。如果密码错误,给出密码输入错误的提示信息;如果输入都正确,判断该用户类型,并作为 login()函数的返回值。在主程序中完成权限的判断。

2) 增加图书信息

系统调用 add_book()函数以增加图书信息,调用 input_book()函数完成图书信息的输入,将用户输入的信息添加到图书单链表中。输入完成后,提示用户是否继续增加图书信息的操作,如果用户输入"Y"或"y",则再次调用该函数,实现继续增加图书信息的操作;如果用户输入"N"或"n",则返回主菜单界面。

3)浏览图书信息

系统调用 view_book()函数来浏览图书信息,将图书链表中的图书信息按指定的格式显示出来。显示完成后,提示用户是否再次浏览,如果用户输入"Y"或"y",则再次显示单链表中的图书信息;否则,返回主菜单界面。

4)查找图书信息

如果是管理员权限,调用 show_search_book_menu()函数,进入管理员查询图书子菜单,可以分别按书名、作者、出版社、出版日期和国际标准书号(ISBN)查找,其中前4项查找方式支持模糊查询,只有按 ISBN 查找是精确查找。

(1)按书名查找。

调用 search_book_by_name()函数按书名查找图书信息。首先提示用户输入图书名称,然后调用 findstr()函数在单链表中查找该图书信息,实现了模糊查询。如果找到该图书,调用 show_book()函数显示该图书信息,否则给出没有找到图书的提示信息。提示用户是否再次查找,如果用户输入"Y"或"y",则再次进行按书名查找图书信息的操作;否则,返回查询界面。

(2)按作者查找。

调用 search_book_by_author()函数按作者查找图书信息,具体操作步骤与按书名查找类似。

(3)按出版社查找。

调用 search_book_by_publisher()函数,按出版社查找图书信息,具体操作步骤与按书名查找类似。

(4)按出版日期查找。

调用 search_book_by_pubdate()函数,按出版日期查找图书信息,具体操作步骤与按书名查找类似。

(5)按 ISBN 查找。

调用 search_book_by_isbn()函数,按 ISBN 查找图书信息。首先提示用户输入图书的 ISBN,然后在图书链表中进行精确查找。调用 strcmp()函数进行字符串的比较,如果找到该图书,则调用 show_book()函数显示该图书信息,否则给出没有找到图书的提示信息。提示用户是否再次查找,如果用户输入"Y"或"y",则再次进行按 ISBN 查找图书信息的操作;否则,返回查询界面。

5)删除图书信息

系统调用 delete_book()函数完成图书信息的操作。首先提示用户输入图书的 ISBN,在单链表中查找该图书信息是否存在,如果图书不存在,给出图书不存在的提示信息。如果图书存在,系统提示是否确认删除,如果用户输入"Y"或"y",则删除该图书信息,否则返回主菜单界面。

6)保存图书信息

系统调用 save_books()函数来保存图书信息。调用 save_books_to_file()函数,完成将图书单链表中的图书信息保存到图书文件中。

7）新增用户信息

系统调用 add_user() 函数来增加用户信息,调用 input_uscr() 函数完成用户信息的输入,将用户输入的信息添加到用户单链表中。输入完成后提示用户是否继续增加用户的操作,如果用户输入"Y"或"y",则再次调用该函数实现继续增加用户的操作;如果输入"N"或"n",则返回主菜单界面。

8）查找用户信息

系统调用 search_user() 函数完成用户信息的查找操作。首先提示用户输入要查找的用户名,然后调用 find_user(),查找该用户是否存在。如果该用户不存在,则给出相应的提示信息;如果该用户存在,则调用 show_user() 函数显示该用户信息,并允许对该用户进行更新和删除操作。提示用户按 d/D 键删除该用户,按 u/U 键更新该用户信息。根据用户的输入信息选择下一步的操作,调用 delete_user() 函数删除用户信息,调用 update_user() 函数更新用户信息。

9）更新用户信息

在查询到用户之后,允许调用 update_user() 函数对该用户进行更新操作,首先调用 input_user() 函数输入用户信息,接着调用 find_user() 函数查找输入的用户名是否已经存在。由于用户名不允许重复,如果输入的用户名存在,则给出相应的提示信息;如果不存在,则进行更新操作。

10）删除用户信息

在查询到用户之后,允许调用 delete_user() 函数对该用户进行删除操作,首先提示用户是否确认删除,如果用户输入"Y"或"y",删除该用户信息;否则,提示用户继续查找操作。

11）保存用户信息

系统调用 save_users() 函数来保存图书信息。调用 save_users_to_file() 函数,将图书单链表中的图书信息保存到图书文件中。

12）退出系统

不同权限的用户退出系统是通过调用不同的函数完成的。

(1) 管理员退出系统。

管理员权限退出系统调用 admin_exit() 函数。首先提示用户是否确定退出,如果用户输入"Y"或"y",再调用 save_users_to_file() 函数,将用户链表中的数据保存到用户文件,调用 clear_users() 函数清空用户链表,最后调用 save_books_to_file() 函数将图书链表中的数据保存到图书文件,调用 clear_books() 函数清空图书链表;用户输入"N"或"n",则不退出。

(2) 普通用户退出系统。

普通用户权限退出系统调用 user_exit() 函数。首先提示用户是否确定退出,如果用户输入"Y"或"y",则调用 clear_users() 函数清空用户链表,调用 clear_books() 函数清空图书链表;用户输入"N"或"n",则不退出。

图书管理的功能模块如图 9-20 所示。

2. 程序处理流程

系统启动后,首先加载图书文件信息和用户文件信息,允许用户登录。有管理员和普通

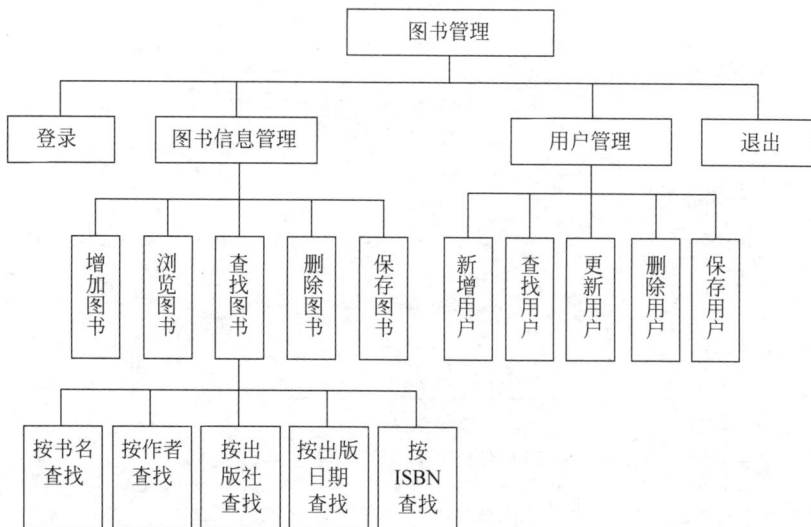

图 9-20 图书管理的功能模块

用户两种权限。用户输入正确的用户名和密码后才能成功登录系统,系统根据用户名在用户文件中判断该用户是管理员还是普通用户,不同的权限可以操作的功能也是不同的。如果以管理员权限登录,则进入管理员操作主菜单界面,该界面允许用户输入 1~9 的数值来选择要进行的操作;输入其他字符都是无效的,系统会给出出错的提示信息。

若用户输入 1,则调用 add_book()函数,进行新增图书信息操作。若输入 2,则调用 view_book()函数,进行浏览图书信息操作。若输入 3,则调用 show_search_book_menu()函数,进行查找图书信息操作,此时进入查找图书信息子菜单,菜单中允许用户输入 1~6 的数值来选择查询的方式。其中,1 是按书名查找,2 是按作者查找,3 是按出版社查找,4 是按出版日期查找,5 是按 ISBN 查找,6 是返回主菜单。前 4 种查找方式是模糊查找方式,也就是说,只有按 ISBN 查找是精确查找方式。若输入 4,则调用 delete_book()函数,进行删除图书信息操作。若输入 5,则调用 save_books()函数,进行保存图书信息操作。若输入 6,则调用 add_user()函数,进行新增用户信息操作。若输入 7,则调用 search_user()函数,进行查找用户信息操作,对于查找到的用户信息,允许进行更新(调用 update_user()函数)和删除(调用 delete_user()函数)操作。若输入 8,则调用 save_users()函数,进行保存用户信息操作。若输入 9,则调用 admin_exit()函数,即以管理员权限退出系统操作。

图 9-21 是管理员权限登录系统的处理流程图。

如果以普通用户权限登录,则进入普通用户操作主菜单界面,该界面允许用户输入 1~7 的数值来选择要进行的操作,输入其他字符都是无效的,系统会给出出错的提示信息。

若用户输入 1,则调用 view_book()函数,进行浏览图书信息操作;若输入 2,则调用 search_book_by_name()函数,按书名查找图书信息;若输入 3,则调用 search_book_by_author()函数,按作者查找图书信息;若输入 4,则调用 search_book_by_publisher()函数,按出版社查找图书信息;若输入 5,则调用 search_book_by_pubdate()函数,按出版日期查找图书信息;若输入 6,则调用 search_book_by_isbn()函数,按 ISBN 查找图书信息;若输入 7,则调用 user_exit()函数,即以普通用户权限退出系统操作。

图 9-22 是普通用户登录系统的处理流程图。

开始

输入用户名和密码

管理员用户名和密码是否正确？

N　重试？　Y

N

Y

主菜单界面

| 1 新增图书 | 2 浏览图书 | 3 查询图书 | 4 删除图书 | 5 保存图书 | 6 新增用户 | 7 查找用户 | 8 保存用户 | 9 退出系统 |

Y　继续新增？　N

再次浏览？　Y　N

继续删除？　N

a

Y　继续新增？　N

查找成功？　Y　N　b

继续查找？　N

主菜单界面

结束

a

| 1 按书名查找 | 2 按作者查找 | 3 按出版社查找 | 4 按出版日期查找 | 5 按ISBN查找 | 6 返回主菜单 |

主菜单界面

b

| 修改用户 | 删除用户 | 按其他键返回 |

7查找用户　Y　继续查找？　N

主菜单界面

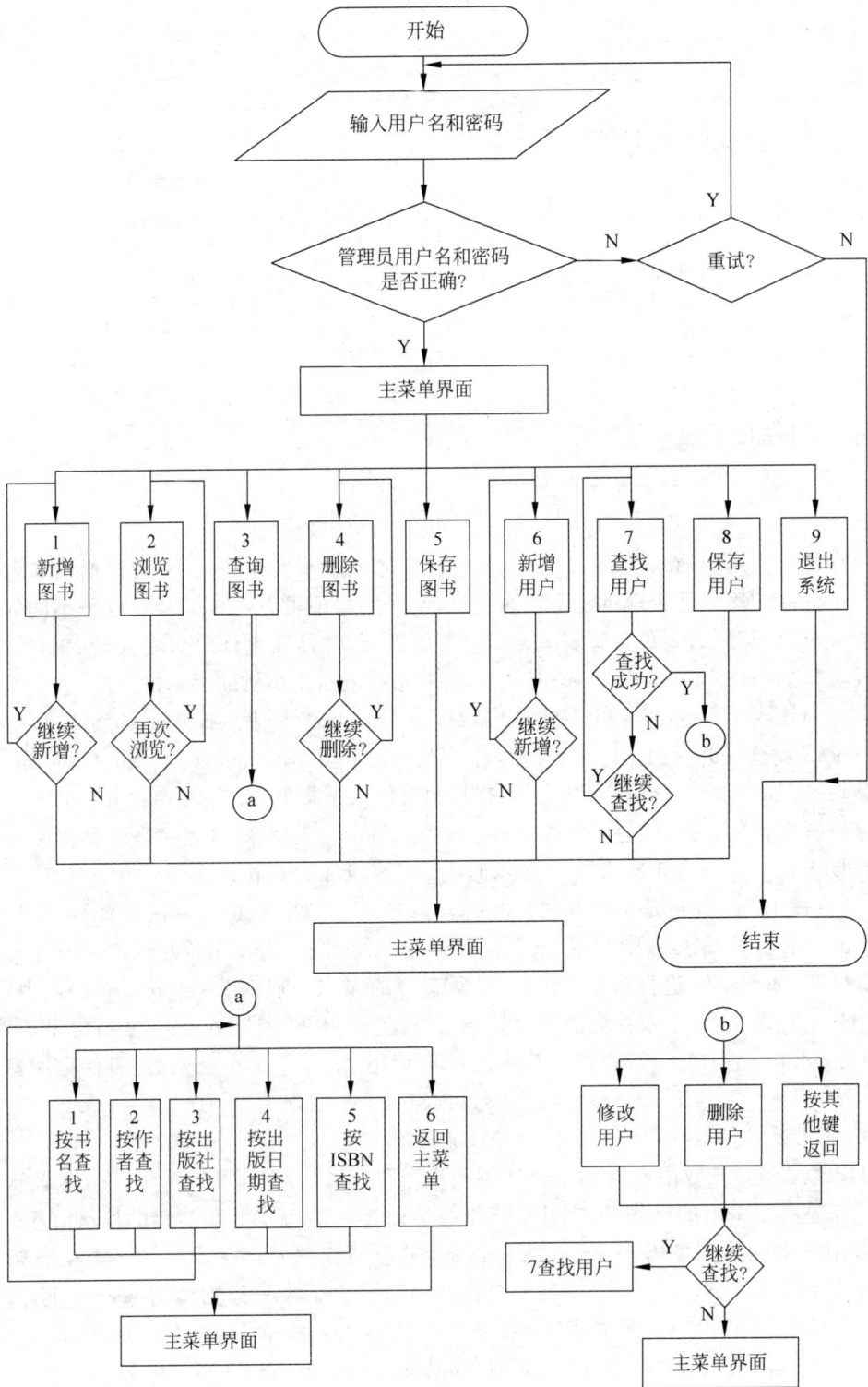

图 9-21　管理员权限登录系统处理流程

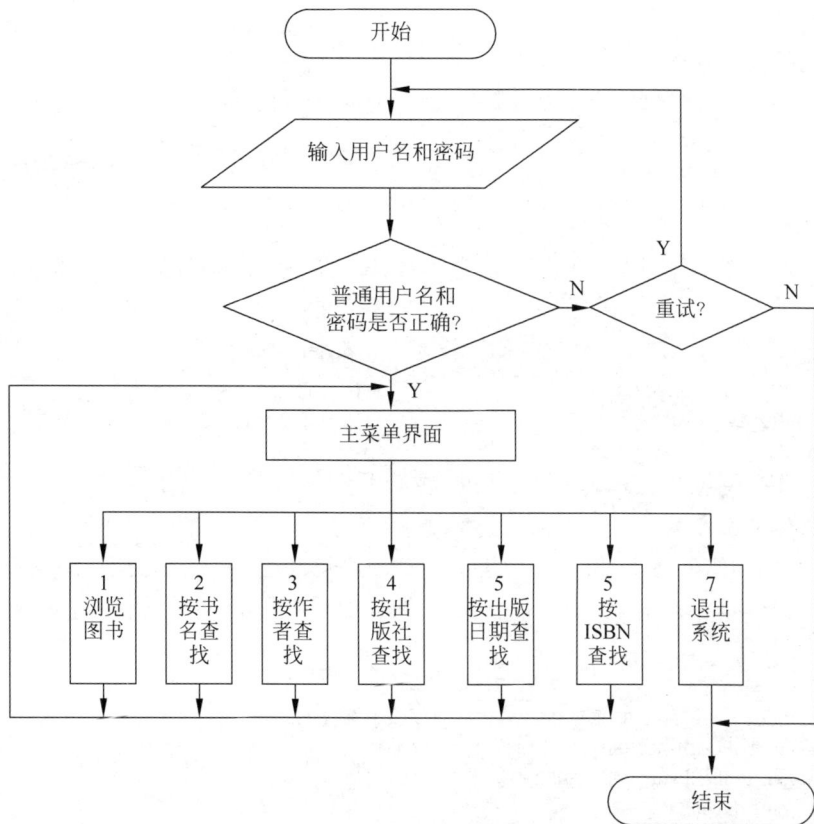

图 9-22 普通用户权限登录系统处理流程

9.5.3 详细设计与程序实现

本系统包括图书信息管理和用户管理两大方面,程序分为三大模块,共包含三个源程序文件(management.c、book.c 和 user.c)和三个头文件(management.h、book.h 和 user.h)。其中,book.c 完成图书信息的管理,包括新增图书、浏览图书、查询图书、删除图书、保存图书等功能。user.c 完成用户信息的管理,包括新增用户、用户查询、保存用户等功能。management.c 完成用户登录、用户退出等功能,main()函数在这一源程序文件中。book.h 中的内容是图书信息管理中涉及的常量、结构体的定义和相关函数的声明,user.h 中的内容是用户信息管理中涉及的常量、结构体的定义和相关函数的声明,management.h 中的内容是菜单及退出函数的声明。

1. 头文件 management.h

management.h 中共包括 5 个函数的声明。

1) 显示菜单函数声明

```
void show_admin_menu();            /* 显示管理员操作的菜单 */
void show_search_book_menu();      /* 显示管理员查询图书的菜单 */
void show_user_menu();             /* 显示普通用户操作的菜单 */
```

2）退出系统函数声明

```
void admin_exit();                    /*管理员退出系统*/
void user_exit();                     /*普通用户退出系统*/
```

2. 头文件 book.h

1）常量定义

book.h 共定义 5 个常量，分别用来定义书名、出版社、出版日期、作者和 ISBN 的最大长度。

```
#define MAX_BOOK_NAME 20              /*书名最大长度*/
#define MAX_PUBLISHER 20             /*出版社最大长度*/
#define MAX_DATE 10                  /*出版日期最大长度*/
#define MAX_AUTHOR 20               /*作者最大长度*/
#define MAX_ISBN 20                 /*ISBN最大长度*/
```

2）结构体类型定义

定义一个结构体类型_book_info：使用 typedef 语句自定义一个新类型_book_info，新类型中共有 6 个成员，即书名、作者、出版社、出版日期、ISBN 和页数，用来描述图书的基本信息。

```
typedef struct _book_info
{
    char book_name[MAX_BOOK_NAME];     /*书名*/
    char author[MAX_AUTHOR];           /*作者*/
    char publisher[MAX_PUBLISHER];     /*出版社*/
    char pub_date[MAX_DATE];           /*出版日期*/
    char ISBN[MAX_ISBN];               /*ISBN*/
    int pages;                         /*页数*/
} book_info;
```

定义一个结构体类型_book：使用 typedef 语句定义一个新类型_book，其成员包括一个存储图书基本信息的结构体变量 bi 和指向下一本图书的指针变量。

```
typedef struct _book
{
    book_info bi;                      /*图书基本信息*/
    struct _book * next;               /*指向下一本图书的指针*/
}book;
```

3）函数声明

图书管理中用到的函数在这里进行声明。

（1）主要处理函数声明。

```
void init_book();                     /*图书模块初始化*/
void load_books();                    /*从图书文件中加载图书信息*/
void add_book();                      /*新增图书*/
void view_book();                     /*浏览所有图书*/
void delete_book();                   /*删除图书*/
void save_books();                    /*调用将图书信息保存到文件函数，给出提示信息*/
void clear_books();                   /*从内存中清除图书链表信息*/
```

（2）图书查询函数声明。

```
void search_book_by_name();           /*按书名查询图书*/
```

```
void search_book_by_author();          /*按作者查询图书*/
void search_book_by_publisher();       /*按出版社查询图书*/
void search_book_by_pubdate();         /*按出版日期查询图书*/
void search_book_by_isbn();            /*按 ISBN 查询图书*/
```

（3）辅助函数声明。

```
int findstr(char * source, char * str);   /*在字符串 source 中查找字符串 str,如果没有找
                                            到,返回 -1,找到则返回 str 的起始位置*/
void save_books_to_file();             /*将图书信息保存到文件*/
book * get_last_book();                /*得到图书链表的最后一个结点*/
book * get_previous_book(book * p);    /*取得图书结点 p 的前一个结点*/
void input_book(book_info * info);     /*输入一本图书信息*/
void show_book(book_info * info);      /*显示图书信息*/
```

3. 头文件 user.h

1) 常量定义

共定义两个常量,分别用来定义用户名和密码的最大长度。

```
#define MAX_USERNAME 10                /*用户名最大长度*/
#define MAX_PASSWORD 10                /*密码最大长度*/
```

定义一个枚举类型_USER_TYPE,使用 typedef 语句自定义一个新枚举类型_USER_TYPE。枚举类型可能取两种值：ADMIN 对应 0,是管理员；USER 对应 1,为普通用户。

```
typedef enum _USER_TYPE{
    ADMIN = 0,
    USER
}USER_TYPE;
```

2) 结构体类型定义

定义一个结构体类型_user_info：使用 typedef 语句自定义一个新类型_user_info,新类型中共有三个成员,即用户名、密码和用户类型,用来描述用户的基本信息。

```
typedef struct _user_info
{
    char username[MAX_USERNAME];       /*用户名*/
    char password[MAX_PASSWORD];       /*密码*/
    USER_TYPE user_type;               /*用户类型,0 为管理员,1 为普通用户*/
}user_info;
```

定义一个结构体类型_user：使用 typedef 语句定义一个新类型_user,其成员为存储用户基本信息的结构体变量和指向下一个用户的指针变量,共有两个成员。

```
typedef struct _user
{
    user_info ui;                      /*用户基本信息*/
    struct _user * next;               /*指向下一个用户的指针变量*/
}user;
```

3) 函数声明

用户管理中用到的函数在这里进行声明。

（1）主要处理函数声明。

```
void init_user();                       /*用户模块初始化*/
void load_users();                      /*从用户文件中加载用户信息*/
USER_TYPE login();                      /*用户登录,返回用户类型*/
void add_user();                        /*新增一个用户*/
void search_user();                     /*查找一个*/
void save_users();                      /*调用将用户信息保存到文件函数,给出提示信息*/
void clear_users();                     /*从内存中清除用户链表信息*/
```

（2）辅助函数声明。

```
void save_users_to_file();              /*将用户信息保存到文件*/
user * get_last_user();                 /*得到用户链表的最后一个结点*/
user * get_previous_user(user * p);     /*得到用户结点 p 的前一个结点*/
user * find_user(char * name);          /*从用户链表中按用户名查找一个用户信息*/
void show_user(user_info * info);       /*显示一个用户信息*/
void input_user(user_info * info);      /*输入一个用户信息*/
void delete_user(user * p);             /*从链表中删除一个用户信息*/
void update_user(user * p);             /*更新一个用户信息*/
```

4. 模块化设计 management.c

该模块完成的主要功能是用户登录和退出系统。用户登录系统时,需要输入用户名和密码,根据用户的权限,系统调用不同的菜单；退出系统时,不同类型的用户退出时调用的函数也不相同。

1) 预处理

预处理内容包括加载头文件和定义常量。

（1）加载头文件。

```
#include <stdlib.h>
#include <stdio.h>
#include "book.h"
#include "user.h"
#include "management.h"
```

（2）定义常量。

以下是系统中用到的全局常量。

```
① #define MENU_ADMIN_COUNT 9          /*管理员操作主菜单的选项个数*/
② #define MENU_SEARCH_BOOK_COUNT 6    /*管理员查询菜单的选项个数*/
③ #define MENU_USER_COUNT 7           /*普通用户操作主菜单的选项个数*/
```

④ 字符数组 menu_title 中存储的是系统的标题字符.

```
char menu_title[] =
" ===================================== \n"
"|            图书管理系统               |\n"
" +-----------------------------------+ \n";
```

⑤ 字符数组 menu_admin 中存储的是管理员操作主菜单时显示的字符.

```
char menu_admin[] =
"|                                   |\n"
"|图书管理:                          |\n"
"| <1> 新增图书                      |\n"
"| <2> 浏览图书                      |\n"
"| <3> 查找图书                      |\n"
"| <4> 删除图书                      |\n"
```

```
"| <5> 保存图书                                    |\n"
"|                                               |\n"
"|用户管理:                                       |\n"
"| <6> 新增用户                                   |\n"
"| <7> 查找用户                                   |\n"
"| <8> 保存用户                                   |\n"
"|                                               |\n"
"| <9> 退出系统                                   |\n"
" +---------------------------------------+ \n";
```

⑥ 函数指针数组 admin_func 存储的是管理员权限操作主菜单所对应的函数.

```
void ( * admin_func[])() =
{
    add_book,
    view_book,
    show_search_book_menu,
    delete_book,
    save_books,
    add_user,
    search_user,
    save_users,
    admin_exit
};
```

⑦ 字符数组 menu_admin_search_book 存储的是以管理员权限登录系统后查询子菜单显示的字符.

```
char menu_admin_search_book[] =
"| 查找图书: |\n"
"| <1> 按书名查找                                 |\n"
"| <2> 按作者查找                                 |\n"
"| <3> 按出版社查找                               |\n"
"| <4> 按出版日期查找                             |\n"
"| <5> 按国际标准书号(ISBN)查找                    |\n"
"| <6> 返回主菜单                                 |\n"
" +---------------------------------------+ \n";
```

⑧ 函数指针数组 admin_search_book_func 中存储的是管理员权限登录后查询图书的函数.

```
void ( * admin_search_book_func[])() =
{
    search_book_by_name,
    search_book_by_author,
    search_book_by_publisher,
    search_book_by_pubdate,
    search_book_by_isbn,
};
```

⑨ 字符数组 menu_user 中存储的是普通用户登录系统后显示的字符.

```
char menu_user[] =
"| <1> 浏览图书                                   |\n"
"| <2> 按书名查找图书                             |\n"
"| <3> 按作者查找图书                             |\n"
"| <4> 按出版社查找图书                           |\n"
"| <5> 按出版日期查找图书                         |\n"
"| <6> 按国际标准书号(ISBN)查找图书               |\n"
"| <7> 退出系统                                   |\n"
" +---------------------------------------+ \n";
```

⑩ 函数指针数组 user_func 存储的是普通用户权限登录主菜单所对应的函数.

```
void ( * user_func[])() =
{
```

```
        view_book,
        search_book_by_name,
        search_book_by_author,
        search_book_by_publisher,
        search_book_by_pubdate,
        search_book_by_isbn,
        user_exit
    };
```

2）主要处理函数

（1）显示管理员操作的菜单。

函数名称：show_admin_menu。

函数功能：管理员用户在主菜单中选择3时调用此函数，用来对图书信息进行查询。

处理过程：

① 管理员权限登录系统后，首先调用这个函数，显示主菜单界面，等待用户输入1～9的数字。

② 如果输入正确，根据用户的输入，调用相应的函数指针数组中的函数。例如，用户输入1，用admin_func［0］()方式调用函数add_book()，即新增图书信息的函数。

③ 如果输入不正确，系统将给出提示，按任意键重新显示主菜单。

程序清单：

```c
void show_admin_menu()
{
    int selected = 0;
    while(selected < 1 || selected > MENU_ADMIN_COUNT)
    {
        system("cls");
        printf(menu_title);
        printf(menu_admin);
        printf(">请选择要进行的操作:");
        scanf(" % d", &selected);
        if(selected < 1 || selected > MENU_ADMIN_COUNT)
        {
            printf(">输入错误!请选择[ %d - %d ]之间的数字! 按任意键重试...",
                    1, MENU_ADMIN_COUNT);
            getchar();
            getchar();
        }
        else
        {
            admin_func[selected - 1]();
        }
        selected = 0;
    }
}
```

（2）显示管理员查询图书的菜单。

函数名称：show_search_book_menu。

函数功能：以管理员权限登录系统后操作的主菜单，等待用户输入，根据用户输入的信息调用相应的函数。

处理过程：

① 打印管理员查询子菜单显示的字符。

② 等待用户输入 1～6 中的任一数据，如果用户输入 1～6 之外的数据，则打印出错提示信息，提示用户按任意键，返回查询子菜单。

③ 如果输入正确，根据用户的输入调用相应的函数指针数组中的函数。例如，用户输入 1，用 admin_search_book_func[0]()方式调用函数 search_book_by_name()，按书名查找一本图书的信息。

程序清单：

```
void show_search_book_menu()
{
    int selected = 0;
    while(selected < 1 || selected > MENU_SEARCH_BOOK_COUNT)
    {
        system("cls");
        printf(menu_title);
        printf(menu_admin_search_book);
        printf(">请选择要进行的操作:");
        scanf(" % d", &selected);
        /*用户输入 6,退出该菜单项*/
        if (selected == MENU_SEARCH_BOOK_COUNT)
        {
            break;
        }
        if(selected < 0 || selected > MENU_SEARCH_BOOK_COUNT)
        {
            printf(">输入错误!请选择[ % d - % d ]之间的数字! 按任意键重试...",
                    1, MENU_ADMIN_COUNT);
            getchar();
            getchar();
        }
        else
        {
            admin_search_book_func[selected - 1]();
        }
        selected = 0;
    }
}
```

（3）显示普通用户操作的菜单。

函数名称：show_user_menu。

函数功能：以普通用户权限登录系统后操作的主菜单，等待用户输入，根据用户输入的信息调用相应的函数。

处理过程：

① 以管理员权限登录系统后，首先调用这个函数，显示主菜单界面，等待用户输入 1～9 的数字。

② 如果输入正确，根据用户的输入调用相应的函数指针数组中的函数。例如，用户输入 1，用 user_func [0]()这种方式调用函数 view_book ()，即浏览图书信息的函数。

③ 输入不正确,系统将给出提示,按任意键重新显示主菜单。

程序清单:

```
void show_user_menu()
{
    int selected = 0;
    while(selected < 1 || selected > MENU_USER_COUNT)
    {
        system("cls");
        printf(menu_title);
        printf(menu_user);
        printf(">请选择要进行的操作:");
        scanf(" %d", &selected);
        if(selected < 1 || selected > MENU_USER_COUNT)
        {
            printf(">输入错误!请选择[ %d - %d ]之间的数字! 按任意键重试...",
                    1, MENU_ADMIN_COUNT);
            getchar();
            getchar();
        }
        else
        {
            user_func[selected - 1]();
        }
        selected = 0;
    }
}
```

(4) 管理员退出。

函数名称:admin_exit。

函数功能:管理员退出系统的函数,保存用户和图书信息并释放链表,防止内存泄露。

处理过程:管理员退出系统之前,首先将用户链表中的数据保存到文件,清空用户链表。然后再将图书链表中的数据保存到文件,清空图书链表。

程序清单:

```
void admin_exit()
{
    char sure = 'N';
    printf(">确定要退出吗?(y or n)");
    getchar();
    sure = getchar();
    if (sure == 'y' || sure == 'Y')
    {
        save_users_to_file();           /*将用户链表中的数据保存到文件*/
        clear_users();                  /*清空用户链表*/
        save_books_to_file();           /*将图书链表中的数据保存到文件*/
        clear_books();                  /*清空图书链表*/
        exit(0);
    }
}
```

(5) 普通用户退出。

函数名称:user_exit。

函数功能：普通用户退出系统的函数，仅释放链表，防止内存泄露。

处理过程：普通用户退出系统之前，需要将用户链表和图书链表清空，以防止内存泄露。

程序清单：

```c
void user_exit()
{
    char sure = 'N';
    printf(">确定要退出吗?(y or n)");
    getchar();
    sure = getchar();
    if (sure == 'y' || sure == 'Y')
    {
        clear_users();                /*清空用户链表*/
        clear_books();                /*清空图书链表*/
        exit(0);
    }
}
```

3）主函数

```c
int main()
{
    char input = 'N';
    init_user();
    load_users();

    init_book();
    load_books();
    printf("图书管理系统登录...\n");
    if (login() == ADMIN)
    {
        show_admin_menu();
    }
    else
    {
        show_user_menu();
    }
}
```

5. 模块化设计 book.c

该模块完成的功能是图书的管理，包括图书的增加、浏览、查询、删除及保存等功能。其中，查询图书可以分别按书名、作者、出版社、出版日期及 ISBN 这 5 种方式进行查询，前 4 种方式可以实现图书的模糊查询，使用自定义函数 findstr() 来实现；按 ISBN 方式查询则实现精确查询。

1）预处理

预处理内容包括加载头文件、定义常量和定义头结点。

（1）加载头文件。

```c
# include < stdlib. h >
# include < stdio. h >
# include < string. h >
```

```
# include "book.h"
# include "management.h"
# include "user.h"
```

（2）定义常量。

```
# define BOOK_FILE "books.dat"
```

（3）定义头结点。

定义一个头结点并将其初始化为空。

```
book * first_book = NULL;                    /* book 结构体链表的头结点 */
```

2）主要处理函数

（1）增加图书信息。

函数名称：add_book。

函数功能：新增图书信息，在管理员操作菜单中，选择 1 时调用此函数。

处理过程：

① 创建一个图书结点 new_book。

② 初始化 new_book。

③ 调用函数 input_book()，提示用户输入图书信息，为 new_book 赋值。

④ 调用函数 get_last_book()，取得链表中最后一个结点，给 p 赋值。

⑤ 如果链表为空，将 new_book 赋值给头结点；否则，将 p 连到最后一个结点之后。

程序清单：

```c
void add_book()
{
    char try_again = 'Y';
    book * p = NULL;
    book * new_book = NULL;
    while(try_again == 'Y' || try_again == 'y')
    {
        new_book = (book * )malloc(sizeof(book)); /* 创建一个 new_book */
        memset(new_book, 0, sizeof(book));/* 初始化 new_book */
        new_book -> next = NULL;
        printf(">新增图书...\n");
        input_book(&(new_book -> bi));      /* 调用函数 input_book()为 new_book 赋值 */
        p = get_last_book();                /* 调用 get_last_book(),取得链表中最后一个结点,
                                               赋值给 p */
        if (p == NULL)                      /* 如果链表为空 */
        {
            first_book = new_book;          /* 将 new_book 赋值给头结点 */
        }
        else
        {
            p -> next = new_book;           /* 将 p 连到最后一个结点之后 */
        }
        printf(">继续添加图书吗?(y or n):");
        getchar();
        try_again = getchar();
    }
}
```

(2) 浏览图书信息。

函数名称：view_book。

函数功能：浏览图书链表中的图书信息，在管理员操作菜单中，选择2时调用此函数。

程序清单：

```c
void view_book()
{
    book * p = NULL;
    char input = 'Y';
    int count = 0;
    while (input == 'y' || input == 'Y')
    {
        count = 0;
        p = first_book;
        printf(" +----------------------------------------+ \n");
        printf("|        书名        |      作者        |   \n");
        printf(" +----------------------------------------+ \n");
        while (p != NULL)
        {
            printf("| %20s| %20s|\n", p->bi.book_name, p->bi.author);
            printf(" +----------------------------- ---------+ \n");
            count++;
            if (count == 5)
            {
                count = 0;
                printf(">显示下一页吗?(y or n):");
                getchar();
                input = getchar();
                if (input != 'y' && input != 'Y')
                {
                    break;
                }
            }
            p = p->next;
        }
        printf(">再次浏览图书吗?(y or n):");
        getchar();
        input = getchar();
    }
}
```

(3) 按书名查找图书信息。

函数名称：search_book_by_name。

函数功能：在管理员操作查询子菜单中，选择1时调用此函数，按照书名查找图书，实现的是模糊查询。用户输入书名，调用函数findstr()实现模糊查询。

处理流程：

① 用户输入书名。

② 调用函数findstr()以实现模糊查询。

③ 调用函数show_book显示查询到的图书信息。

程序清单：

```c
void search_book_by_name()
{
    book * p = NULL;
    char s[MAX_BOOK_NAME] = {0};          /* 书名 */
    char input = 'Y';
    int count = 0;
    int i = 0;
    printf(">查找图书...\n");
    while (input == 'Y' || input == 'y')
    {
        count = 0;
        p = first_book;                   /* p指向第一个结点 */
        memset(s, 0, MAX_BOOK_NAME);      /* 清空s */
        printf(">请输入书名(最大长度为 %d):", MAX_BOOK_NAME);
        scanf("%s", s);
        /* p不为空时,调用findstr()函数查找书名中是否包含输入的字符串s */
        /* 这里实现了模糊查询 */
        while(p != NULL)
        {
            if (findstr(p->bi.book_name, s) != -1)
            {
                show_book(&(p->bi));      /* 显示查到的图书信息 */
                count++;
            }
            p = p->next;
        }
        if (count == 0)
        {
            printf(">没有找到图书 %s。继续查找吗?(y or n):", s);
            getchar();
            input = getchar();
            continue;
        }
        printf(">共找到 %d 本图书...\n", count);
        printf(">继续查找吗?(y or n):");
        getchar();
        input = getchar();
    }
}
```

（4）按作者查找图书信息。

函数名称：search_book_by_author。

函数功能：在管理员操作查询子菜单中,选择2时调用此函数,按照作者查找图书,实现的是模糊查询。

处理流程：与按书名查找图书信息相似。

程序清单：

```c
void search_book_by_author()
{
    book * p = NULL;
    char s[MAX_AUTHOR] = {0};             /* 作者信息 */
    char input = 'Y';
    int count = 0;
```

```
    int i = 0;
    printf(">查找图书...\n");
    while (input == 'Y' || input == 'y')
    {
        count = 0;
        p = first_book;                    /* p 指向第一个结点 */
        memset(s, 0, MAX_AUTHOR);
        printf(">请输入作者 (最大长度为 %d):", MAX_AUTHOR);
        scanf("%s", s);
        /* p 不为空时, 调用 findstr 函数查找书名中是否包含输入的字符串 s */
        /* 这里实现了模糊查询 */
        while(p != NULL)
        {
            if (findstr(p->bi.author, s) != -1)
            {
                show_book(&(p->bi));
                count++;
            }
            p = p->next;
        }

        if (count == 0)
        {
            printf(">没有找到作者为 %s 的图书。继续查找吗?(y or n):", s);
            getchar();
            input = getchar();
            continue;
        }
        printf(">共找到 %d 本图书...\n", count);
        printf(">继续查找吗?(y or n):");
        getchar();
        input = getchar();
    }
}
```

(5) 按出版社查找图书信息。

函数名称: search_book_by_publisher。

函数功能: 在管理员操作查询子菜单中, 选择 3 时调用此函数, 按照出版社查找图书, 实现的是模糊查询。

处理流程: 与按书名查找图书信息相似。

程序清单:

```
void search_book_by_publisher()
{
    book *p = NULL;
    char s[MAX_PUBLISHER] = {0};        /* 出版社信息 */
    char input = 'Y';
    int count = 0;
    int i = 0;
    printf(">查找图书...\n");
    while (input == 'Y' || input == 'y')
    {
        count = 0;
```

```
        p = first_book;
        memset(s, 0, MAX_AUTHOR);
        printf(">请输入出版社（最大长度为 %d):", MAX_PUBLISHER);
        scanf("%s", s);
        while(p != NULL)
        {
            if (findstr(p->bi.publisher, s) != -1)
            {
                show_book(&(p->bi));
                count++;
            }
            p = p->next;
        }
        if (count == 0)
        {
            printf(">没有找到出版社为 %s 的图书。继续查找吗?(y or n):", s);
            getchar();
            input = getchar();
            continue;
        }
        printf(">共找到 %d 本图书...\n", count);
        printf(">继续查找吗?(y or n):");
        getchar();
        input = getchar();
    }
}
```

（6）按出版日期查找图书信息。

函数名称：search_book_by_pubdate。

函数功能：在管理员操作查询子菜单中，选择 4 时调用此函数，按照出版日期查找图书，实现的是模糊查询。

处理流程：与按书名查找图书信息相似。

程序清单：

```
void search_book_by_pubdate()
{
    book *p = NULL;
    char s[MAX_DATE] = {0};                  /* 出版日期 */
    char input = 'Y';
    int count = 0;
    int i = 0;
    printf(">查找图书...\n");
    while (input == 'Y' || input == 'y')
    {
        count = 0;
        p = first_book;
        memset(s, 0, MAX_DATE);
        printf(">请输入出版日期（最大长度为 %d):", MAX_DATE);
        scanf("%s", s);
        while(p != NULL)
        {
            if (findstr(p->bi.pub_date, s) != -1)
            {
```

```
            show_book(&(p->bi));
            count++;
        }
        p = p->next;
    }
    if (count == 0)
    {
        printf(">没有找到出版日期为 %s 的图书。继续查找吗?(y or n):", s);
        getchar();
        input = getchar();
        continue;
    }
    printf(">共找到 %d 本图书...\n", count);
    printf(">继续查找吗?(y or n):");
    getchar();
    input = getchar();
    }
}
```

(7) 按 ISBN 查找图书信息。

函数名称：search_book_by_isbn。

函数功能：在管理员操作查询子菜单中,选择 5 时调用此函数,按照 ISBN 查找图书,实现的是精确查询。

处理流程：与按书名查找图书信息相似。

程序清单：

```
void search_book_by_isbn()
{
    char input = 'Y';
    char isbn[MAX_ISBN] = {0};
    book * p = NULL;
    book * result = NULL;
    while(input == 'Y' || input == 'y')
    {
        printf(">查找图书...\n");
        printf(">请输入 ISBN (最大长度为 %d):", MAX_ISBN);
        scanf(" %s", isbn);
        p = first_book;                 /*p指向第一个结点*/
        result = NULL;
        /*在图书链表中查找输入的 ISBN 是否存在*/
        while (p != NULL)
        {
            if (strcmp(p->bi.ISBN, isbn) == 0)
            {
                result = p;
                break;
            }
            p = p->next;
        }
        if (result != NULL)
        {
            printf(">查找到图书...\n");
            show_book(&(result->bi));   /*调用 show_book 显示查到的图书信息*/
```

```
            }
            else
            {
                printf(">没有找到 ISBN 为 %s 的图书。\n", isbn);
            }
            printf(">继续查找吗?(y or n)");
            getchar();
            input = getchar();
        }
    }
```

（8）删除图书。

函数名称：delete_book。

函数功能：实现图书信息的删除，在管理员操作主菜单中，选择 4 时调用此函数。函数要求管理员输入图书的 ISBN，根据输入，在图书链表中查找该图书是否存在，如果存在，显示该图书信息，并提示用户是否确认删除，管理员输入"Y"或"y"，则从图书链表中删除该图书信息，否则提示是否继续删除的操作。如果该图书不存在，则给出提示信息。

处理流程：

① 提示用户输入图书的 ISBN。

② 比较图书链表中是否存在管理员输入的 ISBN。

③ 如果该图书存在，则调用函数 show_book()显示该图书信息，并提示是否确定要删除图书，如果管理员输入"Y"或"y"，则删除该图书，否则提示是否继续删除。如果该图书不存在，给出提示信息。

程序清单：

```
void delete_book()
{
    char input = 'Y';
    char isbn[MAX_ISBN] = {0};
    book * p = NULL;
    book * result = NULL;
    while(input == 'Y' || input == 'y')
    {
        printf(">删除图书...\n");
        printf(">请输入 ISBN (最大长度为 %d):", MAX_ISBN);
        scanf(" %s", isbn);
        p = first_book;
        result = NULL;
        while (p != NULL)
        {
            if (strcmp(p->bi.ISBN, isbn) == 0)
            {
                result = p;
                break;
            }
            p = p->next;
        }
        if (result != NULL)
        {
            show_book(&(result->bi));
```

```
            printf(">确认删除吗?(y or n)");
            getchar();
            input = getchar();
            if( input == 'y' || input == 'Y')
            {
                get_previous_book(p) -> next = p -> next;
                free(p);
            }
        }
        else
        {
            printf(">没有找到 ISBN 为 %s 的图书。\n", isbn);
        }

        printf(">继续删除其他图书吗?(y or n)");
        getchar();
        input = getchar();
    }
}
```

(9) 保存图书。

① 函数名：save_books。

函数功能：管理员在操作主菜单中选择 5 时调用此函数，用来保存图书信息。通过调用函数 save_books_to_file()将图书信息保存到文件，给出提示信息。

程序清单：

```
void save_books()
{
    save_books_to_file();
    printf(">保存成功! 按任意键返回...");
    getchar();
    getchar();
}
```

② 函数名：save_books_to_file。

函数功能：将图书信息保存到文件。

程序清单：

```
void save_books_to_file()
{
    FILE * fp = fopen(BOOK_FILE, "wb");
    book * p = first_book;
    while(p != NULL)
    {
        fwrite(&(p -> bi), sizeof(book_info), 1, fp );
        fseek(fp, 0, SEEK_END);
        p = p -> next;
    }
    fclose(fp);
}
```

3）辅助函数

(1) 图书模块初始化。

函数名称：init_book。

函数功能：图书模块的初始化，如果图书文件不存在，则创建一个图书文件，如果创建文件失败，则给出提示信息。

程序清单：

```c
void init_book()
{
    FILE * fp = NULL;
    fp = fopen(BOOK_FILE, "r");
    if (fp == NULL)                      /* 如果文件不存在 */
    {
        fp = fopen(BOOK_FILE, "w");      /* 创建文件 */
        if (fp == NULL)
        {
            printf("不能创建文件,按任意键退出...");
            getchar();
            exit(0);
        }
    }
    fclose(fp);
}
```

（2）加载图书信息。

函数名称：load_books。

函数功能：从图书文件中将图书信息加载到图书单链表中。

处理流程：

① 定义图书结点 b 和 last。

② 初始化 b。

③ 打开图书文件。

④ 从文件中逐个读出图书信息，读出的图书信息放在结点 b 中。如果是第一本书，直接将 b 赋值给头结点（first_book），否则找到链表的最后一个结点，将 b 连到最后一个结点的后面。

⑤ 释放结点 b。

⑥ 关闭文件。

程序清单：

```c
void load_books()
{
    book * b = NULL;
    book * last = NULL;
    FILE * fp = NULL;
    int count = 0;
    b = (book * )malloc(sizeof(book));
    memset(b, 0, sizeof(book));          /* 初始化 b */
    b -> next = NULL;
    fp = fopen(BOOK_FILE, "rb");         /* 打开图书文件 */
    /* 从文件中逐个读出图书信息 */
    while(fread(&(b -> bi), sizeof(book_info), 1, fp) == 1)
    {
```

```
        if (first_book == NULL)              /*如果读取的是第一个结点,即第一本书*/
        {
            first_book = b;                  /*将头结点指向 b*/
        }
        else
        {
            last = get_last_book();
                            /*否则找到链表中的最后一个图书结点,即最后一本书*/
            last->next = b;                  /*将 b 连到最后一个结点之后*/
        }
        count++;
        fseek(fp, count * sizeof(book_info), SEEK_SET);    /*将文件指针指到下一本书*/
        b = (book *)malloc(sizeof(book));
        memset(b, 0, sizeof(book));
        b->next = NULL;
    }
    free(b);
    b = NULL;
    fclose(fp);
}
```

（3）清除图书链表。

函数名称：clear_books。

函数功能：从内存中将图书链表清除。

程序清单：

```
void clear_books()
{
    book *p = NULL;

    while (first_book != NULL)              /*链表不为空*/
    {
        if (first_book->next != NULL)       /*如果链表中有两本以上的书*/
        {
            p = first_book;
            first_book = first_book->next;      /*头结点向后移动一位*/
            free(p);                        /*释放原来的头结点*/
            p = NULL;
        }
        else                                /*清除链表中最后一本书*/
        {
            free(first_book);
            first_book = NULL;
        }
    }
}
```

（4）查找字符串。

函数名称：findstr。

函数功能：查找字符串 str 是否在字符串 source 中,如果在,返回 str 在 source 中的位置,否则返回-1。该函数实现图书的模糊查找。

程序清单：

```
int findstr(char * source, char * str)
{
    int pos = -1;
    int i = 0;
    int j = 0;
    int m = strlen(source);
    int n = strlen(str);
    /* str 长度为 0,或 source 长度为 0,或者 str 长度比 source 长的情况 */
    if (m == 0 || n == 0 || m < n)
    {
        return pos;
    }
    /* str 和 source 长度相等的情况 */
    if (m == n)
    {
        if (strcmp(source, str) == 0)
        {
            return 0;
        }
        else
        {
            return -1;
        }
    }
    /* 在 source 中逐个字符进行查找,看 str 是否存在,若存在则返回存在的位置,否则返回 -1 */
    for (i = 0 ; i < (m - n); i++)
    {
        pos = i;
        for (j = 0; j < n; j++)
        {
            if (source[i + j] != str[j])
            {
                pos = -1;
                break;
            }
        }
        if (pos != -1)
        {
            break;
        }
    }
    return pos;
}
```

(5) 取得链表中最后一个结点。

函数名称：get_last_book。

函数功能：取得图书链表的最后一个结点。

程序清单：

```
book * get_last_book()
{
    book * p = first_book;
    if (p == NULL)
    {
```

```
        return p;
    }
    while((p != NULL) && (p->next != NULL))
    {
        p = p->next;
    }
    return p;
}
```

（6）输入图书信息。

函数名称：input_book。

函数功能：给出提示信息，提示用户输入图书信息。

程序清单：

```
void input_book(book_info * info)
{
    printf(">请输入书名 (最大长度为 %d):", MAX_BOOK_NAME);
    scanf("%s", info->book_name);
    printf(">请输入作者 (最大长度为 %d):", MAX_AUTHOR);
    scanf("%s", info->author);
    printf(">请输入出版社 (最大长度为 %d):", MAX_PUBLISHER);
    scanf("%s", info->publisher);
    printf(">请输入出版日期 (最大长度为 %d):", MAX_DATE);
    scanf("%s", info->pub_date);
    printf(">请输入 ISBN (最大长度为 %d):", MAX_ISBN);
    scanf("%s", info->ISBN);
    printf(">请输入页数:");
    scanf("%d", &(info->pages));
}
```

（7）显示图书信息。

函数名称：show_book。

函数功能：显示图书信息。

程序清单：

```
void show_book(book_info * info)
{
    printf(" ----------------------------- \n");
    printf("书名:%s\n", info->book_name);
    printf("作者:%s\n", info->author);
    printf("出版社:%s\n", info->publisher);
    printf("出版日期:%s\n", info->pub_date);
    printf("............................\n");
    printf("ISBN:%s\n", info->ISBN);
    printf("页数:%d\n", info->pages);
    printf("\n");
}
```

（8）取得图书结点 p 的前一个结点。

函数名称：get_previous_book。

函数功能：取得图书结点 p 的前一个结点。

程序清单：

```
book * get_previous_book(book * p)
{
    book * previous = first_book;
    while(previous != NULL)
    {
        if (previous -> next == p)
        {
            break;
        }
        previous = previous -> next;
    }
    return previous;
}
```

6. 模块化设计 user.c

该模块完成的功能是用户的管理，包括增加用户、查找用户及保存用户等。查找用户时，如果查找成功，则允许对查找到的用户进行更新和删除操作；如果查找不成功，则给出提示信息。

1）预处理

预处理内容包括加载头文件、定义常量和定义头结点。

（1）加载头文件。

```
# include < stdlib. h >
# include < stdio. h >
# include < string. h >
# include "user. h"
```

（2）定义常量。

```
# define USER_FILE "user.dat"
```

（3）定义头结点。

定义一个头结点将其初始化为空。

```
user * first_user = NULL;                    / * user 结构体链表的头结点 * /
```

2）主要处理函数

（1）新增用户。

函数名称：add_user。

函数功能：新增一个用户信息，在管理员操作主菜单中，选择 6 时调用此函数，由于用户名不允许重复，所以用户输入用户名和密码后，要在用户链表中查询用户名是否重复。

处理流程：

① 创建一个用户结点 new_user。

② 初始化 new_user。

③ 调用函数 input_ user()，提示用户输入用户信息，为 new_user 赋值。

④ 调用函数 find_user ()，查找用户名是否已经存在，如果新增用户名不存在，则增加该用户，否则给出提示信息。

程序清单：

```
void add_user()
{
    char try_again = 'Y';
    user * p = NULL;
    user * new_user = (user * )malloc(sizeof(user)); /* 创建一个结点 new_user */
    while(try_again == 'Y' || try_again == 'y')
    {
        memset(new_user, 0, sizeof(user));/* 初始化 new_user */
        new_user -> next = NULL;
        printf(">增加用户信息...\n");
        input_user(&(new_user -> ui));    /* 调用函数 input_user()为 new_user 赋值 */
        p = find_user(new_user -> ui.username);
        if (p == NULL)
        {
            p = get_last_user();          /* 调用 get_last_book(),取链表中最后一个结点,赋
                                            值给 p */
            p -> next = new_user;
            break;
        }
        printf(">用户[ % s]已存在.重新输入吗?(y or n):",new_user -> ui.
            username);
        getchar();
        try_again = getchar();
        if (try_again != 'y' && try_again != 'Y')
        {
            free(new_user);
        }
    }
}
```

（2）查找用户。

函数名称：search_user。

函数功能：查找用户信息,在管理员操作主菜单中选择 7 时调用此函数。提示用户输入要查找的用户名,在用户链表中进行查找。如果查找成功,则显示该用户信息,并提示按 d/D 键删除该用户操作,按 u/U 键更新该用户操作;如果查找不成功,则给出提示信息。

处理流程：

① 提示用户输入用户名,根据用户名进行查找。

② 调用函数 find_user(),查找刚输入的用户是否存在。若存在,将用户信息赋值给结点 p。

③ 如果没有找到用户信息,系统则给出提示信息;如果查找到用户信息,调用函数 show_user(),显示该用户信息,并提示用户可以对用户信息进行删除或更新操作。

程序清单：

```
void search_user()
{
    char input_char = 'Y';
    char username[MAX_USERNAME] = {0};
    user * p = NULL;
    while(input_char == 'Y' || input_char == 'y')
    {
```

```
    printf(">查找用户信息...\n");
    printf(">请输入用户名(最大长度为 %d):", MAX_USERNAME);
    scanf("%s", username);
    p = find_user(username);            /* 调用 find_user(),查找用户是否存在,若存在,赋
                                           值给 p */
    if (p == NULL)                      /* 该用户不存在 */
    {
        printf(">未找到用户:%s 的信息。继续查找吗?(y or n)", username);
        getchar();
        input_char = getchar();
        continue;
    }
    show_user(&(p->ui));                /* 显示该用户信息 */
    printf(">查找成功!按 d/D 键删除该用户,按 u/U 键更新该用户信息,按其他键返回!");
    getchar();
    input_char = getchar();
    if (input_char == 'd' || input_char == 'D')
    {
        delete_user(p);                /* 删除用户信息 */
    }
    else if (input_char == 'U' || input_char == 'u')
    {
        update_user(p);                /* 更新用户信息 */
    }
    printf("> search another?(y or n):");
    getchar();
    input_char = getchar();
    }
}
```

(3) 删除用户信息。

函数名称：delete_user。

函数功能：管理员在查找用户成功时，允许对找到的用户信息进行删除操作，将刚查找到的用户信息从单链表中删除。

处理流程：提示用户是否确定要删除用户信息，用户输入"Y"或"y"，进行删除操作；否则继续查找。

程序清单：

```
void delete_user(user * p)
{
    char input_char = 'N';
    user * previous = NULL;
    printf(">确定要删除用户 [%s] 吗?(y or n):", p->ui.username);
    getchar();
    input_char = getchar();
    if (input_char == 'Y' || input_char == 'y')
    {
        previous = get_previous_user(p);
        previous->next = p->next;
        free(p);
        p = NULL;
    }
}
```

（4）更新用户信息。

函数名称：update_user。

函数功能：管理员在查找用户成功时，允许对找到的用户信息进行更新操作。

处理流程：

① 创建一个用户信息 new_p。

② 调用函数 input_user()往 new_p 中输入用户信息。

③ 在用户链表中查找该用户是否存在，如果输入的用户名已存在，并且这个用户名不是原来的 p，则系统会给出相关提示信息，等待下一步的操作；否则进行更新的操作。

程序清单：

```c
void update_user(user * p)
{
    char input = 'y';
    user * exist_p = NULL;
    user_info * new_p = (user_info * )malloc(sizeof(user_info));  /* 创建一个用户信息 new_p */
    while(input == 'y' || input == 'Y')
    {
        memset(new_p, 0, sizeof(user_info));
        input_user(new_p);                    /* 输入用户信息 */
        exist_p = find_user(new_p->username);        /* 查找输入的用户名是否已经存在 */
        /* 更新后的用户名存在，并且不是用户 p */
        if (exist_p != NULL && exist_p != p)
        {
            printf(">用户[ % s] 已存在,请选用其他用户名。\n", exist_p->ui.username);
            printf(">重新输入吗?(y or n):");
            getchar();
            input = getchar();
        }
        else
        {
            strcpy(p->ui.username, new_p->username);
            strcpy(p->ui.password, new_p->password);
            p->ui.user_type = new_p->user_type;
            break;
        }
    }

    free(new_p);
}
```

（5）保存用户。

① 保存用户。

函数名称：save_users。

函数功能：管理员在操作主菜单中选择 8 时调用此函数，用来保存用户信息。函数中通过调用函数 save_users_to_file()将用户信息保存到文件，并给出提示信息。

程序清单：

```c
void save_users()
{
    save_users_to_file();
```

```
        printf(">保存成功!按任意键返回...");
        getchar();
        getchar();
    }
```

② 保存用户信息到文件。

函数名称：save_users_to_file。

函数功能：将用户信息保存到文件。

程序清单：

```
void save_users_to_file()
{
    FILE * fp = fopen(USER_FILE, "wb");
    user * p = first_user;

    while(p != NULL)
    {
        fwrite(&(p->ui), sizeof(user_info), 1, fp );
        fseek(fp, 0, SEEK_END);
        p = p->next;
    }

    fclose(fp);
}
```

3）辅助函数

（1）用户模块初始化。

函数名称：init_user。

函数功能：设定默认的用户名为"admin"，密码为"123"，权限为管理员。如果图书文件不存在，则创建一个图书文件；如果创建文件失败，则给出提示信息。

程序清单：

```
void init_user()
{
    FILE * fp = NULL;
    user_info default_admin;
    strcpy(default_admin.username, "admin");
    strcpy(default_admin.password, "123");
    default_admin.user_type = ADMIN;
    fp = fopen(USER_FILE, "r");
    if (fp == NULL)                        /* 文件不存在 */
    {
        fp = fopen(USER_FILE, "wb");
        fwrite(&default_admin, sizeof(user_info), 1, fp);
    }
    fclose(fp);
}
```

（2）加载图书信息。

函数名称：load_users。

函数功能：从用户文件中将用户文件加载到用户单链表中。

处理流程：参见加载图书信息函数 load_books() 的流程。

程序清单：

```
void load_users()
{
    user * u = NULL;
    user * last = NULL;
    FILE * fp = NULL;
    int count = 0;
    u = (user * )malloc(sizeof(user));
    memset(u, 0, sizeof(user));
    u->next = NULL;
    fp = fopen(USER_FILE, "rb");
    fseek(fp, 0, SEEK_SET);
    /* 从文件中逐个读出用户信息 */
    while(fread(&(u->ui), sizeof(user_info), 1, fp) == 1)
    {
        if (first_user == NULL)
        {
            first_user = u;
        }
        else
        {
            last = get_last_user();
            last->next = u;
        }
        count++;
        fseek(fp, count * sizeof(user_info), SEEK_SET);
        u = (user * )malloc(sizeof(user));
        memset(u, 0, sizeof(user));
        u->next = NULL;
    }
    free(u);
    u = NULL;
    fclose(fp);
}
```

（3）判断用户类型。

函数名称：login。

函数功能：用户登录功能，如果输入正确，则返回用户类型——是管理员还是普通用户。

处理流程：

① 提示用户输入用户名和密码。

② 在用户链表中查找是否存在该用户，如果不存在，则给出提示信息，否则判断密码是否正确。

③ 如果输入正确，则函数返回用户权限，否则给出提示信息。

程序清单：

```
USER_TYPE login()
```

```
{
    char username[MAX_USERNAME] = {0};
    char password[MAX_PASSWORD] = {0};
    char try_again = 'Y';
    user * p = NULL;
    while (try_again == 'y' || try_again == 'Y')
    {
        printf("请输入用户名:");
        scanf("%s", username);
        printf("请输入密码:");
        scanf("%s", password);
        p = find_user(username);           /* 查找用户名是否存在 */
        if (p == NULL)
        {
            printf("用户名输入错误,请重试!");
        }
        else if (strcmp(p->ui.password, password) != 0)     /* 比较密码是否正确 */
        {
            printf("密码输入错误,请重试!");
        }
        else
        {
            return p->ui.user_type;
        }
        printf(">重新输入吗??(y or n):");
        getchar();
        try_again = getchar();
    }
    exit(0);
}
```

（4）清除用户链表。

函数名称：clear_users。

函数功能：从内存中清除用户链表信息。

程序清单：

```
void clear_users()
{
    user * p = NULL;
    while (first_user != NULL)
    {
        if (first_user->next!= NULL)
        {
            p = first_user;
            first_user = first_user->next;
            free(p);
            p = NULL;
        }
        else
        {
            free(first_user);
```

```
                first_user = NULL;
            }
        }
    }
```

（5）取用户链表最后一个结点。

函数名称：get_last_user。

函数功能：取得用户链表的最后一个结点。

程序清单：

```
user * get_last_user()
{
    user * p = first_user;
    while((p != NULL) && (p->next != NULL))
    {
        p = p->next;
    }
    return p;
}
```

（6）取某结点的前一个结点。

函数名称：get_previous_user。

函数功能：取得结点 p 的前一个结点。

程序清单：

```
user * get_previous_user(user * p)
{
    user * previous = first_user;
    while(previous != NULL)
    {
        if (previous->next == p)
        {
            break;
        }
        previous = previous->next;
    }
    return previous;
}
```

（7）显示一个用户的信息。

函数名称：show_user。

函数功能：显示一个用户的信息。

程序清单：

```
void show_user(user_info * info)
{
    printf(" ---------------------------- \n");
    printf("用户名:% s\n", info->username);
    printf("密码:% s\n", info->password);
    printf("用户类型:% s\n", info->user_type == ADMIN ? "admin" : "user");
    printf("\n");
}
```

（8）输入用户信息。

函数名称：input_user。

函数功能：提示，并输入用户相关信息。

程序清单：

```c
void input_user(user_info * info)
{
    printf(">请输入用户名(最大长度为 %d):", MAX_USERNAME);
    scanf(" %s", info->username);
    printf(">请输入密码(最大长度为 %d):", MAX_PASSWORD);
    scanf(" %s", info->password);
    printf(">请输入用户类型 (%d 是管理员, %d 是普通用户)", ADMIN, USER);
    scanf(" %d", &(info->user_type));
}
```

（9）查找一个用户。

函数名称：find_user。

函数功能：从用户链表中查找一个用户是否存在，若存在，则返回该用户；否则返回NULL。

程序清单：

```c
user * find_user(char * name)
{
    user * p = first_user;
    int is_found = 0;
    while (p != NULL)
    {
        if (strcmp(p->ui.username, name) == 0)
        {
            is_found = 1;
            break;
        }
        p = p->next;
    }
    if (is_found)
    {
        return p;
    }
    return NULL;
}
```

9.5.4　系统实现截图

1. 管理员权限

1）登录系统

系统运行后提示用户输入用户名和密码，系统首次运行时的用户名为"admin"，密码是"123"，以管理员权限登录，进入管理员操作界面，登录界面如图 9-23 所示，管理员操作主菜单界面如图 9-24 所示。

图 9-23 登录界面

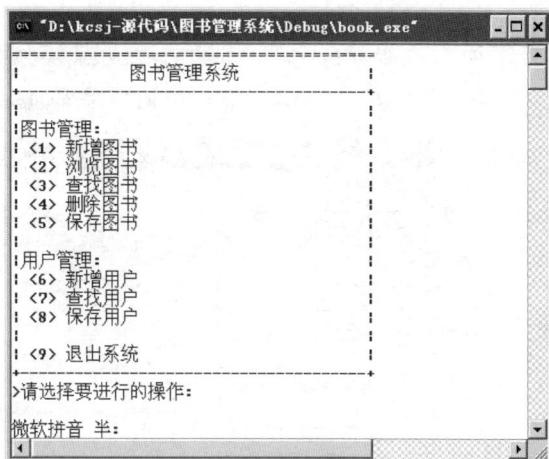

图 9-24 管理员操作主菜单

2）新增图书

在主菜单界面中，输入数字 1 进入输入新增图书界面，用户可以根据提示信息输入图书的基本信息，输入完一条信息后系统提示用户是否继续输入下一条图书信息，如果用户输入"Y"或"y"则继续输入下一条图书信息，否则返回主菜单界面，输入信息情况如图 9-25所示。

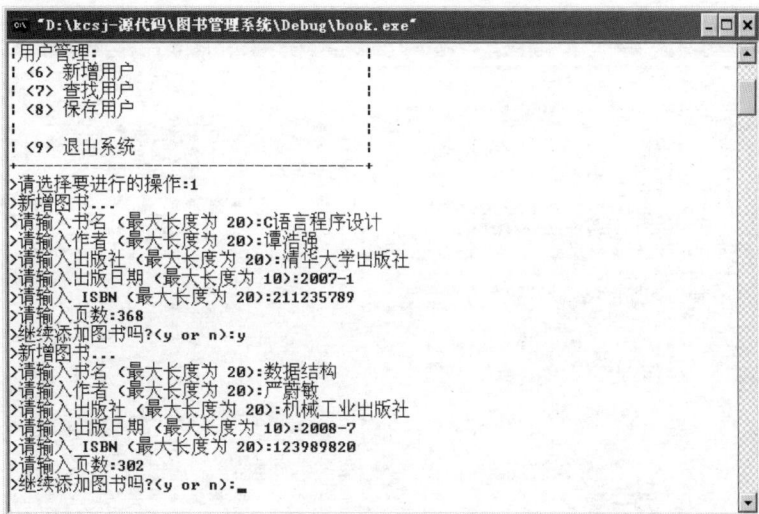

图 9-25 新增图书信息

3）浏览图书

在主菜单界面中如果输入数字 2，则进入浏览图书信息界面，系统会将单链表中的图书信息按照预定格式显示出来，如果没有图书信息，系统将给出提示。浏览图书信息的界面如图 9-26 所示。

4）查找图书

在主菜单界面中如果输入数字 3，则进入查找图书信息子菜单，如图 9-27 所示。允许输入数字 1～6,分别按照 5 种不同方式对图书信息进行查找和返回上级菜单操作,其中前 4 种查找方式均支持模糊查询。例如,输入 1 按书名查询,系统提示用户输入书名,如果输入一部分书名,也能查找成功。如果查找成功,系统将显示该图书信息,否则给出没有找到的提示信息。如图 9-28 所示为显示查询结果界面。

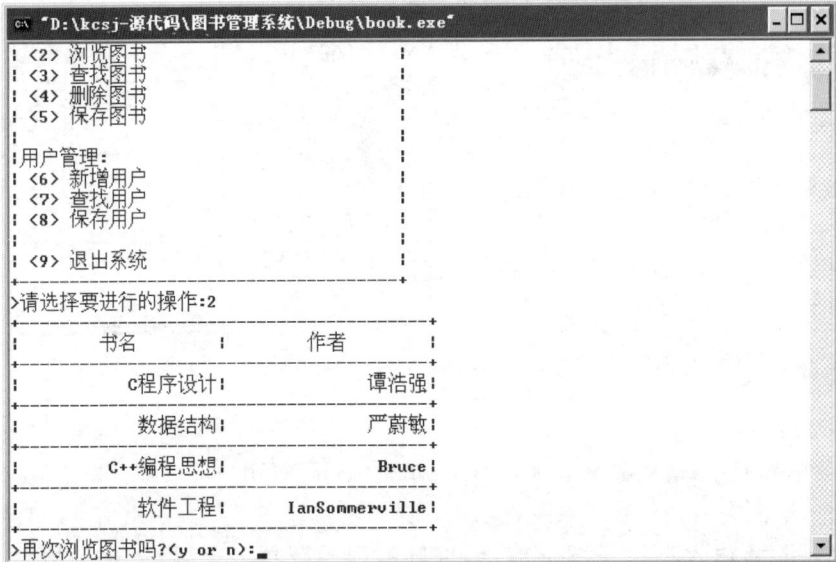

图 9-26　浏览图书信息

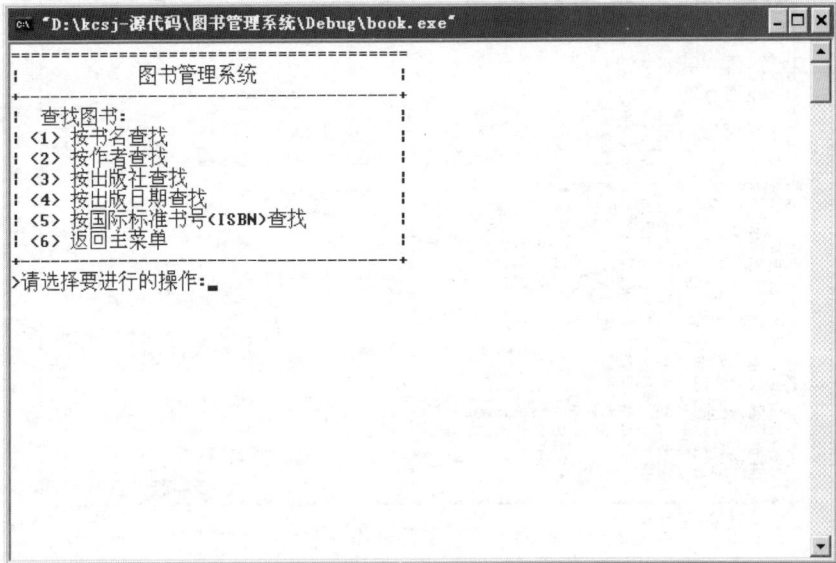

图 9-27　查找图书子菜单

5) 删除图书信息

在主菜单界面中如果输入数字 4,则进入删除图书信息界面,根据系统提示用户输入要删除图书的 ISBN,如果该 ISBN 不存在,系统将给出提示信息。如果该 ISBN 存在,系统首先显示该图书信息,并提示是否确认删除,若用户输入"Y"或"y",则删除该图书信息,否则

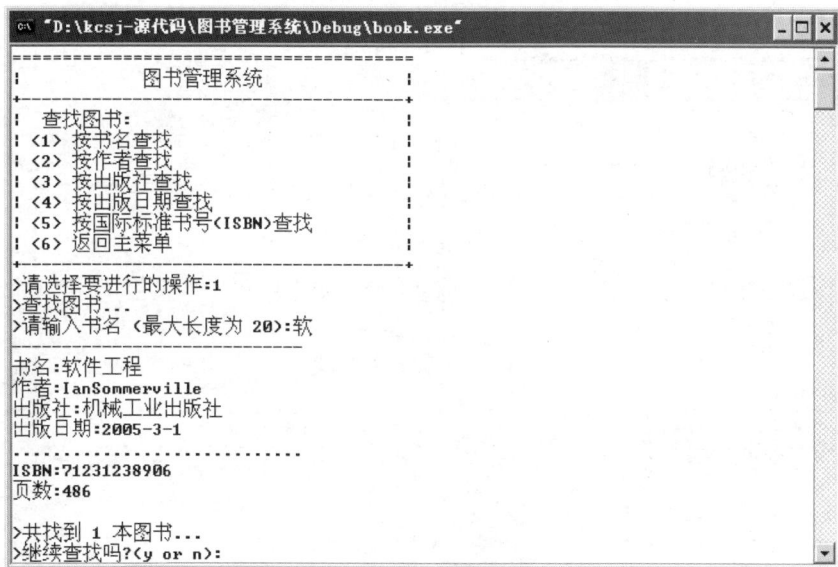

图 9-28 显示查询结果

提示是否继续删除操作,用户输入"Y"或"y"则继续进行删除操作,否则返回主菜单界面。删除信息界面如图 9-29 所示。

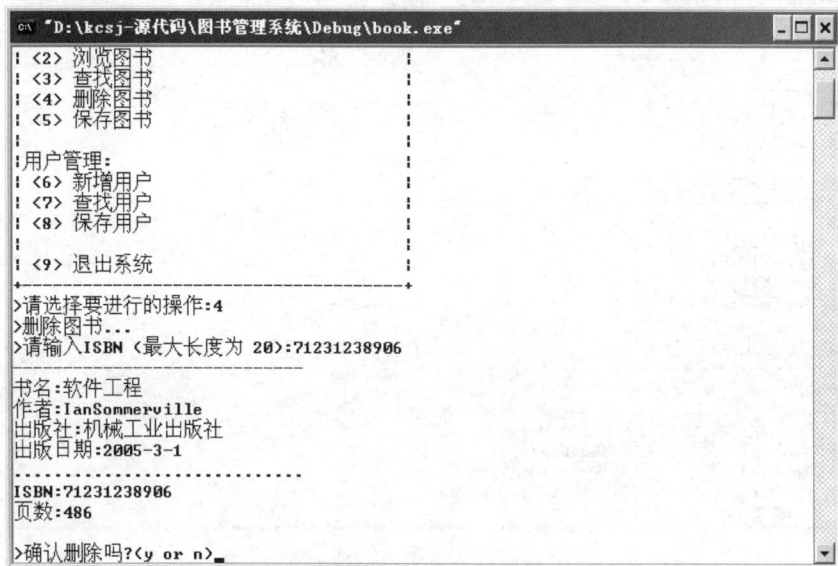

图 9-29 删除图书操作

6)保存图书

在主菜单界面中如果输入数字 5,则进行保存操作,系统自动将单链表中的图书信息保存到图书文件中,并给出保存成功的提示信息,如图 9-30 所示。

7)新增用户

在主菜单界面中,输入数字 6 进入输入新增用户界面,根据提示信息输入用户的用户名、密码和用户类型,如果该用户已存在,系统会给出用户已存在及是否重新输入的提示信

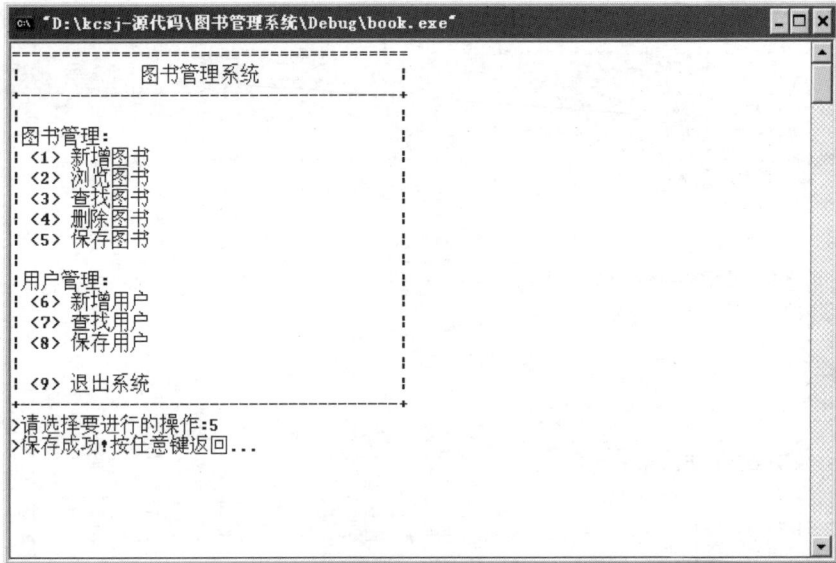

图 9-30　保存图书操作

息。新增用户信息情况如图 9-31 所示。

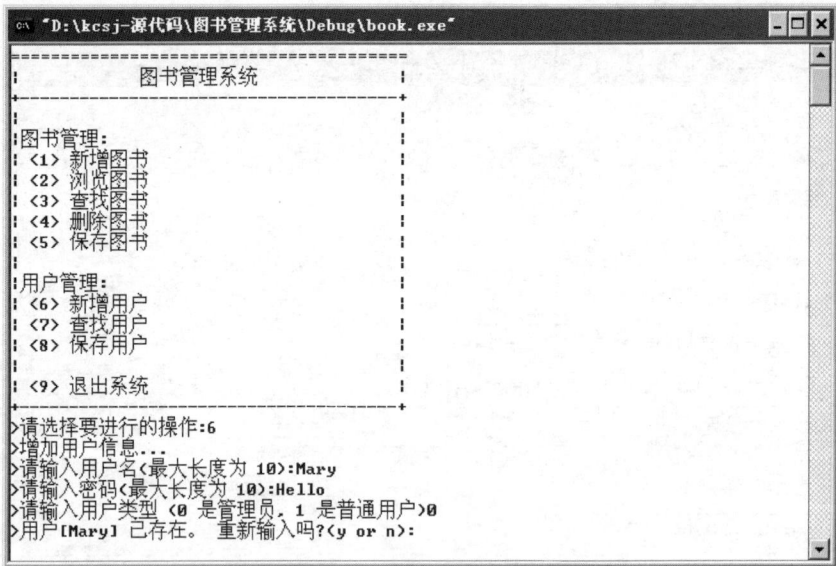

图 9-31　新增用户操作

8）查找用户

在主菜单界面中，输入数字 7 进入输入查找用户界面，用户可以根据提示信息输入要查找的用户名。如果该用户存在，则显示该用户信息，并允许对该用户进行删除和更新操作，如图 9-32 所示。

9）保存用户

在主菜单界面中如果输入数字 8，则进行保存操作，系统自动将单链表中的用户信息保存到用户文件中，并给出保存成功的提示信息。

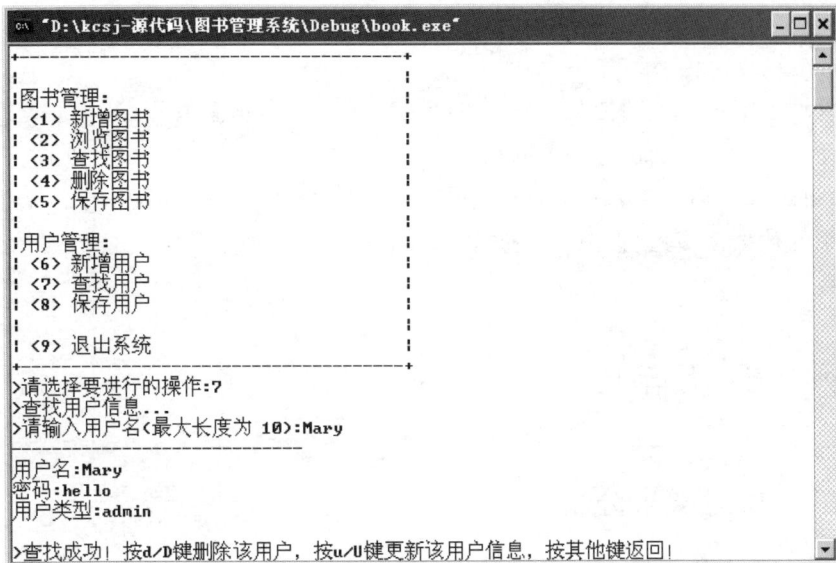

图 9-32　查找用户操作

10）退出系统

在主菜单界面中如果输入数字 9，系统提示是否确认退出，用户输入"Y"或"y"，则退出系统。

2．普通用户权限

普通用户权限登录后进入普通用户操作界面，如图 9-33 所示。

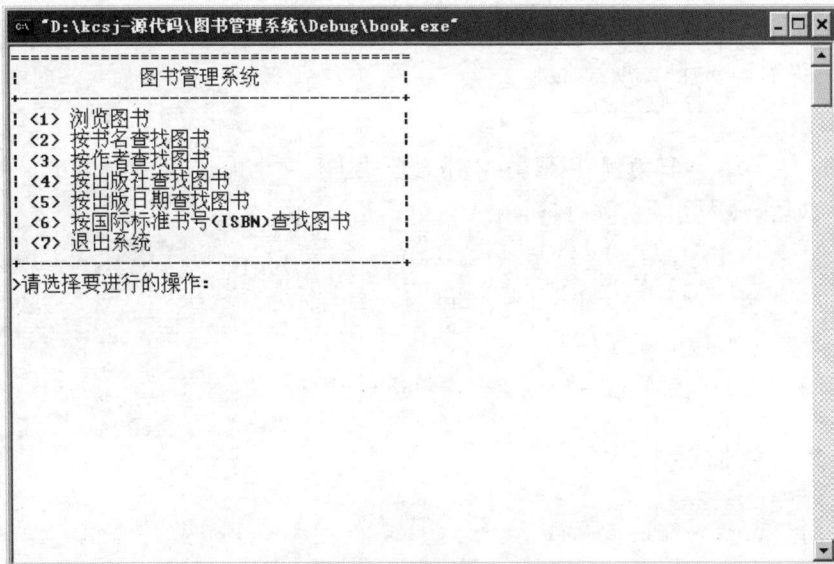

图 9-33　普通用户操作界面

用户可以进行图书的浏览和查询，具体操作步骤参见管理员权限中该功能的实现。

9.5.5　小结

图书管理系统是一个功能比较完整的系统,涉及图书信息管理、用户信息管理以及不同权限的图书管理等功能。本节介绍了一个完整的管理信息系统(MIS)的设计思路和开发过程,讲述了利用单链表对数据进行增加、删除、修改、查询等操作的实现过程,以及将单链表中的数据读/写到文件中的过程。本节还重点介绍了各个功能模块的设计原理和开发过程。

9.6　例9-6：万年历

9.6.1　功能需求分析

万年历完成的主要功能为一个电子的日历,用户可以通过上、下、左、右键来控制年、月的增减,也允许用户直接输入年、月、日,输入结束后回车,系统显示该天的日历。如果输入错误,系统会给出错误的提示信息。

某一天是星期几? 关于这个问题,有很多的计算公式,其中最著名的是蔡勒(Zeller)式,即:

$$w=y+[y/4]+[c/4]-2c+[26(m+1)/10]+d-1$$

公式中的符号含义如下。w:星期。c:世纪-1。y:年(年份后两位数)。m:月(m大于或等于3,小于或等于14,即在蔡勒公式中,某年的1、2月要看作上一年的13、14月来计算,如2003年1月1日要看作2002年的13月1日来计算)。d:日。[ ]代表取整,即只要整数部分。(1月和2月要按上一年算出来的w除以7,余数是几就是星期几。如果余数是0,则为星期日。)

以2048年2月14日为例,用蔡勒(Zeller)公式进行星期的计算,过程如下。

$$w=y+[y/4]+[c/4]-2c+[26(m+1)/10]+d-1$$
$$=48+[48/4]+[20/4]-2\times20+[26\times(14+1)/10]+14-1$$
$$=48+24+5-40+39+14-1=89(除以7余5)$$

即2048年2月14日是星期五。

本节采用的就是这种算法。但以上公式只适合于1582年10月15日之后的情形。

9.6.2　总体设计

实现一个Linux终端窗口下的万年历(Calendar)程序。用户在终端执行程序后,在当前的终端窗口中显示当前的年、月、日,并以表格形式显示当前月份的日历。表格的标题是年月,表头是星期,从星期日开始。显示日期时,如果当前月份的1日不是星期日,则用上个月的末尾几日补齐表格。同样,如果当前月的结尾日期不是周六,则用下个月的开始几日补齐。普通的日期用白色显示,当前日期用绿色显示,星期六和星期日用红色显示。用来补齐表格的日期用灰色显示。用户使用左、右键控制月份的增减,上、下键控制年份的增减,当用户想直接查看某日期的日历的时候按 F 键,提示用户输入年、月,在用户输入结束以后,显示用户输入的日期的日历。最后按 Esc 键,退出程序。

主要处理流程:

万年历的主要功能函数除了 main 函数外还包括显示主界面(show_window)函数和显示日历(show_calendar)函数。main 函数的处理流程如图 9-34 所示,显示主界面函数的处理流程如图 9-35 所示,显示日历函数的处理流程如图 9-36 所示。

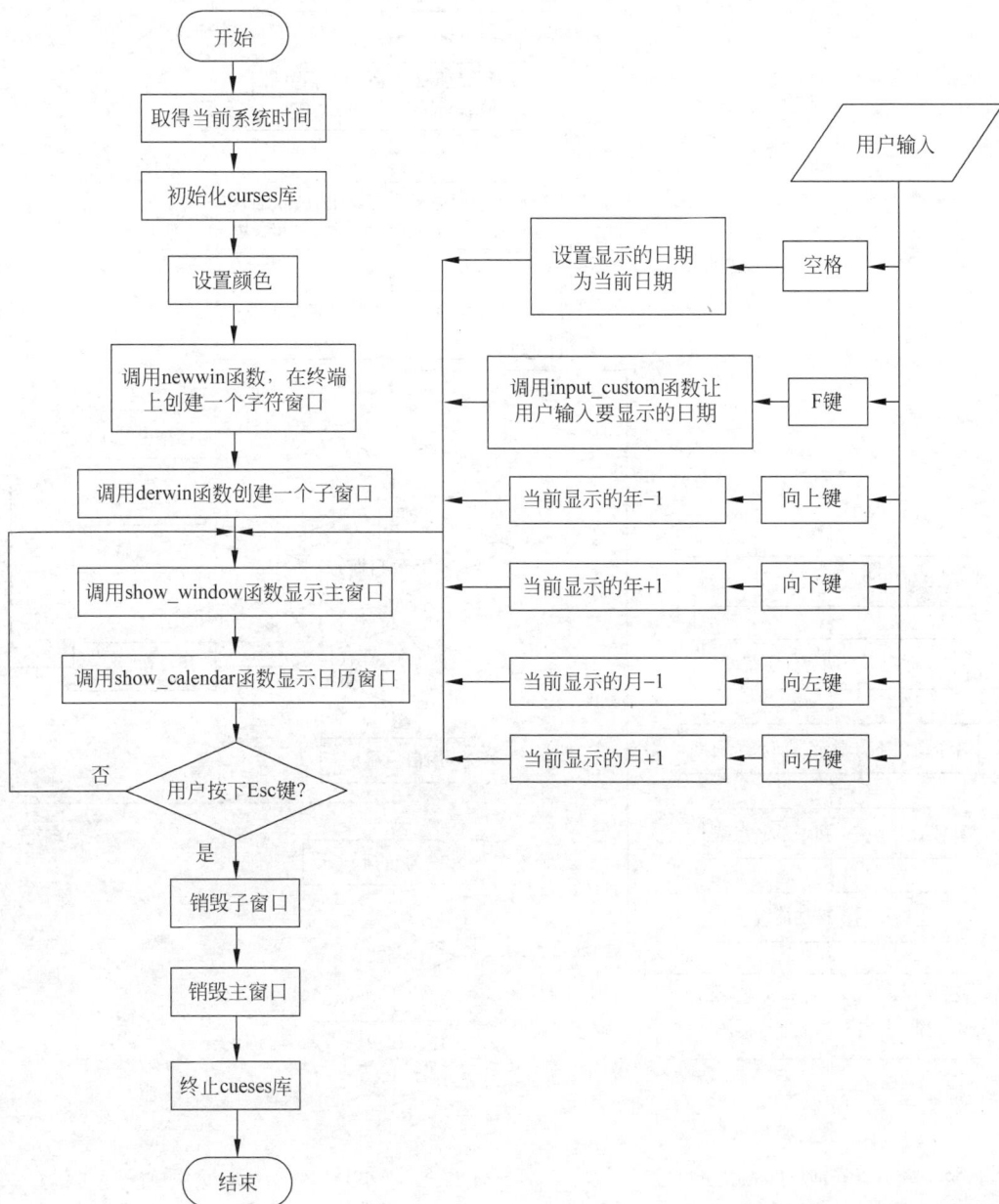

图 9-34 main 函数处理流程

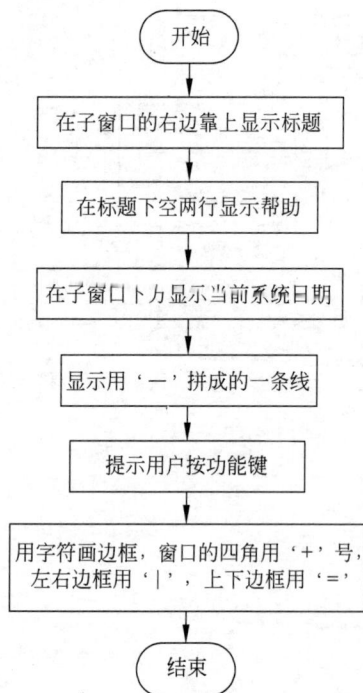

图 9-35   显示主界面（show_window）
            函数的处理流程

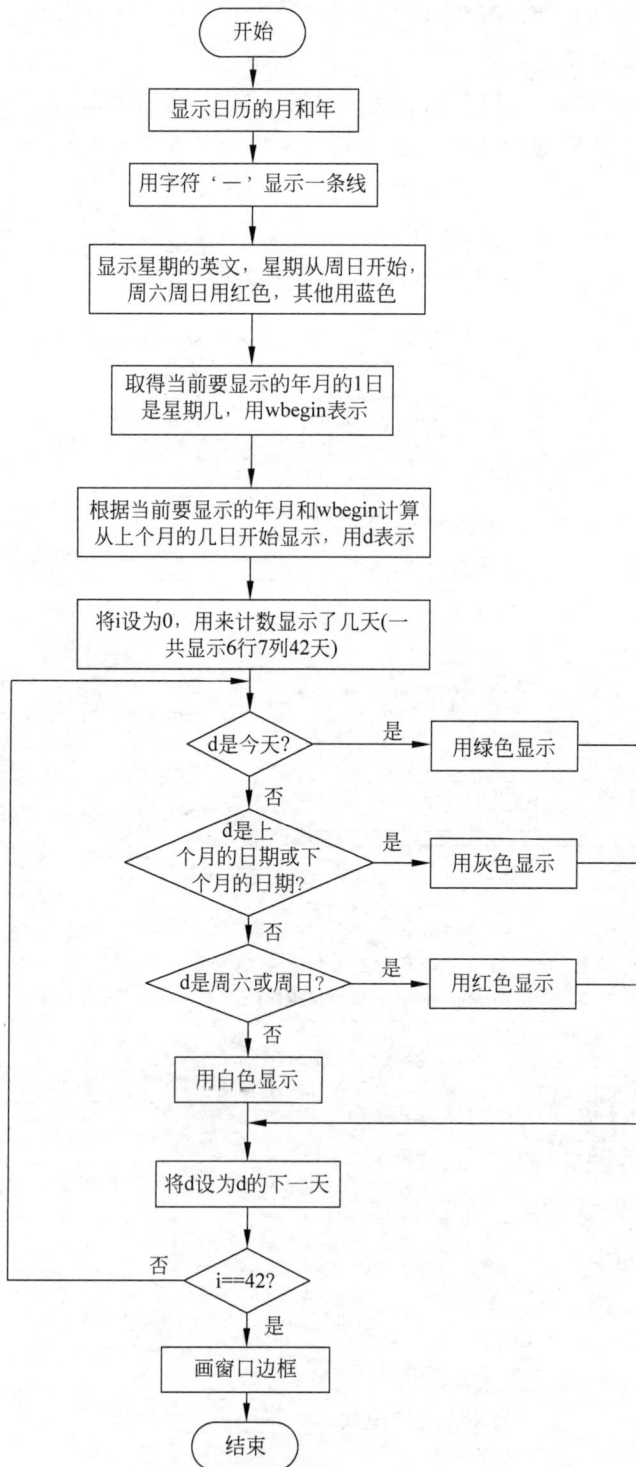

图 9-36   显示日历（show_calendar）
            函数的处理流程

9.6.3 详细设计与程序实现

1. 头文件 calendar.h

1）变量定义

定义日、月、年的结构体。

```
typedef struct _date
{
    int day;
    int month;
    int year;
}date;
```

2）函数声明

```
void show_window(WINDOW * win);        /* 显示主界面 */
void show_calendar(WINDOW * calr);     /* 显示日历 */
void input_custom(WINDOW * win);       /* 用户输入年月 */
int is_leap(int year);                 /* 判断闰年 */
int get_weekday(date d);               /* 取得日期的星期 */
date get_date_before(date d, int n);   /* 取得日期 d 的前 n 天 */
date get_date_after(date d, int n);    /* 取得日期 d 的后 n 天 */
int get_days(int year, int month);     /* 取得某年某月的天数 */
```

2. 万年历模块 calendar.c

1）预处理

```
# include < stdlib.h >
# include < stdio.h >
# include < time.h >
# include < curses.h >
# include < unistd.h >
# include "calendar.h"
```

2）常量定义

（1）定义万年历按键及尺寸。

```
# define KEY_ESC 27
# define CALENDAR_WIDTH 31
# define CALENDAR_HEIGHT 17
```

（2）定义颜色编号。

```
# define RED                    1
# define GREEN                  2
# define BLUE                   3
# define YELLOW                 4
# define WHITE                  5
```

（3）定义颜色。

```
# define RED_COLOR (COLOR_PAIR(RED) | A_BOLD)
# define GREEN_COLOR (COLOR_PAIR(GREEN) | A_BOLD)
```

```
#define BLUE_COLOR (COLOR_PAIR(BLUE) | A_BOLD)
#define YELLOW_COLOR (COLOR_PAIR(YELLOW) | A_BOLD)
#define WHITE_COLOR (COLOR_PAIR(WHITE) | A_BOLD)
#define GRAY_COLOR (COLOR_PAIR(WHITE) | A_NORMAL)
```

（4）定义每个月份的最多日期，其中 2 月有两种可能。

```
int day_table[2][12] =
{
    {31, 28, 31, 30, 31, 30, 31, 31, 30, 31, 30, 31},
    {31, 29, 31, 30, 31, 30, 31, 31, 30, 31, 30, 31}
};
```

（5）定义星期。

```
char * WEEK[] =
{
    "Sun", "Mon", "Tue", "Wen", "Thu", "Fri", "Sat"
};
```

（6）定义月份。

```
char * MONTH[] =
{
    "January", "February", "March", "April", "May", "June", "July",
    "August", "September", "October", "November", "December"
};
```

（7）定义操作帮助信息。

```
char * help[] =
{
    "Press Up Down key to change year.",
    "Press Left Right key to change month.",
    "Press f key to show a custom calendar.",
    "Press SPACE key to back to today.",
    "Press ESC key to exit.",
    0
};
```

3）全局变量定义

```
struct tm * today;
date current;
```

4）主函数

```
int main()
{
    WINDOW * win = NULL;
    WINDOW * calr = NULL;
    int ch = ' ';
    long now;
    /* 取得当前日期 */
    time(&now);
    today = localtime(&now);
    initscr();                      /* 初始化 curses 库 */
    start_color();                  /* 允许使用颜色 */
    cbreak();                       /* 禁止行模式 */
```

```
noecho();                              /* 禁止显示用户输入的字符 */
/* 初始化颜色 */
init_pair(RED, COLOR_RED, COLOR_BLACK);
init_pair(GREEN, COLOR_GREEN, COLOR_BLACK);
init_pair(BLUE, COLOR_BLUE, COLOR_BLACK);
init_pair(YELLOW, COLOR_YELLOW, COLOR_BLACK);
init_pair(WHITE, COLOR_WHITE, COLOR_BLACK);
/* 创建主窗口 */
win = newwin(LINES, COLS, 0, 0);
/* 创建一个子窗口显示日历 */
calr = derwin(win, CALENDAR_HEIGHT, CALENDAR_WIDTH, 2, 2);
keypad(win, TRUE);                     /* 允许使用控制键 */
while(ch != KEY_ESC)
{
    switch(ch)
        {
            case ' ':                  /* 输入空格 */
                current.day = 1;
                current.month = today->tm_mon;
                current.year = 1900 + today->tm_year;
                break;
            case 'f':                  /* 输入"f" */
                input_custom(win);
                break;
            case KEY_UP:               /* 按向上键 */
                current.year--;
                break;
            case KEY_DOWN:             /* 按向下键 */
                current.year++;
                break;
            case KEY_LEFT:             /* 按向左键 */
                current.month--;
                if(current.month < 0)
                {
                    current.month = 11;
                    current.year--;
                }
                break;
            case KEY_RIGHT:            /* 按向右键 */
                current.month++;
                if(current.month > 11)
                {
                    current.month = 0;
                    current.year++;
                }
                break;
        }
        show_window(win);              /* 显示主窗口 */
        show_calendar(calr);           /* 显示日历窗口 */
        wrefresh(win);
        ch = wgetch(win);
}
delwin(calr);                          /* 释放日历窗口 */
delwin(win);                           /* 释放主窗口 */
```

```
        endwin();                              /* 结束使用 curses 库 */
        return 0;
}
```

5）显示主界面函数

函数名：show_window。

函数功能：在参数传递进来的 curses 窗口 win 中显示标题、帮助和系统日期，处理流程前面已经提及。

程序清单：

```
void show_window(WINDOW * win)
{
    int row = 1;
    int i = 0;
    /* 显示标题 */
    wattron(win, BLUE_COLOR | A_UNDERLINE);
    mvwprintw(win, row++, CALENDAR_WIDTH + 3, "MY CALENDAR");
    wattroff(win, BLUE_COLOR | A_UNDERLINE);
    /* 显示帮助信息 */
    row = 4;
    for(i = 0; help[i]; i++)
    {
        mvwprintw(win, row++, CALENDAR_WIDTH + 3, help[i]);
        row++;
    }
    /* 显示今天的日期 */
    wattron(win, GREEN_COLOR | A_UNDERLINE);
    mvwprintw(win, LINES - 4, 2,"Today is % d - % d - % d\n", 1900 + today ->
                tm_year, today -> tm_mon + 1, today -> tm_mday);
    wattroff(win, GREEN_COLOR | A_UNDERLINE);
    whline(win, '-', COLS);
    /* 显示提示信息 */
    wattron(win, BLUE_COLOR);
    mvwprintw(win, LINES - 2, 1, "> Press function key:");
    wattroff(win, BLUE_COLOR);

    /* 设置边框 */
    wborder(win, '|', '|', '=', '=', '+', '+', '+', '+');
}
```

6）显示日历函数

函数名：show_ calendar。

函数功能：在参数传递进来的 curses 库的子窗口 calr 中显示日历。

程序清单：

```
void show_calendar(WINDOW * calr)
{
    int i = 0;
    int x = 1;
    int y = 1;
    int wbegin = 0;
    date d;
```

```
/* 显示年、月信息 */
wattron(calr, YELLOW_COLOR);
mvwprintw(calr, 1, 2, "%s %d\n", MONTH[current.month], current.year);
wattroff(calr, YELLOW_COLOR);
whline(calr, '-', CALENDAR_WIDTH);
/* 显示星期 */
y = 3;
x = 1;
for(i = 0; i < 7; ++i)
{
    if(i == 0 || i == 6)
    {
        wattron(calr, RED_COLOR);
        mvwprintw(calr, y, x, "%4s", WEEK[i]);
        wattroff(calr, RED_COLOR);
    }
    else
    {
        wattron(calr, BLUE_COLOR);
        mvwprintw(calr, y, x, "%4s", WEEK[i]);
        wattroff(calr, BLUE_COLOR);
    }
    x += 4;
}
/* 显示日历 */
wbegin = get_weekday(current);
d = get_date_before(current, wbegin);
for(i = 0; i < 42; ++i)
{
    y = 5 + 2 * ((int)(i / 7));
    x = 1 + (i % 7) * 4;
    if (d.day == today->tm_mday
        && d.month == today->tm_mon
        && d.year == (1900 + today->tm_year))
    {
        wattron(calr, GREEN_COLOR);
        mvwprintw(calr, y, x, "%4d", d.day);
        wattroff(calr, GREEN_COLOR);
    }
    else if(d.month != current.month)
    {
        wattron(calr, GRAY_COLOR);
        mvwprintw(calr, y, x, "%4d", d.day);
        wattroff(calr, GRAY_COLOR);
    }
    else if((i % 7) == 0 || (i % 7) == 6)
    {
        wattron(calr, RED_COLOR);
        mvwprintw(calr, y, x, "%4d", d.day);
        wattroff(calr, RED_COLOR);
    }
```

```
        else
        {
            wattron(calr, WHITE_COLOR);
            mvwprintw(calr, y, x, "%4d", d.day);
            wattroff(calr, WHITE_COLOR);
        }
        d = get_date_after(d, 1);
    }
    /*设置边框*/
    wborder(calr, '|', '|', '-', '-', '+', '+', '+', '+');
}
```

7）用户输入函数

函数名：input_custom。

函数功能：提示并允许用户输入想要显示的年月。

程序清单：

```
void input_custom(WINDOW *win)
{
    int year = 0;
    int month = 0;
    wattron(win, GREEN_COLOR);
    mvwprintw(win, LINES - 2, 1, "> Input year/month(example:2000/1):");
    wattroff(win, GREEN_COLOR);
    nocbreak();
    echo();
    if(wscanw(win, "%d/%d", &year, &month) == 2 && month > 0 && month < 13)
    {
        current.year = year;
        current.month = month - 1;
    }
    else
    {
        wattron(win, RED_COLOR);
        mvwprintw(win, LINES - 2, 1, "> Input error:");
        wrefresh(win);
        sleep(2);
        wattroff(win, RED_COLOR);
    }
    mvwprintw(win, LINES - 2, 1, "");
    whline(win, ' ', COLS - 2);
    cbreak();
    noecho();
}
```

8）判断闰年函数

函数名：is_leap。

函数功能：判断参数 year 是否是闰年，是闰年返回 1，否则返回 0。

程序清单：

```
int is_leap(int year)
```

```
{
    if ((( year % 4 == 0) && ( year % 100 != 0)) || ( year % 400 == 0))
    {
        return 1;
    }
    return 0;
}
```

9）取得星期函数

函数名：get_weekday。

函数功能：利用蔡勒（Zeller）公式计算日期 d 的星期数并返回。

程序清单：

```
int get_weekday( date d)
{
    int w = 0;
    int y = d. year % 100;
    int c = d. year / 100;
    int m = d. month > 1 ? ( d. month + 1) : ( d. month + 13);

    w = y + y / 4 + c / 4 - 2 * c + 26 * ( m + 1) / 10 + d. day - 1;

    while ( w < 0)
    {
        w += 70;
    }
    return ( w % 7);
}
```

10）某日期的前几天函数

函数名：get_date_before。

函数功能：取得日期 d 的前 n 天。

程序清单：

```
date get_date_before( date d, int n)
{
    date bd = d;
    while( n > 0)
    {
        n-- ;
        bd. day-- ;
        if( bd. day < 1)
        {
            bd. month-- ;
            if( bd. month < 0)
            {
                bd. year-- ;
                bd. month = 11;
            }
            bd. day = get_days( bd. year, bd. month);
        }
    }
```

```
    }
    return bd;
}
```

11）取某日期的后几天函数

函数名：get_date_after。

函数功能：取得日期 d 的后 n 天。

程序清单：

```
date get_date_after(date d, int n)
{
    date ad = d;
    int max = get_days(ad.year, ad.month);
    while(n > 0)
    {
        n -- ;
        ad.day++;
        if (ad.day > max)
        {
            ad.month++;
            if (ad.month > 11)
            {
                ad.year++;
                ad.month = 0;
            }
            ad.day = 1;
            max = get_days(ad.year, ad.month);
        }
    }
    return ad;
}
```

12）取得天数函数

函数名：get_days。

函数功能：取得 year 年 month 月的天数并返回。

程序清单：

```
int get_days(int year, int month)
{
    return day_table[is_leap(year)][month];
}
```

3. 系统实现截图

程序编译以后，在终端下进入程序所在目录，输入 ./calendar 运行万年历程序，如图 9-37 所示。

按向左键或向右键可以改变当前显示的月，如图 9-38 所示；按向上键或向下键可以改变当前显示的年，如图 9-39 所示。返回当前年月按空格键。

```
文件(F)  编辑(E)  查看(V)  终端(T)  标签(T)  帮助(H)
+====================================================+
|                         MY CALENDAR                |
|  +------------------------------+                  |
|  | April 2009                   |                  |
|  |------------------------------|  Press Up Down key to change year.    |
|  | Sun Mon Tue Wen Thu Fri Sat  |                  |
|  |  29  30  31   1   2   3   4  |  Press Left Right key to change month.  |
|  |                              |                  |
|  |   5   6   7   8   9  10  11  |  Press f key to show a custom calendar. |
|  |                              |                  |
|  |  12  13  14  15  16  17  18  |  Press SPACE key to back to today.    |
|  |                              |                  |
|  |  19  20  21  22  23  24  25  |  Press ESC key to exit.     |
|  |                              |                  |
|  |  26  27  28  29  30   1   2  |                  |
|  |                              |                  |
|  |   3   4   5   6   7   8   9  |                  |
|  +------------------------------+                  |
|                                                    |
|  Today is 2009-4-19                                |
|  ------------------------------------------------  |
| >Press function key:[]                             |
+====================================================+
```

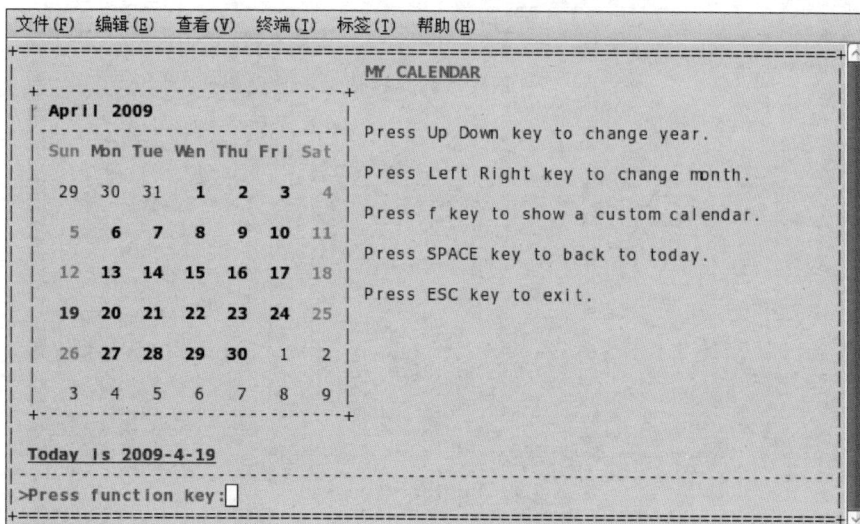

图 9-37　运行万年历界面

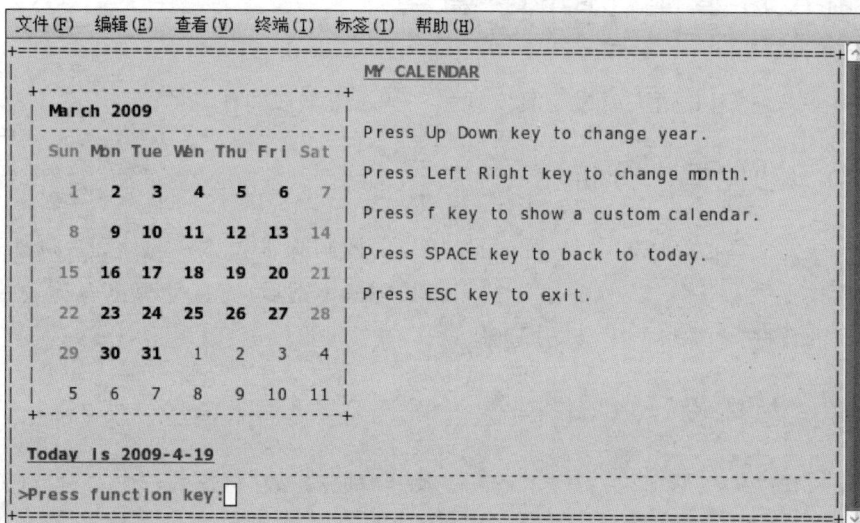

```
文件(F)  编辑(E)  查看(V)  终端(T)  标签(T)  帮助(H)
+====================================================+
|                         MY CALENDAR                |
|  +------------------------------+                  |
|  | March 2009                   |                  |
|  |------------------------------|  Press Up Down key to change year.    |
|  | Sun Mon Tue Wen Thu Fri Sat  |                  |
|  |   1   2   3   4   5   6   7  |  Press Left Right key to change month.  |
|  |                              |                  |
|  |   8   9  10  11  12  13  14  |  Press f key to show a custom calendar. |
|  |                              |                  |
|  |  15  16  17  18  19  20  21  |  Press SPACE key to back to today.    |
|  |                              |                  |
|  |  22  23  24  25  26  27  28  |  Press ESC key to exit.     |
|  |                              |                  |
|  |  29  30  31   1   2   3   4  |                  |
|  |                              |                  |
|  |   5   6   7   8   9  10  11  |                  |
|  +------------------------------+                  |
|                                                    |
|  Today is 2009-4-19                                |
|  ------------------------------------------------  |
| >Press function key:[]                             |
+====================================================+
```

图 9-38　按左、右键更改月

4. 小结

本节讲述了万年历的实现原理和实现方法。给出了 Linux 下用 C 语言编程的过程和实现技巧。文中分析了某一天是星期几的计算方法，以及 Linux 下 C 语言使用 curses 库编程的方法和实现过程。通过本节的学习，读者应掌握以下知识点。

（1）历史上某一天是星期几的判断方法。

（2）闰年的判断方法。

（3）curses 库的使用，包括窗口的创建、字体颜色的设置等。

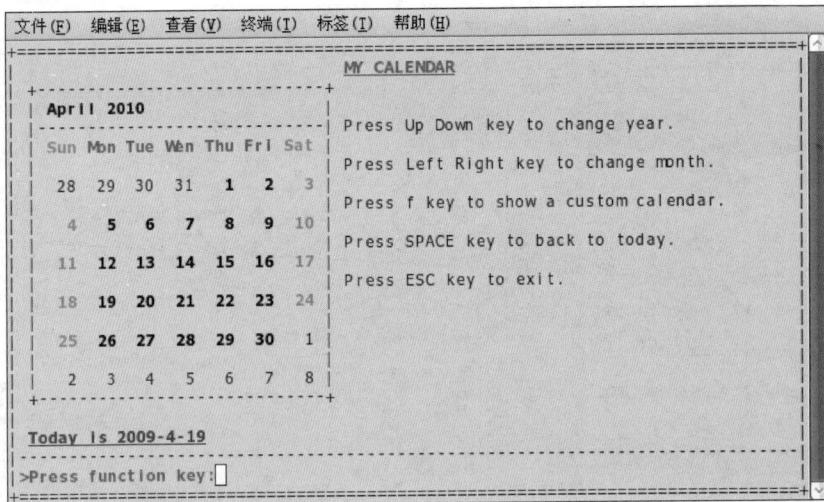

图 9-39　按上、下键更改年

9.7　例 9-7：基于堆栈的计算器

在 Linux 下，应用 C 语言开发工具实现了一个基于堆栈的计算器。

9.7.1　功能需求分析

基于堆栈的计算器完成的主要功能是带括号的四则算术表达式的计算。例如，用户可以输入表达式 1+2-3*4/5+(6-7*8)+9，按 Enter 键后，直接计算出表达式的值。如果输入错误的数据，系统将给出错误提示信息。

9.7.2　总体设计

首先定义程序的数据结构，将一个运算数及其后面的运算符作为一个运算域（operand）结构。定义一个运算域的堆栈（operand_stack）作为存放一组运算域的数据结构。定义一个字符堆栈，用来存放数字，作为数字堆栈（number_stack）。程序运行以后，将用户输入的待计算的表达式存储在字符数组中，然后逐个取字符进行判断。如果是数字字符，将其放到数字堆栈中；如果是操作符，将数字堆栈中的数字出栈成一个浮点数，并与运算符一起入栈到 operand_stack 中。如果 operand_stack 中有数据，则比较栈顶的运算域中运算符与当前的运算符的优先级，如果栈顶运算域中运算符的优先级高于当前的运算符，则进行计算，否则进行入栈操作。若遇到左括号，则把当前的 operand_stack 入栈到运算域组堆栈（group_stack）中，并创建一个新的 operand_stack 作为当前运算域堆栈。若遇到右括号，就计算出当前 operand_stack 的值，并从 group_stack 中弹出一个作为当前运算域堆栈。到表达式字符的结尾时应该只剩下最后一个 operand_stack。把这个堆栈计算完毕后，就完成了全部工作。

该程序的处理流程如图 9-40 所示。

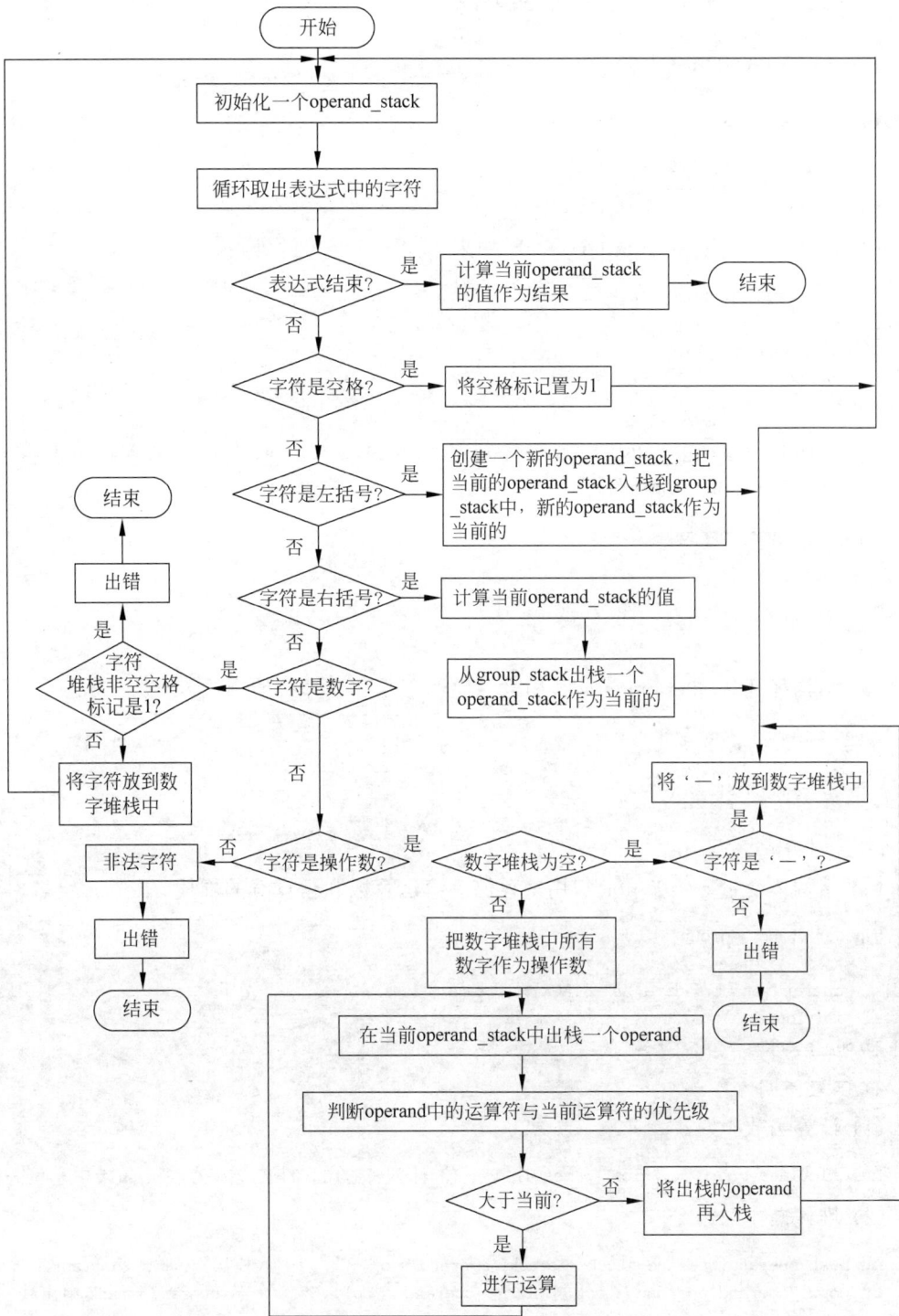

图 9-40 基于堆栈的计算器处理流程

9.7.3　详细设计与程序实现

1. 头文件 calculator.h

1）预处理

♯define MAX_STACK 1024

2）变量定义

（1）一个结构体变量 number_stack，用来存储数字字符的堆栈。

```
typedef struct _number_stack
{
    char data[MAX_STACK];              /* 数字字符 */
    int top;                           /* 栈顶 */
}number_stack;
```

（2）结构体变量 operand，用来存储运算数及其运算符的堆栈。例如，"3＋"运算，number 中存储 3，oper 中存储 0。

```
typedef struct _operand
{
    float number;
    int oper;
}operand;
```

（3）结构体变量 operand_stack，用来存储运算数和运算符的堆栈。

```
typedef struct _operand_stack
{
    operand data[MAX_STACK];
    int top;
}operand_stack;
```

（4）结构体变量 group_stack，用来存储一组运算数和运算符的堆栈。

```
typedef struct _group_stack
{
    operand_stack * data[MAX_STACK];
    int top;
}group_stack;
```

3）函数声明

（1）计算函数声明。

int calculate(char * p, float * result);　　/* 计算表达式 p 的值，结果存在 result 中 */

（2）堆栈操作函数。

int push_operand(operand_stack * stack, operand * op);　　/* 入栈操作，即 op 入 stack */
int popup_operand(operand_stack * stack, operand * op);　　/* 从 operand_stack 中出栈一个 operand */
int push_os_into_group(group_stack * stack, operand_stack * os);　　/* 将一个 operand_stack 栈入栈到一个 group_stack 栈中 */
int popup_os_from_group(group_stack * stack, operand_stack ** os);　　/* 从 group_stack 栈中出栈一个 operand_stack */

```
void clear_group_stack(group_stack * stack);      /* 清空一个 group_stack 栈 */
int push_number(number_stack * stack, char c);       /* 将一个数字字符入栈到 number_stack */
void push_float_to_number(number_stack * stack, float f);    /* 将一个 float 转换成数字字符
放到 number_stack 中 */
int popup_float(number_stack * stack, float * f);    /* 转换整个 number_stack 栈成为一个
float,之后清空栈 */
void clear_number_stack(number_stack * stack);       /* 清空 number_stack 栈 */
```

（3）运算符函数声明。

```
int is_operator(char c);                 /* 检查字符 c 是否是一个运算符 */
int to_operator(char c);                 /* 取得操作符 c 对应的整数值 */
```

（4）工具函数声明。

```
int is_digital(char c);                  /* 检查字符 c 是否是 0~9 的数字字符 */
int is_number(char c);              /* 检查字符 c 是否是合法的数字字符,包括小数点和负号 */
```

（5）运算函数声明。

```
float addition(float d1, float d2);         /* 加法运算 */
float substruction(float d1, float d2);     /* 减法运算 */
float multiplication(float d1, float d2);   /* 乘法运算 */
float division(float d1, float d2);         /* 除法运算 */
```

（6）其他函数声明。

```
void print_err(int pos, char * msg);        /* 打印出错位置及提示信息 */
```

2. 计算器模块 calculator.c

1）预处理

```
# include < stdio.h >
# include < stdlib.h >
# include < string.h >
# include "calculator.h"
```

2）常量定义

```
# define BUFFER_SIZE 4096
# define MESSAGE_SIZE 128
char operator_char[] = " +- * /";           /* 运算符字符 */
```

3）运算函数数组

```
float ( * oper_func[])(float d1, float d2) =
{
    addition,
    substruction,
    multiplication,
    division
};
```

4）全局变量定义

```
group_stack total;                           /* 整个表达式的 group_stack */
number_stack number;                         /* 数字栈 */
char input_buffer[BUFFER_SIZE] = {0};        /* 存储用户输入的缓冲区 */
```

```
char error_position[BUFFER_SIZE] = {0};      /* 存储错误位置的缓冲区 */
char error_msg[MESSAGE_SIZE] = {0};          /* 存储错误信息的缓冲区 */
```

5）主函数

```
int main()
{
    float result;
    char input = 'Y';
    while(input != 'N' && input != 'n')
    {
        /* 清空缓冲区 */
        memset(input_buffer, '\0', BUFFER_SIZE);
        memset(error_position, '\0', BUFFER_SIZE);
        memset(error_msg, '\0', MESSAGE_SIZE);
        clear_group_stack(&total);          /* 清空表达式栈 */
        clear_number_stack(&number);        /* 清空数字栈 */
        /* 输出提示信息并等待用户输入表达式 */
        printf("please input expression:\n");
        fflush(stdin);
        scanf("%4096[^\n]", input_buffer );
        /* 调用 calculate 函数计算表达式的结果 */
        if (!calculate(input_buffer, &result))
        {/* 不能计算结果时输出错误信息 */
            printf("%s\n", error_position);
            printf(">%s input again?(y or n)", error_msg);
            getchar();
            input = getchar();
            continue;
        }
        else
        {/* 输出结果 */
            printf("Result = %f\n", result);
        }
        printf("> continue?(y or n)");
        getchar();
        input = getchar();
    }
    clear_group_stack(&total);
    return 0;
}
```

6）计算函数

函数名：calculate。

函数功能：计算表达式 p 的值，结果存放到 result 中。

处理流程：首先创建 operand_stack 堆栈，然后遍历需要计算的表达式中的每个字符，将每个计算数及其后面的运算符做成一个 operand 结构，接着比较现在这个 operand 中的运算符和 operand_stack 堆栈栈顶的 operand 结构的优先级，若当前运算符高于栈顶的运算符，则将当前 operand 结构入栈到 operand_stack 堆栈中，否则出栈并与当前运算数计算。如果碰到左括号，则把当前操作的整个 operand_stack 堆栈入栈到一个 group 中，创建一个新的 operand_stack 堆栈作为当前的；如果碰到右括号，则把当前 operand_stack 堆栈全部出栈计算。

程序清单:

```
int calculate(char * p, float * result)
{
    int i = 0;
    int size = (int)strlen(p);
    int is_space = 0;
    float f;
    operand_stack * os = NULL;
    operand o;
    os = (operand_stack * )malloc(sizeof(operand_stack));
    os -> top = 0;
    /* 循环判断表达式中的字符 */
    for (i = 0; i < size; ++i)
    {
        /* 当前循环到的字符是空格 */
        if (p[i] == ' ')
        {
            is_space = 1;
            continue;
        }
        else
        {
            is_space = 0;
        }
        /* 当前字符是'('时创建一个新的 operand_stack 并将已有的入栈 */
        if (p[i] == '(')
        {
            push_os_into_group(&total, os);
            os = (operand_stack * )malloc(sizeof(operand_stack));
            os -> top = 0;
            continue;
        }
        /* 当前字符是')'时,计算当前 operand_stack 中的值,并从栈中出栈一个作为当前的 */
        if (p[i] == ')')
        {
            if (number.top == 0)          /* )前面没有数字时 */
            {
                free(os);
                print_err(i, "need number before ')'");
                return 0;
            }
            if (popup_float(&number, &f)) /* 取得)前面的数 */
            {
                while (os -> top != 0)     /* 计算这一组 */
                {
                    popup_operand(os, &o);
                    f = oper_func[o.oper](o.number, f);
                }
                push_float_to_number(&number, f);     /* 将计算结果存储到 number_stack 中 */
                free(os);                  /* 释放这一组 */
                if (total.top == 0)        /* total 中的个数为 0 则意味着前面没有( */
                {
                    print_err(i, "need '('");
```

```c
            return 0;
        }
        popup_os_from_group(&total, &os);     /* 取得上一组 */
        continue;
    }
    else/* )前面的数字是非法的 */
    {
        print_err(i, "wrong number before here");
        return 0;
    }
}
/* 当前字符是数字字符,将字符入栈到 number_stack */
if (is_number(p[i]))
{
    if (is_space && number.top != 0)        /* 如果两个数字之间有空格 */
    {
        print_err(i, "space inside number is invalidation");
        return 0;
    }
    if (push_number(&number, p[i]))         /* 数字字符入栈 */
    {
        continue;
    }
    else                            /* 不能入栈时意味着有非法字符 */
    {
        print_err(i, "invalidate char in number");
        return 0;
    }
}
/* 当前字符是一个操作符 */
if (is_operator(p[i]))
{
    if (number.top == 0)        /* 数字字符堆栈为空 */
    {
        if (p[i] == '-')        /* 数字字符堆栈为空时,减号是负数的意思 */
        {
            push_number(&number, p[i]);
            continue;
        }
        else                    /* 操作符前没有数字 */
        {
            print_err(i, "no number before operator");
            return 0;
        }
    }
    if (!popup_float(&number, &f))/* 从数字堆栈中取出操作数 */
    {
        print_err(i, "invalidate number before operator");
        return 0;
    }
    if (os -> top == 0)            /* 当前这组为空 */
    {
        /* 创建一个包括运算数和运算符的结构体,并将其放到堆栈中 */
        o.number = f;
```

```
                o.oper = to_operator(p[i]);
                push_operand(os, &o);
                continue;
            }
            else                          /*当前组不为空*/
            {
                while (os->top != 0)      /*循环这一组*/
                {
                    popup_operand(os, &o);              /*弹出一个运算数和运算符*/
                    if (o.oper < to_operator(p[i]))    /*运算符的优先级小于当前运算符*/
                    {
                        push_operand(os, &o);    /*再入栈*/
                        break;
                    }
                    else                  /*运算符的优先级大于或等于当前运算符时进行计算*/
                    {
                        f = oper_func[o.oper](o.number, f);
                    }
                }
                /*将当前运算符和运算结果入栈*/
                o.number = f;
                o.oper = to_operator(p[i]);
                push_operand(os, &o);
                continue;
            }
        }
        /*非法字符给出错误提示*/
        print_err(i, "invalidate char in expression");
        return 0;
    }
    /*计算最后一个堆栈的值*/
    if (total.top != 0)                   /*如果还有没计算的组*/
    {
        print_err(i, "need ')'");
        return 0;
    }
    if (number.top == 0)                  /*缺少最后一个数*/
    {
        print_err(i, "need number to be operate");
        return 0;
    }
    if (!popup_float(&number, &f))        /*取得运算数*/
    {
        print_err(i, "invalidate number");
        return 0;
    }
    while (os->top != 0)                  /*计算*/
    {
        popup_operand(os, &o);
        f = oper_func[o.oper](o.number, f);
    }
    *result = f;                          /*返回运算结果*/
    return 1;
}
```

7）堆栈操作

（1）入栈函数。

函数名：push_operand。

函数功能：将一个 operand（运算数和运算符结构）入栈到 operand_stack（运算数和运算符堆栈）中。

程序清单：

```c
int push_operand(operand_stack * stack, operand * op)
{
    if (stack -> top == MAX_STACK)
    {
        return 0;
    }
    stack -> data[stack -> top].number = op -> number;
    stack -> data[stack -> top].oper = op -> oper;
    stack -> top++;
    return 1;
}
```

（2）出栈函数。

函数名：popup_operand。

函数功能：将 operand_stack（运算数和运算符堆栈）中的 operand（运算数和运算符结构）进行出栈操作。

程序清单：

```c
int popup_operand(operand_stack * stack, operand * op)
{
    if (stack -> top == 0)
    {
        return 0;
    }
    stack -> top -- ;
    op -> number = stack -> data[stack -> top].number;
    op -> oper = stack -> data[stack -> top].oper;
    return 1;
}
```

（3）运算符和运算数入栈。

函数名：push_os_into_group。

函数功能：将一个 operand_stack（运算数和运算符堆栈）入栈到一个 group_stack 栈中。

程序清单：

```c
int push_os_into_group(group_stack * stack, operand_stack * os)
{
    if (stack -> top == MAX_STACK)
    {
        return 0;
    }
    stack -> data[stack -> top] = os;
    stack -> top++;
```

```
        return 1;
    }
```

（4）堆栈入栈。

函数名：popup_os_from_group。

函数功能：从 group_stack 栈中出栈一个 operand_stack。

程序清单：

```
int popup_os_from_group(group_stack * stack, operand_stack ** os)
{
    if (stack -> top < 0)
    {
        return 0;
    }
    stack -> top -- ;
    * os = stack -> data[ stack -> top];
    return 1;
}
```

（5）清空栈。

函数名：clear_group_stack。

函数功能：清空一个 group_stack 栈。

程序清单：

```
void clear_group_stack(group_stack * stack)
{
    int i = 0;
    for (i = 0; i < stack -> top; i++)
    {
        free(stack -> data[i]);
    }
    stack -> top = 0;
}
```

（6）数字入栈函数。

函数名：push_number。

函数功能：将一个数字字符入栈到 number_stack。

程序清单：

```
int push_number(number_stack * stack, char c)
{
    int i = 0;
    if (stack -> top == MAX_STACK)
    {
        return 0;
    }
    if (c == '.')
    {
        for (i = 0; i < stack -> top; i++)
        {
            if (stack -> data[ i] == '.')
            {
                return 0;
```

```
                    }
                }
            }
        stack -> data[stack -> top] = c;
        stack -> top++;
        return 1;
    }
```

(7) 实数转换成数字并入栈函数。

函数名：push_float_to_number。

函数功能：将一个 float 转换成数字字符放到 number_stack 中。

程序清单：

```
void push_float_to_number(number_stack * stack, float f)
{
    memset(stack -> data, '\0', MAX_STACK);
    sprintf(stack -> data, "% f", f);
    stack -> top = strlen(stack -> data);
}
```

(8) 数字栈转换成实型数据函数。

函数名：popup_float。

函数功能：将整个 number_stack 栈转换成为一个 float，之后清空栈。

程序清单：

```
int popup_float(number_stack * stack, float * f)
{
    char * p = NULL;
    int i = 0;
    int dot = 0;
    if (stack -> top < 0)
    {
        return 0;
    }
    p = stack -> data;
    for (i = 0; i < stack -> top; i++)
    {
        if ( * p == '.')
        {
            dot++;
        }
    }
    if (dot > 1)
    {
        return 0;
    }
    for (i = stack -> top; i < MAX_STACK; i++)
    {
        stack -> data[i] = '\0';
    }

    if (sscanf(stack -> data, "% f", f) != 1)
    {
```

```
        return 0;
    }
    stack->top = 0;
    return 1;
}
```

（9）清空数字栈函数。

函数名：clear_number_stack。

函数功能：清空数字 number_stack 栈。

程序清单：

```
void clear_number_stack(number_stack * stack)
{
    memset(stack->data, '\0', MAX_STACK);
    stack->top = 0;
}
```

8）辅助函数

（1）检查运算符函数。

函数名：is_operator。

函数功能：检查字符 c 是否是一个运算符，如果字符是运算符，则返回 1，否则返回 0。

程序清单：

```
int is_operator(char c)
{
    int i = 0;
    for (i = 0; i < (int)strlen(operator_char); ++i)
    {
        if (c == operator_char[i])
        {
            return 1;
        }
    }
    return 0;
}
```

（2）取操作符对应的整数值。

函数名：to_operator。

函数功能：取得操作符 c 对应的整数值并返回。

程序清单：

```
int to_operator(char c)
{
    int i = 0;
    for (i = 0; i < (int)strlen(operator_char); ++i)
    {
        if (c == operator_char[i])
        {
            return i;
        }
    }
    return i;
}
```

（3）数字字符判断函数。

函数名：is_digital。

函数功能：检查字符 c 是否是 0～9 的数字字符。

程序清单：

```c
int is_digital(char c)
{
    if (c >= '0' && c <= '9')
    {
        return 1;
    }
    return 0;
}
```

（4）数字字符合法判断函数。

函数名：is_number。

函数功能：检查字符 c 是否是合法的数字字符，包括小数点和负号。

程序清单：

```c
int is_number(char c)
{
    if (is_digital(c) || c == '.')
    {
        return 1;
    }
    return 0;
}
```

（5）打印提示信息函数。

函数名：print_err。

函数功能：打印出错位置及提示信息。

程序清单：

```c
void print_err(int pos, char * msg)
{
    memset(error_position, ' ', pos);
    error_position[pos] = '^';
    strcpy(error_msg, msg);
}
```

9）运算函数

（1）加法运算函数。

函数名：addition。

函数功能：两个数相加，返回它们的和。

程序清单：

```c
float addition(float d1, float d2)
{
    return d1 + d2;
}
```

（2）减法运算函数。

函数名：substruction。

函数功能：两个数相减，返回它们的差。

程序清单：

```
float substruction(float d1, float d2)
{
    return d1 - d2;
}
```

（3）乘法运算函数。

函数名：multiplication。

函数功能：两个数相乘，返回它们的积。

程序清单：

```
float multiplication(float d1, float d2)
{
    return d1 * d2;
}
```

（4）除法运算函数。

函数名：division。

函数功能：两个数相除，返回它们的商。

程序清单：

```
float division(float d1, float d2)
{
    return d1/d2;
}
```

9.7.4　系统实现截图

将计算机程序编译以后，进入程序所在目录，输入./calc 运行程序，如图 9-41 所示，提示用户输入表达式。

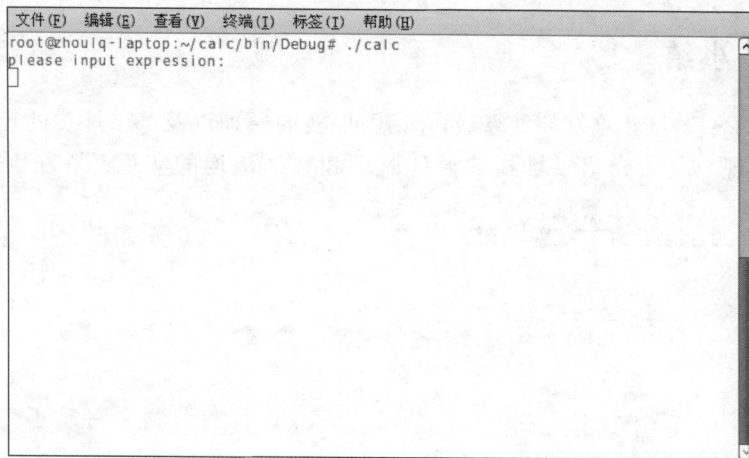

图 9-41　提示用户输入表达式

如果输入错误则出现如图 9-42 所示的界面。

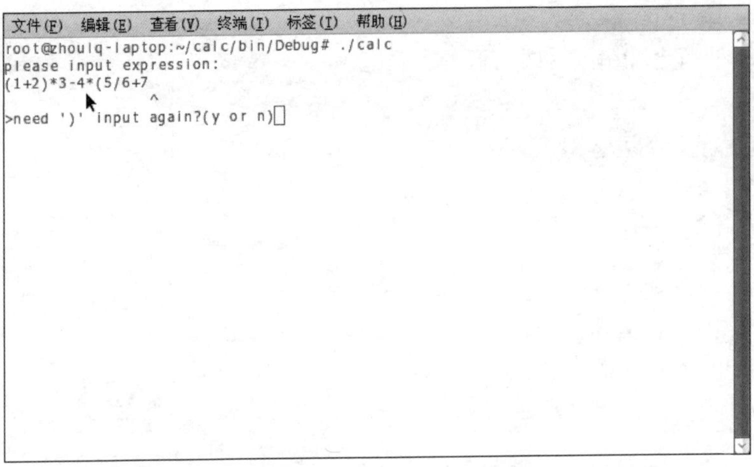

```
文件(F)  编辑(E)  查看(V)  终端(T)  标签(T)  帮助(H)
root@zhoulq-laptop:~/calc/bin/Debug# ./calc
please input expression:
(1+2)*3-4*(5/6+7
                ^
>need ')' input again?(y or n)
```

图 9-42 提示用户输入错误

输入正确的表达式以后，可以计算出结果，如图 9-43 所示。

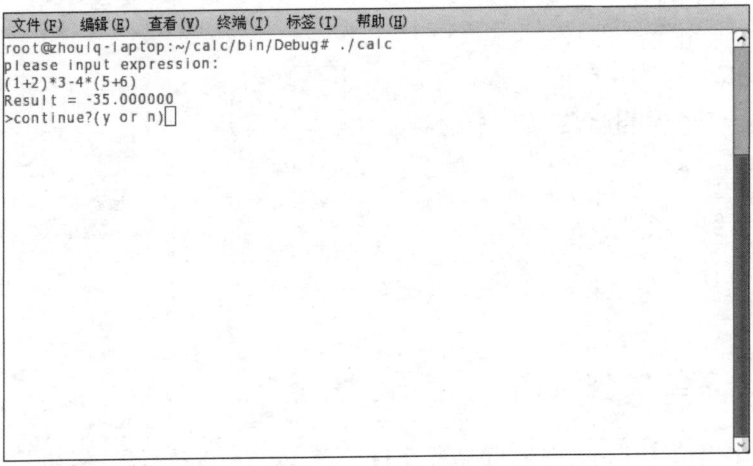

```
文件(F)  编辑(E)  查看(V)  终端(T)  标签(T)  帮助(H)
root@zhoulq-laptop:~/calc/bin/Debug# ./calc
please input expression:
(1+2)*3-4*(5+6)
Result = -35.000000
>continue?(y or n)
```

图 9-43 计算运行结果

9.7.5 小结

本节实现了一个基于堆栈的计算器，介绍了堆栈的原理以及基于堆栈的计算器的设计思路和编程实现。重点介绍了堆栈的设计原理和数据结构的实现。旨在引导读者熟悉 Linux 下 C 语言的编程，了解堆栈的基本原理。

附录 A

贪吃蛇游戏

A.1 主要功能

贪吃蛇游戏需具备以下功能。

（1）游戏欢迎界面。

（2）游戏执行功能以及计算得分。游戏的主要功能如下。

① 游戏过程中玩家可以按键盘的上下左右键改变蛇的当前方向。蛇是根据当前方向自动移动的。

② 游戏中按 Enter 键暂停游戏，再次按 Enter 键继续游戏。

（3）游戏结束界面。

A.2 总体设计

游戏开始的时候蛇的长度是 4 个单位，并且按照当前方向不停地移动。移动的范围是 40×40 个格子。食物随机出现在屏幕上但是不能紧靠边缘，保持屏幕上有 3 个食物。如果蛇碰到边缘或者自己的身体则游戏结束。游戏中可以暂停以及恢复游戏。

游戏以 Windows 窗口的形式运行。窗口的左边作为游戏的桌面，桌面的大小是 40×40 个单位。蛇出现的位置是桌面的中心，蛇的颜色为绿色，长度是 4 个单位。开始以后蛇向上移动。

食物为随机出现的圆形图案，分为三种类型，用红、蓝和黄三种颜色区分，吃到红色食物得 1 分，蓝色食物得 2 分，黄色食物得 3 分。在桌面的右上方显示得分。得分下面显示帮助信息。当蛇的头部（蛇身体的第一个单位）碰到食物的时候，碰到的食物变成蛇身体的一部分。如果蛇的头部碰到窗口的边缘或者自己的身体时结束游戏。当键盘的方向键按下的时候改变蛇的当前运动方向为方向键所指向的方向，但是不能回头，例如，假设蛇当前的移动方向是向左移动，这个时候按右方向键不起作用。

处理流程：

贪吃蛇游戏开始以后首先创建连续的 4 个坐标作为贪吃蛇的身体，然后随机在桌面上的 3 个坐标点生成食物；默认设置贪吃蛇的移动方向为向上移动；贪吃蛇移动的时候根据方向计算蛇头部移动方向的坐标，将头部坐标设置为新坐标，依次改变坐标为其前一节的坐标。移动之前要检查是否碰到边缘、食物或自己。主要处理流程如图 A-1 所示。

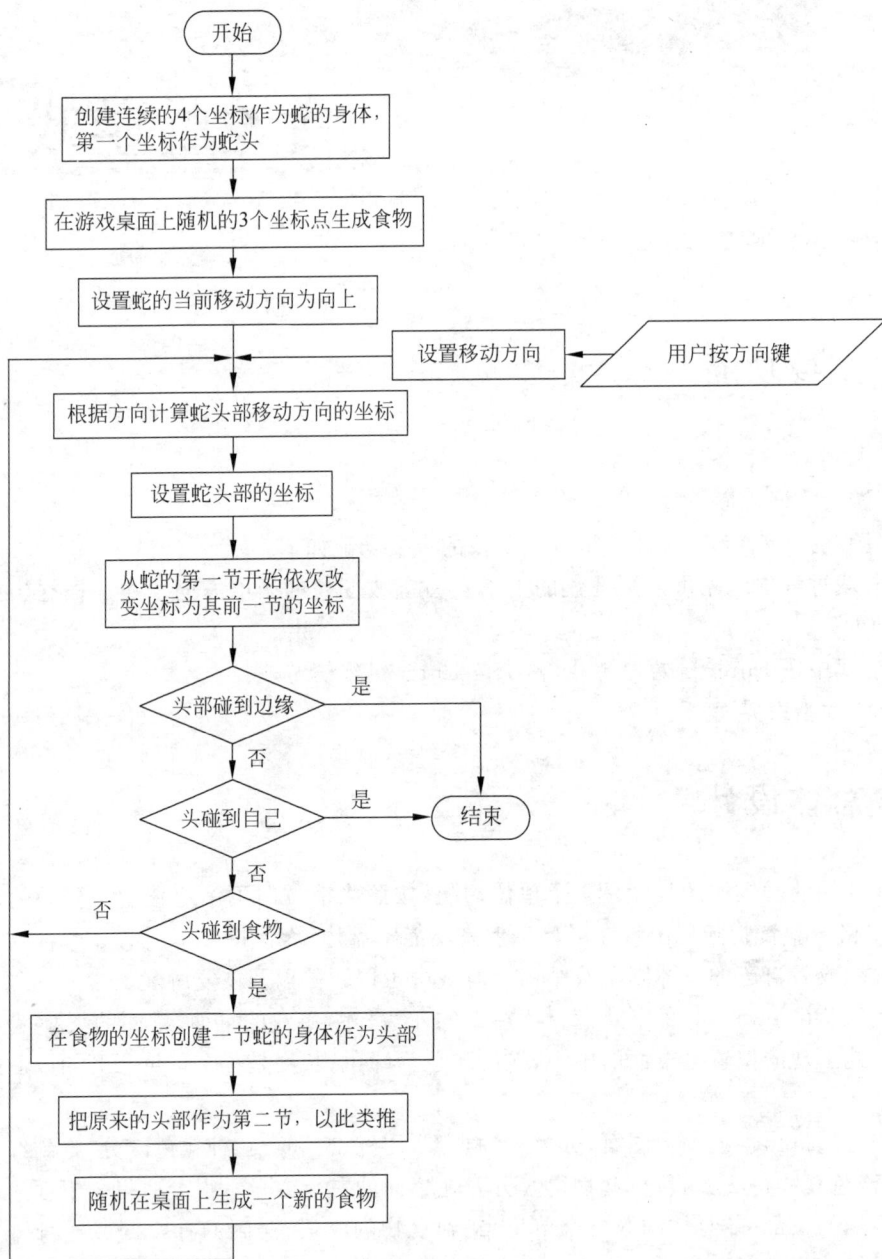

图 A-1　贪吃蛇处理流程图

A.3　详细设计

　　绘图是游戏编程中主要的功能,玩家的操作改变数据的值以及程序中自动改变的数据的值通过每隔一小段时间重新绘图,体现到界面上就构成了游戏的主体。由此可见,数据是游戏的核心部分。下面首先设计游戏的主要数据结构以及变量,然后设计如何将数据绘制到界面上以及如何操作这些数据。

1. 游戏桌面数据结构和食物设计

根据总体设计,在游戏窗口的左边部分,用 40×40 的单位大小表现一个表格,作为蛇移动的空间。那么需要定义一个整数二维数组:

```
table[ROWS][COLUMES]
```

这个二维数组的第一维 ROWS 表示行即 y 轴坐标,第二维 COLUMES 表示列即 x 轴坐标。每个坐标点值的含义是:0 表示空白,1~3 表示分值分别为 1~3 的食物,如图 A-2 所示。

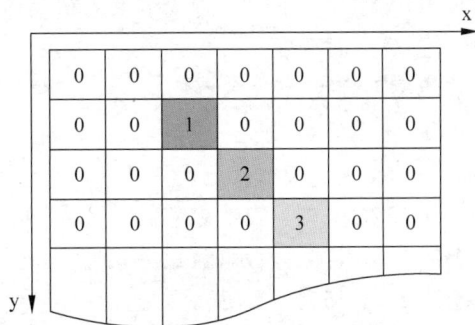

图 A-2 游戏桌面数据 table 的示例

2. 贪吃蛇数据结构的设计

贪吃蛇身体的每一部分用其在桌面上的坐标表示,用单链表的形式将每部分联系起来。设计全局变量 head 存储头结点的指针。身体每部分的数据结构如下。

```
typedef struct _snake_body
{
    int x;
    int y;
    struct _snake_body* next;
}snake_body;
```

所以蛇在桌面上的表示形式以及每一节之间的联系如图 A-3 所示。

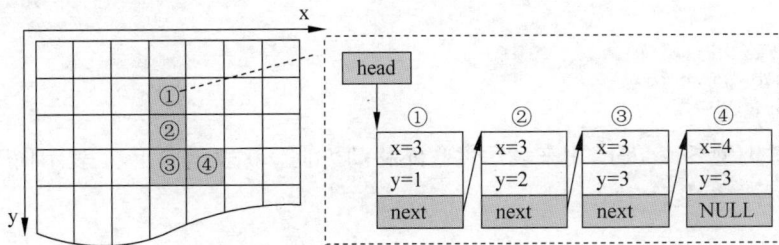

图 A-3 贪吃蛇数据结构示例

3. 预处理

♯include < windows. h >
♯include < time. h >
♯include < stdio. h >
♯include "snake. h"

4. 常量定义

♯define APP_NAME "SNAKE"：定义常量字符串。

♯define APP_TITLE "Snake Game"：游戏窗口的标题。

♯define GAMEOVER "GAME OVER"：游戏结束的结束语。

♯define COLUMS 40：游戏桌面宽度。

♯define ROWS 40：游戏桌面高度。

♯define FOOD_COUNT 3：食物数量。

♯define RED　RGB(255，0，0)：表示红色。

♯define GREEN　RGB(0，255，0)：表示绿色。

♯define BLUE　RGB(0，0，255)：表示蓝色。

♯define YELLOW RGB(255，255，0)：表示黄色。

♯define GRAY　RGB(128，128，128)：表示灰色。

♯define BLACK　RGB(0，0，0)：表示黑色。

♯define WHITE　RGB(255，255，255)：表示白色。

♯define STONE　RGB(192，192，192)：表示深灰色。

♯define CHARS_IN_LINE 14：显示分数字符串长度。

♯define SCORE "SCORE %4d"：显示分数的格式化字符串。

5. 结构体及枚举类型定义

(1) 贪吃蛇结点链表，即结构体类型 snake_body 表示蛇，其中，x、y 用来表示蛇身体的相对坐标，next 表示指向下一结点的指针，即蛇身体的下一个块。

```
typedef struct _snake_body
{
    int x;
    int y;
    struct _snake_body * next;
}snake_body;
```

(2) 枚举类型 direction，用来表示贪吃蛇移动方向。0 表示向上、1 表示向下、2 表示向左、3 表示向右。

```
typedef enum _direction
{
    UP = 0,
    DOWN,
    LEFT,
```

```
    RIGHT
}direction;
```

（3）枚举类型 state，用来表示游戏状态，即游戏开始、运行、暂停和结束 4 种状态。

```
enum game_state
{
    game_start,
    game_run,
    game_pause,
    game_over
}state = game_start;
```

6. 全局变量声明

下面是系统中用到的全局变量。

（1）定义食物颜色，食物可以取三种颜色，即红、蓝和黄。

```
COLORREF food_color[] =
{
    RED,
    BLUE,
    YELLOW
};
```

（2）定义一个贪吃蛇头结点，将其初始化为空。

snake_body * head = NULL：表示贪吃蛇头结点。

（3）定义蛇的当前移动方向。

direction dirt：表示贪吃蛇当前移动的方向。

（4）定义显示分数的字符串。

char score_char[CHARS_IN_LINE] = {0}：用来显示分数的字符串。

（5）定义游戏结束时的提示信息。

char * press_enter = "Press Enter key..."：游戏结束显示的提示信息。

（6）字符数组 help 中存储的是帮助信息。

```
char * help[] =
{
    "Press direction key to change snake's direction.",
    "Press enter key to pause/resume game.",
    "Enjoy it. :-)",
    0
};
```

（7）int score = 0：存储得分的变量。

（8）int table[ROWS][COLUMS] = {0}：游戏桌面。

（9）clock_t start = 0：每一帧开始时间。

（10）clock_t finish = 0：每一帧结束时间。

（11）Windows 绘图用变量。

HWND gameWND：Windows 窗口句柄。

HBITMAP memBM：内存位图。

HBITMAP memBMOld：内存原始位图。

HDC memDC：内存 DC。

RECT clientRC：客户端矩形区域。

HBRUSH blackBrush：黑色画笔。

HBRUSH snakeBrush：贪吃蛇画笔。

HBRUSH foodBrush[FOOD_COUNT]：食物画笔，三种食物，每种一个。

HPEN grayPen：灰色画笔。

HFONT bigFont：大字体，用来显示游戏名字和"GAME OVER"。

HFONT smallFont：小字体，用来显示帮助信息等。

7. 主要处理函数

（1）清空链表。

函数名称：void clear_snake()。

函数功能：清空贪吃蛇链表。

（2）检查坐标越界。

函数名称：int out_of_table(int x，int y)。

函数功能：检查某一个坐标点(x,y)是否在游戏桌面外。

（3）检查坐标是否碰到蛇身。

函数名称：int eat_self(int x，int y)。

函数功能：检查坐标点(x,y)是否碰到贪吃蛇的身体部分，用来判断贪吃蛇在运行过程中，头部是否碰到了自己的身体。

（4）蛇吃食物。

函数名称：void eat_food(int x，int y)。

函数功能：蛇吃到食物，身体变长。

处理流程：处理贪吃蛇吃掉(x，y)坐标点食物的函数。蛇在顺利吃食物时，用食物所在的坐标值创建一个新的结点，作为蛇的头部坐标，将新结点的 next 指向蛇的原头部结点。所以蛇的身体变长，但移动方向不变。

（5）蛇身移动。

函数名称：void move(int x，int y)。

函数功能：蛇移动的处理。

处理流程：蛇的移动主要靠头部坐标的移动，函数的功能是将贪吃蛇头部移动到(x，y)坐标点，其他部分依次移动到前一个结点的坐标位置。

（6）创建食物。

函数名称：void create_food()。

函数功能：在游戏桌面上创建食物，调用 create_food()函数在桌面上随机创建 3 个不同颜色的食物。

（7）取随机数。

函数名称：int random(int seed)。

函数功能：取得一个随机数。

（8）创建游戏。

函数名称：void new_game()。

函数功能：创建一个新游戏。

处理流程：创建新游戏的过程是首先创建贪吃蛇，然后调用 create_food()函数随机创建 3 个食物。

程序流程：

① 清空表单。

② 清空贪吃蛇结点。

③ 创建贪吃蛇的头部结点。

④ 创建贪吃蛇的身体。

⑤ 创建 3 个食物。

⑥ 初始化当前帧的开始时钟。

（9）运行游戏。

函数名称：void run_game()。

函数功能：运行游戏的处理，首先移动蛇的坐标，移动过程中要判断蛇头坐标是否出界、是否碰到蛇的身体、是否吃到食物等状态，如果蛇头出界或碰到蛇的身体，则结束游戏，如果设碰到食物，调用 eat_food()函数完成蛇吃食物操作。

（10）绘制游戏桌面函数。

函数名称：void draw_table()。

函数功能：绘制游戏桌面。为了能看到蛇身体上的每一个方块，绘制桌面时要按照先绘制蛇，再绘制食物，最后绘制表格的顺序来进行。还要根据蛇吃食物的情况绘制得分及相应的帮助信息。

程序流程：

① FillRect(memDC，&clientRC，blackBrush)；用黑色绘制背景。

② 绘制开始和结束画面。

③ 绘制食物。

④ 绘制贪吃蛇。

⑤ 绘制桌面表格。

⑥ 绘制得分。

⑦ 绘制帮助。

（11）绘图。

函数名称：void paint()。

函数功能：WM_PAINT 消息调用的函数，在窗口上绘制内存位图。

（12）按键处理。

函数名称：void key_down(WPARAM wParam)。

函数功能：按键处理函数。

① 刚开始或结束时的按键处理：游戏开始时，按任意键进入游戏；游戏运行过程中，按 Enter 键可使游戏暂停/开始。

② 游戏运行过程中，按上下左右键对蛇移动的方向进行控制。

（13）改变窗口大小。

函数名称：resize()。

函数功能：窗口改变大小的时候将调用此函数，根据窗口现在的大小改变内存位图和字体等的大小，以便窗口绘图时适应新的窗口尺寸。

（14）初始化。

函数名称：void initialize()。

函数功能：初始化游戏。

（15）释放资源。

函数名称：finalize()。

函数功能：游戏结束之前，释放初始化游戏时创建的资源。

（16）程序入口。

函数名称：int WINAPI WinMain（HINSTANCE hInstance，HINSTANCE hPrevInstance，PSTR szCmdLine，int iCmdShow）。

函数功能：Windows 程序的入口，类似于 DOS 程序的 main 函数。

A.4　程序源代码

```c
# include < windows. h >
# include < time. h >
# include < stdio. h >
/ * 函数声明 * /
void clear_snake();                        / * 清空贪吃蛇链表 * /
int out_of_table(int x, int y);            / * 检查某一个坐标点(x,y)是否在游戏桌面外 * /
int eat_self(int x, int y);                / * 检查坐标点(x,y)是否碰到贪吃蛇的身体部分 * /
void eat_food(int x, int y);               / * 处理贪吃蛇吃掉(x, y)坐标点食物的函数 * /
void move(int x, int y);                   / * 贪吃蛇头部移动到(x,y)坐标点的函数,头部移动
到(x,y)点,其他部分依次移动到前一个结点的坐标 * /
void create_food();                        / * 在游戏桌面上创建食物 * /
int random(int seed);                      / * 取得一个随机数 * /
void new_game();                           / * 创建一个新游戏 * /
void run_game();                           / * 执行游戏的处理 * /
void draw_table();                         / * 绘制游戏桌面 * /
void paint();                          / * WM_PAINT 消息调用的函数,将内存位图绘制到窗口上 * /
void key_down(WPARAM wParam);              / * 按键处理函数 * /
void resize();                             / * 窗口改变大小的处理 * /
void initialize();                         / * 初始化游戏 * /
void finalize();                           / * 释放初始化游戏时创建的资源 * /

LRESULT CALLBACK WndProc (HWND hwnd, UINT message, WPARAM wParam, LPARAM lParam);     / * 响应
Windows 消息的回调函数,用来处理 Windows 消息 * /
/ * 常量定义 * /
# define APP_NAME "SNAKE"                  / * 定义常量字符串 * /
# define APP_TITLE "Snake Game"
# define GAMEOVER "GAME OVER"
# define COLUMS 40                         / * 游戏桌面宽度 * /
# define ROWS 40                           / * 游戏桌面高度 * /
# define FOOD_COUNT 3                      / * 食物数量 * /
```

```
#define RED RGB(255, 0, 0)              /* 红色 */
#define GREEN RGB(0, 255, 0)            /* 绿色 */
#define BLUE RGB(0, 0, 255)             /* 蓝色 */
#define YELLOW RGB(255, 255, 0)         /* 黄色 */
#define GRAY RGB(128, 128, 128)         /* 灰色 */
#define BLACK RGB(0, 0, 0)              /* 黑色 */
#define WHITE RGB(255, 255, 255)        /* 白色 */
#define STONE RGB(192, 192, 192)        /* 深灰色 */
#define CHARS_IN_LINE 14                /* 显示分数字符串长度 */
#define SCORE "SCORE %4d"               /* 显示分数的格式化字符串 */
/*
贪吃蛇结点链表,即结构体类型 snake_body 表示蛇,其中,x、y 用来表示蛇身体的相对坐标,next 表
示指向下一结点的指针,即蛇身体的下一个块.
*/
typedef struct _snake_body
{
    int x;
    int y;
    struct _snake_body * next;
}snake_body;
/* 枚举类型 direction,用来表示贪吃蛇移动方向。0 表示向上、1 表示向下、2 表示向左、3 表示向
右。 */
typedef enum _direction
{
    UP = 0,
    DOWN,
    LEFT,
    RIGHT
}direction;
/* 枚举类型 state,用来表示游戏状态,即游戏开始、运行、暂停和结束 4 种状态。 */
enum game_state
{
    game_start,
    game_run,
    game_pause,
    game_over
}state = game_start;
/* 全局变量声明 */
/* 定义食物颜色,食物可以取 3 种颜色,即红、蓝和黄。 */
COLORREF food_color[] =
{
    RED,
    BLUE,
    YELLOW
};
snake_body * head = NULL;                /* 贪吃蛇头结点 */
direction dirt;                          /* 贪吃蛇当前移动方向 */
char score_char[CHARS_IN_LINE] = {0};    /* 显示分数的字符串 */
char * press_enter = "Press Enter key..."; /* 游戏结束显示的提示信息 */
char * help[] =
{
    "Press direction key to change snake's direction.",
    "Press enter key to pause/resume game.",
    "Enjoy it. :-)",
```

```
                0
    };
    int score = 0;                              /* 得分 */
    int table[ROWS][COLUMS] = {0};              /* 游戏桌面 */
    clock_t start = 0;                          /* 每一帧开始时间 */
    clock_t finish = 0;                         /* 每一帧结束时间 */
    /* Windows 绘图用变量 */
    HWND gameWND;                               /* Windows 窗口句柄 */
    HBITMAP memBM;                              /* 内存位图 */
    HBITMAP memBMOld;                           /* 内存原始位图 */
    HDC memDC;                                  /* 内存 DC */
    RECTclientRC;                               /* 客户端矩形区域 */
    HBRUSH blackBrush;                          /* 黑色画笔 */
    HBRUSH snakeBrush;                          /* 贪吃蛇画笔 */
    HBRUSH foodBrush[FOOD_COUNT];               /* 食物画笔,3 种食物,每种一个 */
    HPEN grayPen;                               /* 灰色画笔 */
    HFONT bigFont;                              /* 大字体,用来显示游戏名字和"GAME OVER" */
    HFONT smallFont;                            /* 小字体,用来显示帮助信息等 */
    /* 清空贪吃蛇链表 */
    void clear_snake()
    {
        snake_body * p = head;
        while (head != NULL)
        {
            p = head->next;
            free(head);
            head = p;
        }
    }
    /* 检查坐标越界,检查某一个坐标点(x,y)是否在游戏桌面外 */
    int out_of_table(int x, int y)
    {
        if (x < 0 || y < 0 || x >= COLUMS || y >= ROWS)
        {
            return 1;
        }
        return 0;
    }
    /* 检查坐标点(x,y)是否碰到贪吃蛇的身体部分,用来判断贪吃蛇在运行过程中,头部是否碰到了自
    己的身体。 */
    int eat_self(int x, int y)
    {
        snake_body * p = head;
        while (p != NULL)
        {
            if (x == p->x && y == p->y)
            {
                return 1;
            }
            p = p->next;
        }
        return 0;
    }
    /* 蛇吃到食物,身体变长. */
```

处理贪吃蛇吃掉(x, y)坐标点食物的函数,蛇在顺利吃食物时,
用食物所在的坐标值创建一个新的结点,作为蛇的头部坐标,将新结点的 next 指向蛇的原头部结点。
所以蛇的身体变长,但移动方向不变。
*/

```c
void eat_food( int x, int y)
{
    snake_body * p = head;
    head = (snake_body * )malloc(sizeof(snake_body));
    head->x = x;
    head->y = y;
    head->next = p;
}
/* 蛇身移动
蛇的移动主要靠头部坐标的移动,
函数的功能是将贪吃蛇头部移动到(x, y)坐标点,其他部分依次移动到前一个结点的坐标位置。
*/
void move( int x, int y)
{
    int tmpx, tmpy;
    snake_body * p = head;
    while (p != NULL)
    {
        tmpx = p->x;
        tmpy = p->y;
        p->x = x;
        p->y = y;
        x = tmpx;
        y = tmpy;
        p = p->next;
    }
}
/* 创建食物 */
/* 在游戏桌面上创建食物,调用 create_food()函数在桌面上随机创建 3 个不同颜色的食物。 */
void create_food()
{
    int x, y;
    x = random(COLUMS - 2);
    y = random(ROWS - 2);
    if (table[y + 1][x + 1] > 0)
    {
        create_food();
        Sleep(1);
        return;
    }
    else
    {
        table[y + 1][x + 1] = random(FOOD_COUNT) + 1;
    }
}
/* 取得一个随机数。 */
int random( int seed)
{
    if (seed == 0)
    {
```

```
            return 0;
        }
        return (rand() % seed);
}
/* 创建游戏 */
/* 处理流程:创建新游戏的过程是首先创建贪吃蛇,然后调用 create_food()函数随机创建 3 个食
物。*/
void new_game()
{
    int i = 0;
    snake_body* p;
    srand( (unsigned)time( NULL ) );
    memset(table, 0, sizeof(int) * COLUMS * ROWS);    /* clear table */
    clear_snake();                                    /* 清空贪吃蛇结点 */
    head = (snake_body*)malloc(sizeof(snake_body));  /* 创建贪吃蛇的头部结点 */
    head->x = COLUMS / 2;
    head->y = (ROWS - 4) / 2;
    head->next = NULL;
    p = head;
    /* 创建贪吃蛇的身体 */
    for (i = 1; i < 4; i++)
    {
        p->next = (snake_body*)malloc(sizeof(snake_body));
        p->next->x = head->x;
        p->next->y = head->y + i;
        p->next->next = NULL;
        p = p->next;
    }
    /* 创建 3 个食物 */
    for (i = 0; i < 3; i++)
    {
        create_food();
    }
    start = clock();                     /* 初始化当前帧的开始时钟 */
    score = 0;
}
/* 运行游戏
首先移动蛇的坐标,移动过程中要判断蛇头坐标是否出界、是否碰到蛇的身体、是否吃到食物等状态,
如果蛇头出界或碰到蛇的身体,则结束游戏; 如果蛇碰到食物,调用 eat_food()函数完成蛇吃食物
操作。
*/
void run_game()
{
    int x, y;
    finish = clock();
    if ((finish - start) > 300)
    {
        /* 取得贪吃蛇的头结点将要移动到的坐标 */
        x = head->x;
        y = head->y;
        switch (dirt)
        {
        case UP:
            y--;
```

```
            break;
        case DOWN:
            y++;
            break;
        case LEFT:
            x--;
            break;
        case RIGHT:
            x++;
            break;
        }
        if (out_of_table(x, y))          /*判断是否出界*/
        {
            state = game_over;
        }
        else if (eat_self(x, y))         /*判断是否碰到贪吃蛇*/
        {
            state = game_over;
        }
        else if (table[y][x])            /*判断是否碰到食物*/
        {
            score += table[y][x];
            table[y][x] = 0;
            create_food();
            eat_food(x, y);
        }
        else                             /*正常移动贪吃蛇*/
        {
            move(x, y);
        }
        start = clock();
        InvalidateRect(gameWND, NULL, TRUE);   /*重绘窗口区域*/
    }
}
/*绘制游戏桌面。为了能看到蛇身体上的每一方块,绘制桌面时要按照先绘制蛇,再绘制食物,最后
绘制表格的顺序来进行。
这里还要根据蛇吃食物的情况绘制得分及相应的帮助信息。
*/
void draw_table()
{
    HBRUSH hBrushOld;
    HPEN hPenOld;
    HFONT hFontOld;
    RECT rc;
    int x0, y0, w;
    int x, y, i, j;
    char * str;
    snake_body * snake = NULL;
    w = clientRC.bottom / (ROWS + 2);           /*游戏桌面块大小*/
    x0 = y0 = w;
    FillRect(memDC, &clientRC, blackBrush);      /*用黑色绘制背景*/
    /*绘制开始和结束画面*/
    if (state == game_start || state == game_over)
    {
```

```c
            memcpy(&rc, &clientRC, sizeof(RECT));
            rc.bottom = rc.bottom / 2 ;
            hFontOld = (HFONT)SelectObject(memDC, bigFont);
            SetBkColor(memDC, BLACK);
            if (state == game_start)
            {
                str = APP_TITLE;
                SetTextColor(memDC, YELLOW);
            }
            else
            {
                str = GAMEOVER;
                SetTextColor(memDC, RED);
            }
            DrawText(memDC, str, strlen(str), &rc, DT_SINGLELINE | DT_CENTER | DT_BOTTOM);
            SelectObject(memDC, hFontOld);
            hFontOld = (HFONT)SelectObject(memDC, smallFont);
            rc.top = rc.bottom;
            rc.bottom = rc.bottom * 2;
            if (state == game_over)
            {
                SetTextColor(memDC, YELLOW);
                sprintf(score_char, SCORE, score);
                DrawText(memDC, score_char, strlen(score_char), &rc, DT_SINGLELINE | DT_CENTER |
DT_TOP );
            }
            SetTextColor(memDC, STONE);
            DrawText(memDC, press_enter, strlen(press_enter), &rc, DT_SINGLELINE | DT_CENTER | DT_
VCENTER);
            SelectObject(memDC, hFontOld);
            return;
        }
    /* 绘制食物 */
    for (i = 0; i < ROWS; i++)
    {
        for (j = 0; j < COLUMS; j++)
        {
            if (table[i][j] > 0)
            {
                x = x0 + j * w;
                y = y0 + i * w;
                hBrushOld = (HBRUSH)SelectObject(memDC, foodBrush[table[i][j] - 1]);
                Ellipse(memDC, x, y, x + w + 1, y + w + 1);
            }
        }
    }
    /* 绘制贪吃蛇 */
    hBrushOld = (HBRUSH)SelectObject(memDC, snakeBrush);
    snake = head;
    while(snake != NULL)
    {
        x = x0 + snake->x * w;
        y = y0 + snake->y * w;
        Rectangle(memDC, x, y, x + w + 1, y + w + 1);
```

```
            snake = snake->next;
        }
        /*绘制桌面表格*/
        hPenOld = (HPEN)SelectObject(memDC, grayPen);
        for (i = 0; i <= ROWS; i++)
        {
            MoveToEx(memDC, x0, y0 + i * w, NULL);
            LineTo(memDC, x0 + COLUMS * w, y0 + i * w);
        }
        for (i = 0; i <= COLUMS; i++)
        {
            MoveToEx(memDC, x0 + i * w, y0, NULL);
            LineTo(memDC, x0 + i * w, y0 + ROWS * w);
        }
        SelectObject(memDC, hPenOld);
        /*绘制得分*/
        x0 = x0 + COLUMS * w + 3 * w;
        y0 = y0 + w;
        hFontOld = (HFONT)SelectObject(memDC, smallFont);
        SetTextColor(memDC, YELLOW);
        sprintf(score_char, SCORE, score);
        TextOut(memDC, x0, y0, score_char, strlen(score_char));
        x0 = (COLUMS + 2) * w;
        y0 += 4 * w;
        SetTextColor(memDC, GRAY);
        i = 0;
        /*绘制帮助*/
        while (help[i])
        {
            TextOut(memDC, x0, y0, help[i], strlen(help[i]));
            y0 += clientRC.bottom / (ROWS + 2);
            i++;
        }
        SelectObject(memDC, hFontOld);
}
/*绘图
WM_PAINT 消息调用的函数,在窗口上绘制内存位图。
*/
void paint()
{
    PAINTSTRUCT ps;
    HDC hdc;
    draw_table();
    hdc = BeginPaint(gameWND, &ps);
    BitBlt(hdc, clientRC.left, clientRC.top, clientRC.right, clientRC.bottom, memDC, 0, 0,
SRCCOPY);
    EndPaint(gameWND, &ps);
}
/*按键处理函数,主要包括:
(1) 刚开始或结束时的按键处理,游戏开始时,按任意键进入游戏,在游戏运行过程中 Enter 键控制
游戏的暂停/开始。
(2) 游戏运行过程中,按上下左右键对蛇移动的方向进行控制。
*/
void key_down(WPARAM wParam)
```

```
    {
        /* 刚开始或者结束时的按键处理 */
        if (state != game_run)
        {
            if (wParam == VK_RETURN)
            {
                switch (state)
                {
                case game_start:
                    state = game_run;
                    break;
                case game_pause:
                    state = game_run;
                    break;
                case game_over:
                    new_game();
                    state = game_run;
                    break;
                }
            }
        }
        else                                    /* 游戏运行中上下左右键的处理 */
        {
            switch (wParam)
            {
            case VK_UP:
                if (dirt != DOWN)
                {
                    dirt = UP;
                }
                break;
            case VK_LEFT:
                if (dirt != RIGHT)
                {
                    dirt = LEFT;
                }
                break;
            case VK_RIGHT:
                if (dirt != LEFT)
                {
                    dirt = RIGHT;
                }
                break;
            case VK_DOWN:
                if (dirt != UP)
                {
                    dirt = DOWN;
                }
                break;
            case VK_RETURN:
                state = game_pause;
                break;
            }
        }
```

```
        InvalidateRect(gameWND, NULL, TRUE);
}
/*改变窗口大小
根据窗口现在的大小改变内存位图和字体等的大小,以便窗口绘图时适应新的窗口尺寸。
*/
void resize()
{
    HDC hdc;
    LOGFONT lf;
    /*根据窗口的大小改变内存位图的大小*/
    hdc = GetDC(gameWND);
    GetClientRect(gameWND, &clientRC);
    SelectObject(memDC, memBMOld);
    DeleteObject(memBM);
    memBM = CreateCompatibleBitmap(hdc, clientRC.right, clientRC.bottom);
    memBMOld = (struct HBITMAP__ *)SelectObject(memDC, memBM);
    /*根据窗口的大小改变大字体的大小*/
    DeleteObject(bigFont);
    memset(&lf, 0, sizeof(LOGFONT));
    lf.lfWidth = (clientRC.right - clientRC.left) / CHARS_IN_LINE;
    lf.lfHeight = (clientRC.bottom - clientRC.top) / 4;
    lf.lfItalic = 1;
    lf.lfWeight = FW_BOLD;
    bigFont = CreateFontIndirect(&lf);
    /*根据窗口的大小改变小字体的大小*/
    DeleteObject(smallFont);
    lf.lfHeight = clientRC.bottom / (ROWS + 2);
    lf.lfWidth = lf.lfHeight * 3 / 4;
    lf.lfItalic = 0;
    lf.lfWeight = FW_NORMAL;
    smallFont = CreateFontIndirect(&lf);
    ReleaseDC(gameWND, hdc);
}
/*初始化游戏*/
void initialize()
{
    PAINTSTRUCT ps;
    LOGFONT lf;
    HDC hdc;
    int i;
    hdc = GetDC(gameWND);
    GetClientRect(gameWND, &clientRC);       /*取得窗口的大小*/
    memDC = CreateCompatibleDC(hdc);         /*创建内存DC*/
    memBM = CreateCompatibleBitmap(hdc, clientRC.right, clientRC.bottom);  /*创建内存位图*/
    memBMOld = (struct HBITMAP__ *)SelectObject(memDC, memBM);
    /*创建画笔和字体等*/
    blackBrush = CreateSolidBrush(BLACK);
    snakeBrush = CreateSolidBrush(GREEN);
    for (i = 0; i < FOOD_COUNT; i++)
    {
        foodBrush[i] = CreateSolidBrush(food_color[i]);
    }
    grayPen = CreatePen(PS_SOLID, 1, GRAY);
    memset(&lf, 0, sizeof(LOGFONT));
```

```
        lf.lfWidth = (clientRC.right - clientRC.left) / CHARS_IN_LINE;
        lf.lfHeight = (clientRC.bottom - clientRC.top) / 4;
        lf.lfItalic = 1;
        lf.lfWeight = FW_BOLD;
        bigFont = CreateFontIndirect(&lf);
        lf.lfHeight = clientRC.bottom / (ROWS + 2);
        lf.lfWidth = lf.lfHeight * 3 / 4;
        lf.lfItalic = 0;
        lf.lfWeight = FW_NORMAL;
        smallFont = CreateFontIndirect(&lf);
        ReleaseDC(gameWND, hdc);
        EndPaint(gameWND, &ps);
}
/* 释放资源
游戏结束之前,释放初始化游戏时创建的资源。
*/
void finalize()
{
        int i = 0;
        DeleteObject(blackBrush);
        DeleteObject(snakeBrush);
        for (i = 0; i < FOOD_COUNT; i++)
        {
                DeleteObject(foodBrush[i]);
        }
        DeleteObject(grayPen);
        DeleteObject(bigFont);
        DeleteObject(smallFont);
        SelectObject(memDC, memBMOld);
        DeleteObject(memBM);
        DeleteDC(memDC);
}
/* 响应 Windows 消息的回调函数,用来处理 Windows 消息 */
LRESULT CALLBACK WndProc (HWND hwnd, UINT message, WPARAM wParam, LPARAM lParam)
{
        switch (message)
        {
        case WM_SIZE:
                resize();                       /* 改变窗口大小的处理 */
                return 0;
        case WM_ERASEBKGND:
                return 0;
        case WM_PAINT:                          /* 绘制内存位图到窗口 */
                paint();
                return 0;
        case WM_KEYDOWN:
                key_down(wParam);               /* 用户操作处理 */
                return 0;
        case WM_DESTROY:
                PostQuitMessage(0);
                return 0 ;
        }
        return DefWindowProc (hwnd, message, wParam, lParam) ;
}
```

```
/*程序入口,Windows 程序的入口,类似于 DOS 程序的 main 函数*/
int WINAPI WinMain (HINSTANCE hInstance, HINSTANCE hPrevInstance,
                    PSTR szCmdLine, int iCmdShow)
{
    MSG msg;
    WNDCLASS wndclass;
    /*设置窗口风格*/
    wndclass.style = CS_HREDRAW | CS_VREDRAW ;
    wndclass.lpfnWndProc = WndProc ;
    wndclass.cbClsExtra = 0 ;
    wndclass.cbWndExtra = 0 ;
    wndclass.hInstance = hInstance ;
    wndclass.hIcon = LoadIcon (NULL, IDI_APPLICATION) ;
    wndclass.hCursor = LoadCursor (NULL, IDC_ARROW) ;
    wndclass.hbrBackground = (HBRUSH) GetStockObject (BLACK_BRUSH) ;
    wndclass.lpszMenuName = NULL ;
    wndclass.lpszClassName = APP_NAME ;
    RegisterClass(&wndclass);
    /*创建一个 Windows 窗口*/
    gameWND = CreateWindow(APP_NAME,
        APP_TITLE,
        WS_OVERLAPPEDWINDOW,
        CW_USEDEFAULT,
        CW_USEDEFAULT,
        CW_USEDEFAULT,
        CW_USEDEFAULT,
        NULL, NULL,
        hInstance, NULL);
    initialize();
    ShowWindow(gameWND, iCmdShow);
    UpdateWindow(gameWND);
    new_game();
    for(;;)
    {
        if (state == game_run)
        {
            run_game();
        }
        if (PeekMessage( &msg, NULL, 0, 0, PM_NOREMOVE ))
        {
            if (GetMessage (&msg, NULL, 0, 0))
            {
                TranslateMessage(&msg);
                DispatchMessage(&msg);
            }
            else
            {
                break;
            }
        }
    }
    finalize();
    return msg.wParam ;
}
```

A.5　程序运行情况

游戏运行后，首先进入欢迎主界面，如图 A-4 所示。

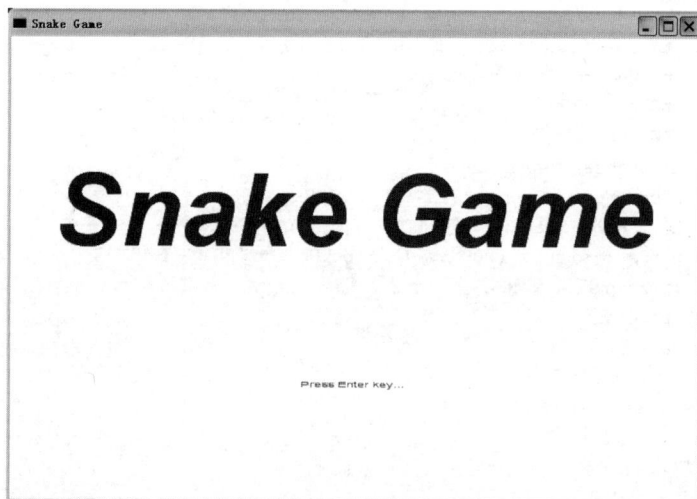

图 A-4　贪吃蛇游戏欢迎界面

在欢迎主界面中按任意键进入贪吃蛇游戏，游戏界面如图 A-5 所示。

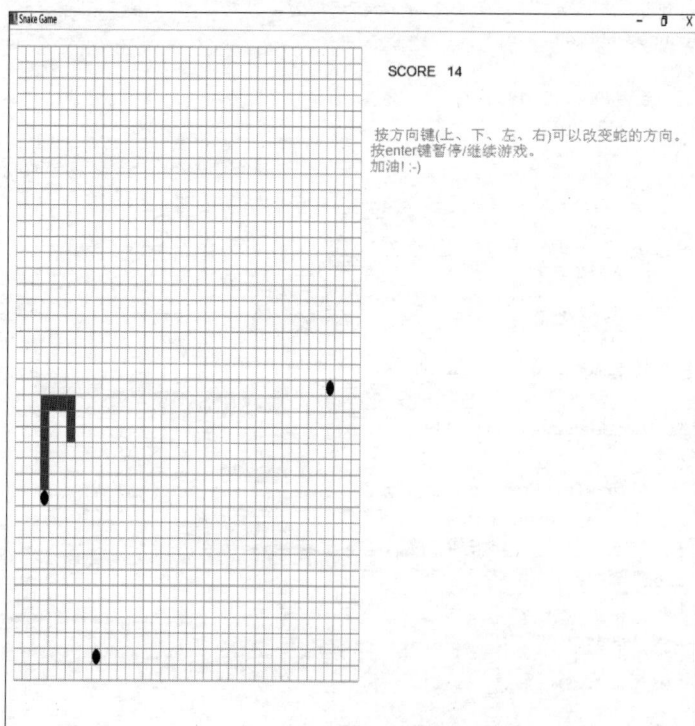

图 A-5　贪吃蛇游戏界面

游戏结束界面如图 A-6 所示。

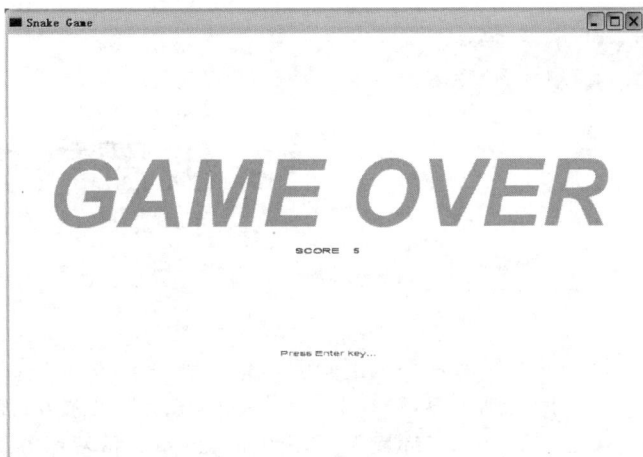

图 A-6　游戏结束界面

注意事项：

该程序是在 Visual C++ 6.0 环境中运行通过测试，如果同学们在运行程序过程中出现如图 A-7 所示的连接错误，请对 Visual C++ 6.0 环境进行以下修改。

选择菜单"工程"→"设置"，如图 A-8 所示，在打开的设置对话框中，选择"连接"选项卡，在"工程选项"中将"/subsystem：console"改成"/subsystem：windows"即可，如图 A-9 所示。

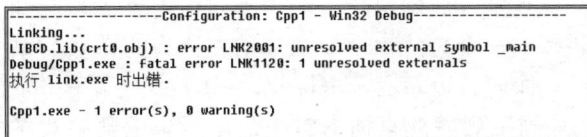

图 A-7　连接错误

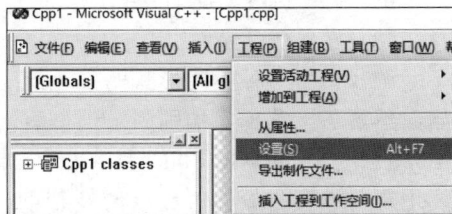

图 A-8　打开设置对话框

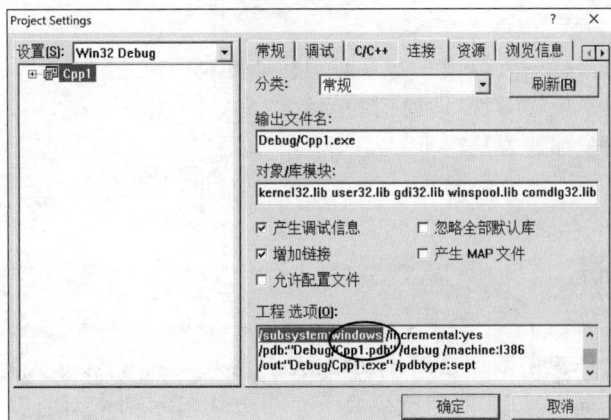

图 A-9　修改连接参数

附录 B

俄罗斯方块

俄罗斯方块游戏由苏联科学院计算机中心的工程师阿列克谢·帕基特诺夫发明，是一款风靡世界的小游戏。它的规则简单，容易上手，且游戏过程变化无穷，深受广大玩家的喜爱。本附录实现的是 Visual C++ 6.0 环境下开发的简单的单人俄罗斯方块游戏。让我们一起回到 20 世纪 80 年代那个令很多人茶不思饭不想的俄罗斯方块时代，并一起学习 C 语言的编程技巧吧。

B.1　主要功能

俄罗斯方块游戏需具备以下功能。

（1）游戏欢迎界面。

（2）游戏执行功能，包括计算得分。

（3）游戏结束界面。

游戏共由 7 种不同形状的方块组成，游戏开始以后随机产生一个方块由屏幕的顶端开始向下落下。落到底端则固定到桌面，并开始下一个方块。游戏窗口的左边作为游戏的桌面，用宽度 10 和高度 20 的表格表示。游戏桌面的右边靠上显示得分，得分下边显示下一个要出现的方块。最下边显示游戏帮助。如果固定到游戏桌面的方块超出了顶端则游戏结束。方块固定以后如果桌面上已经固定了的方块满一行，则消除一行并将消除行之上的部分向下移动。消除一行得 1 分。

基本操作：

（1）方块落下的过程中可以用左右方向键移动方块的位置。

（2）上方向键用来旋转方块，即所谓的变形。

（3）下方向键用来加速方块落下。

（4）游戏中按 Enter 键暂停游戏，再次按 Enter 键继续游戏。

B.2　总体设计

游戏窗口的左边作为游戏的桌面，桌面的大小是 10×20 个单位。随机出现一个方块从游戏桌面的上方开始向下移动，并随机生成下一个方块显示到桌面的右边。方块的颜色分为 7 种。在显示下一个方块的上面显示玩家得分，下面显示游戏帮助。

当方块不能向下移动的时候，将方块固定到桌面上，固定的方法是将方块的每个部分所在的坐标的桌面数值设置为 1。固定以后，判断桌面数值的每一行，如果一行的数值全部都是 1 的话，就将桌面上的这一行数值删除，并将这一行上面的所有行向下移动一行。删除一行的同时，玩家的得分加 1。上述操作完成以后，将下一个方块从桌面的顶部开始下落。重新生成下一个方块。在固定方块到桌面的时候，还要判断方块的最顶端部分是否超出桌面范围，并以此作为游戏结束的依据。

主要处理流程：

游戏的主要处理流程如图 B-1 和图 B-2 所示。

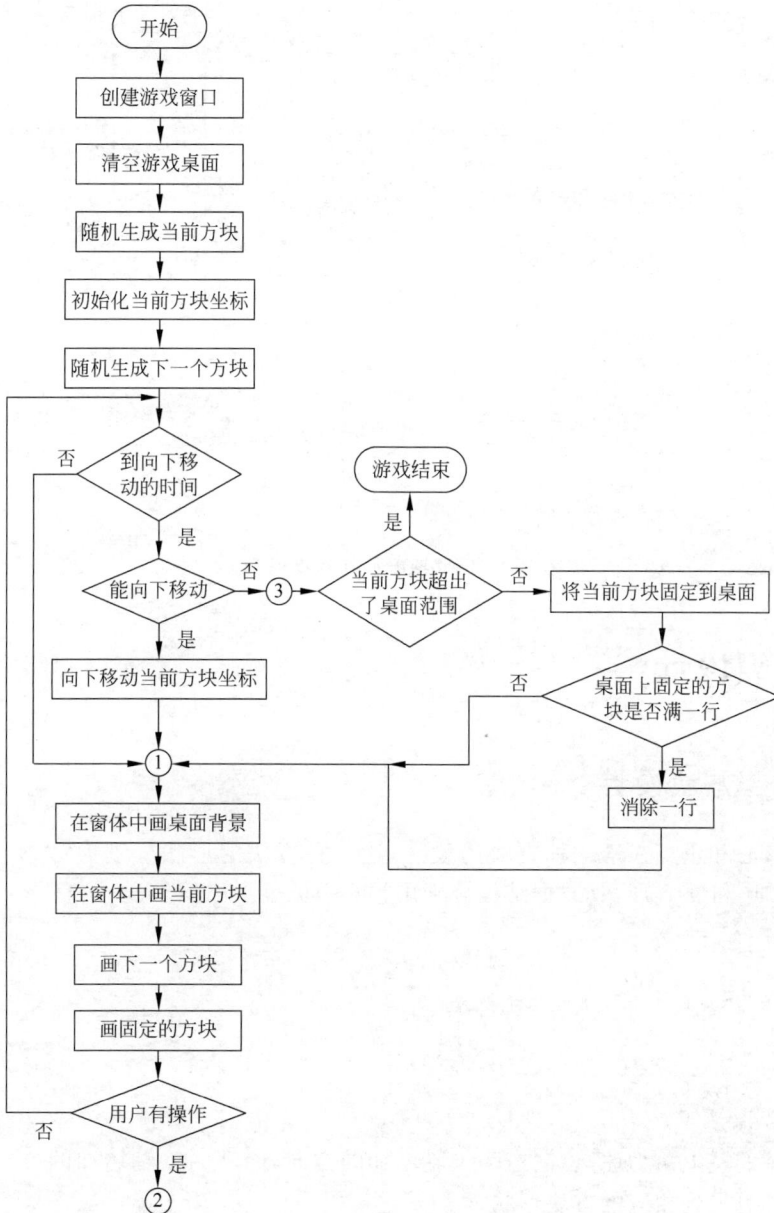

图 B-1 俄罗斯方块处理流程图 1

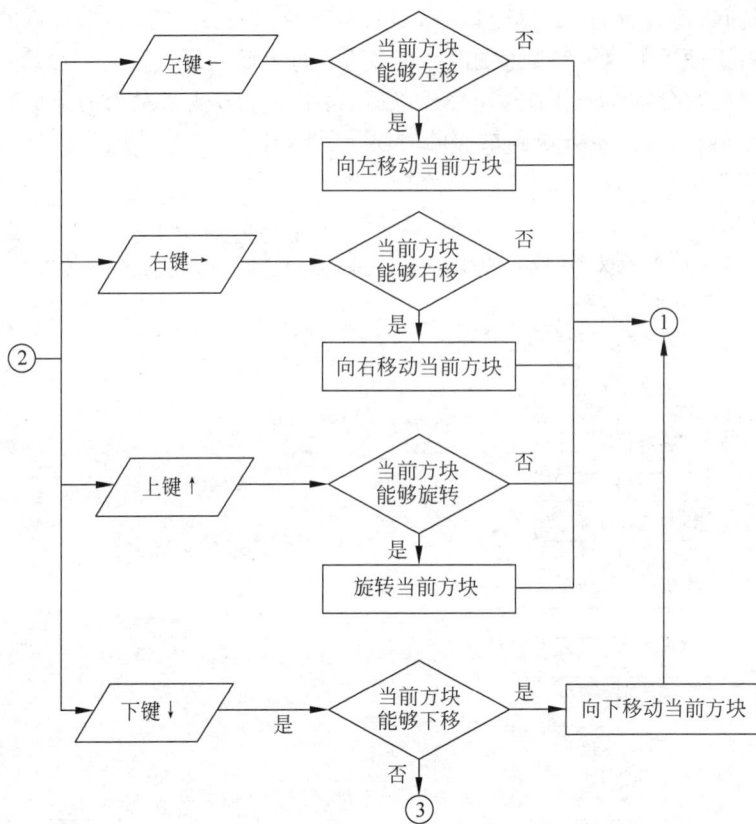

图 B-2　俄罗斯方块处理流程图 2

B.3　详细设计

B.3.1　方块设计

　　游戏的核心和重点在于 7 种方块的设计,这 7 种方块的形状分别为 Z 形、S 形、线形、T 形、方形、L 形和反 L 形,其数据结构分别用相对坐标表示如下。

```
{ { 0, -1 }, { 0, 0 },  { -1, 0 }, { -1, 1 } }
{ { 0, -1 }, { 0, 0 },  { 1, 0 },  { 1, 1 } }
{ { 0, -1 }, { 0, 0 },  { 0, 1 },  { 0, 2 } }
{ { -1, 0 }, { 0, 0 },  { 1, 0 },  { 0, 1 } }
{ { 0, 0 },  { 1, 0 },  { 0, 1 },  { 1, 1 } }
{ { -1, -1 },{ 0, -1 }, { 0, 0 },  { 0, 1 } }
{ { 1, -1 }, { 0, -1 }, { 0, 0 },  { 0, 1 } }
```

　　因为屏幕的左上角为原点,向右为 x 轴增加的方向,向下为 y 轴增加的方向,将上述坐标对号入座即可得到相应的方块形状。

1. Z 形方块

Z 形方块对号入座如图 B-3 所示。

{ { 0, -1 }, { 0, 0 }, { -1, 0 }, { -1, 1 } }
　　①　　　　　②　　　　③　　　　④

2. S形方块

S形方块对号入座如图 B-4 所示。

{ { 0, -1 }, { 0, 0 }, { 1, 0 }, { 1, 1 } }
　　①　　　　　②　　　　③　　　　④

3. 线形方块

线形方块对号入座如图 B-5 所示。

{ { 0, -1 }, { 0, 0 }, { 0, 1 }, { 0, 2 } }
　　①　　　　　②　　　　③　　　　④

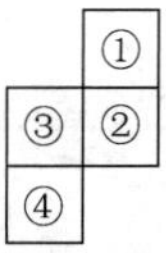

图 B-3 Z形方块坐标图 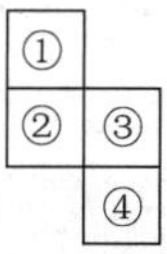　　　图 B-4 S形方块坐标图 　　　图 B-5 线形方块坐标图

4. T形方块

T形方块对号入座如图 B-6 所示。

{ { -1, 0 }, { 0, 0 }, { 1, 0 }, { 0, 1 } }
　　①　　　　　②　　　　③　　　　④

5. 方形方块

方形方块对号入座如图 B-7 所示。

{ { 0, 0 }, { 1, 0 }, { 0, 1 }, { 1, 1 } }
　　①　　　　②　　　　③　　　　④

6. L形方块

L形方块对号入座如图 B-8 所示。

{ { -1, -1 }, { 0, -1 }, { 0, 0 }, { 0, 1 } }
　　①　　　　　②　　　　③　　　　④

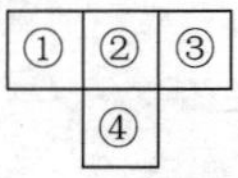

图 B-6 T形方块坐标图 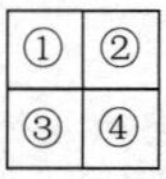　　　图 B-7 T形方块坐标图 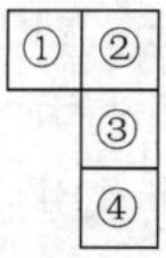　　　图 B-8 L形方块坐标图

7. 反 L 形方块

反 L 形方块对号入座如图 B-9 所示。

$$\{\,\{\,1,\,-1\,\},\quad\{\,0,\,-1\,\},\quad\{\,0,\,0\,\},\quad\{\,0,\,1\,\}\,\}$$
$$①\qquad\qquad②\qquad\qquad③\qquad\qquad④$$

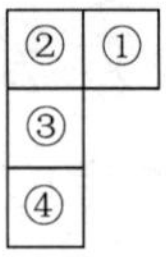

在方块相对坐标基础上加上 x 和 y 的偏移量,就可以在屏幕的不同位置得到相应的方块。完成方块的向左、向右及向下移动。

图 B-9　反 L 形方块坐标图

将方块的相对坐标旋转 90°得到的新坐标就是变形后的坐标。顺时针旋转操作的公式是:

$$x' = -y$$
$$y' = x$$

逆时针旋转操作的公式是:

$$x' = yy$$
$$y' = -x$$

其中,x 和 y 代表旋转前方块的相对坐标,x′和 y′代表旋转后方块的相对坐标。唯一例外的是方形方块,在旋转处理的时候不做处理。

B.3.2　游戏设计说明

1. 预处理

```
#include "windows.h"
#include "time.h"
#include "stdio.h"
```

2. 常量定义

```
#define APP_NAME "TETRIS"
#define APP_TITLE "Tetris Game"
#define GAMEOVER "GAME OVER"
#define SHAPE_COUNT 7
#define BLOCK_COUNT 4
#define MAX_SPEED 5
#define COLUMS 10
#define ROWS 20
#define RED RGB(255,0,0)
#define YELLOW RGB(255,255,0)
#define GRAY RGB(128,128,128)
#define BLACK RGB(0,0,0)
#define WHITE RGB(255,255,255)
#define STONE RGB(192,192,192)
```

```
#define CHARS_IN_LINE 14
#define SCORE "SCORE %4d"
```

3. 全局变量定义

下面是游戏中用到的全局变量。

（1）char score_char[CHARS_IN_LINE] = {0}；　/＊用来显示分数的字符串＊/

（2）char ＊ press_enter = "Press Enter key..."；　/＊游戏结束显示的提示信息＊/

（3）帮助提示信息。

```
char * help[] =
{
    "Press space or up key to transform shape.",
    "Press left or right key to move shape.",
    "Press down key to speed up.",
    "Press enter key to pause game.",
    "Enjoy it. :-)",
    0
};
```

（4）枚举游戏的状态。

```
enum game_state
{
    game_start,
    game_run,
    game_pause,
    game_over
}state = game_start;
```

（5）定义方块的颜色。

```
COLORREF shape_color[] =
{
    RGB(255, 0, 0),
    RGB(0, 255, 0),
    RGB(0, 0, 255),
    RGB(255, 255, 0),
    RGB(0, 255, 255),
    RGB(255, 0, 255),
    RGB(255, 255, 255)
};
```

（6）方块的 7 种类型。

```
int shape_coordinate[SHAPE_COUNT][BLOCK_COUNT][2] =
{
    { { 0, -1 },  { 0, 0 },  { -1, 0 }, { -1, 1 } },
    { { 0, -1 },  { 0, 0 },  { 1, 0 },  { 1, 1 } },
    { { 0, -1 },  { 0, 0 },  { 0, 1 },  { 0, 2 } },
    { { -1, 0 },  { 0, 0 },  { 1, 0 },  { 0, 1 } },
    { { 0, 0 },   { 1, 0 },  { 0, 1 },  { 1, 1 } },
    { { -1, -1 }, { 0, -1 }, { 0, 0 },  { 0, 1 } },
    { { 1, -1 },  { 0, -1 }, { 0, 0 },  { 0, 1 } }
};
```

（7）int score＝0：用来存储得分的变量。

（8）shape next＝0：表示下一个方块。

（9）shape current＝0：表示当前方块。

（10）int current_coordinate[4][2]＝{0}：当前方块的每一部分坐标。

（11）int table[ROWS][COLUMS]＝{0}：游戏桌面。

（12）int shapex＝0：当前方块的 x 坐标。

（13）int shapey＝0：当前方块的 y 坐标。

（14）int speed＝0：方块下移速度。

（15）clock_t start＝0：每一帧开始时间。

（16）clock_t finish＝0：每一帧结束时间。

（17）Windows 绘图用变量。

HWND gameWND：windows 窗口句柄。

HBITMAP memBM：内存位图。

HBITMAP memBMOld：内存原始位图。

HDC memDC：内存 DC。

RECT clientRC：客户端矩形区域。

HBRUSH blackBrush：黑色画笔。

HBRUSH stoneBrush：深灰色画笔。

HBRUSH shapeBrush[SHAPE_COUNT]：方块画笔,7 种方块,每种一个。

HPEN grayPen：灰色画笔。

HFONT bigFont：大字体,用来显示游戏名字和"GAME OVER"。

HFONT smallFont：小字体,用来显示帮助信息等。

4. 主要处理函数

（1）取最大坐标。
函数名称：int maxX()。
函数功能：取得当前方块的最大 x 坐标。
（2）取最小坐标。
函数名称：int minX()。
函数功能：取得当前方块的最小 x 坐标。
（3）逆时针旋转方块。
函数名称：void turn_left()。
函数功能：将当前方块逆时针旋转 90°。
（4）顺时针旋转方块。
函数名称：void turn_right()。
函数功能：将当前方块顺时针旋转 90°。
（5）检查方块是否越界。
函数名称：int out_of_table()。
函数功能：检查当前方块是否超出桌面范围。

（6）旋转方块。

函数名称：void transform()。

函数功能：旋转当前方块。

（7）判断方块能否向左移动。

函数名称：int leftable()。

函数功能：判断当前方块能否向左移动,能移动返回1,否则返回0。

（8）判断方块能否向右移动。

函数名称：int rightable()。

函数功能：判断当前方块能否向右移动,能移动返回1,否则返回0。

（9）判断方块能否向下移动。

函数名称：int downable()。

函数功能：判断当前方块能否向下移动,能移动返回1,否则返回0。

（10）向左移动当前方块。

函数名称：void move_left()。

函数功能：向左移动当前方块。

（11）向右移动当前方块。

函数名称：void move_right()。

函数功能：向右移动当前方块。

（12）向下移动当前方块。

函数名称：void move_down()。

函数功能：向下移动当前方块。

（13）将当前方块固定到桌面上。

函数名称：int add_to_table()。

函数功能：将当前方块固定到桌面上,若返回0,表示游戏结束。

（14）删除填满的行。

函数名称：void remove_full()。

函数功能：删除桌面上填满的行。

（15）创建新游戏。

函数名称：void new_game()。

函数功能：创建一个新游戏。

（16）运行游戏。

函数名称：void run_game()。

函数功能：运行游戏。

（17）操作当前方块。

函数名称：void next_shape()。

函数功能：将下一个方块设为当前方块,并随机生成下一个方块。

（18）取随机数。

函数名称：int random(int seed)。

函数功能：取得一个随机数,例如,random(7)将返回一个 0～6 的随机数。

（19）绘图。

函数名称：void paint()。

函数功能：将内存位图输出到窗口上。

（20）绘制游戏桌面。

函数名称：void draw_table()。

函数功能：绘制游戏桌面。

处理流程：首先用黑色矩形填充桌面背景区，接着判断游戏的状态。如果是开始状态，用黄色字显示游戏开始画面；如果是结束状态，用红色字显示"GAME OVER"。如果是游戏运行状态，则依次绘制游戏桌面、当前方块、下一个方块、得分和游戏帮助等。

① 设定每个方块的宽度。

② 用黑色矩形填充桌面背景区。

③ 判断游戏状态，如果游戏是开始状态，用黄色字显示游戏开始画面；如果游戏是结束状态，用红色字显示"GAME OVER"。

④ 画桌面上残留的方块。

⑤ 画当前的方块。

⑥ 画桌面上的表格线条。

⑦ 画玩家得分。

⑧ 画下一个方块。

⑨ 打印帮助信息。

（21）处理按键。

函数名称：void key_down(WPARAM wParam)

函数功能：处理键盘按下事件。

处理流程：

① 如果游戏状态不是运行状态，则按下 Enter 键，进入游戏运行状态，再按 Enter 键进入暂停状态，即 Enter 键是进行暂停/开始游戏的切换键。

② 游戏运行状态，按向上键（↑）旋转当前方块，按向左键（←）左移当前方块，按向右键（→）右移当前方块，按向下键（↓）下移当前方块。按 Enter 键暂停游戏，再次按空格键则恢复游戏运行状态。

（22）改变窗口大小。

函数名称：void resize()。

函数功能：改变窗口大小时调用的函数。

（23）处理消息。

函数名称：LRESULT CALLBACK WndProc（HWND hwnd，UINT message，WPARAM wParam，LPARAM lParam）。

函数功能：回调函数，用来处理 Windows 消息。

（24）初始化。

函数名称：void initialize()。

函数功能：初始化内存位图、画笔、字体等资源。

（25）释放资源。

函数名称：void finalize()

函数功能：游戏结束时调用该函数释放 initialize 中创建的资源。

（26）入口函数。

函数名称：int WINAPI WinMain（HINSTANCE hInstance，HINSTANCE hPrevInstance，PSTR szCmdLine，int iCmdShow）。

函数功能：Windows 程序的入口，类似于 DOS 程序的 main 函数。

B.4 程序源代码

```c
#include "windows.h"
#include "time.h"
#include "stdio.h"
/* 常量定义 */
#define APP_NAME "TETRIS"
#define APP_TITLE "Tetris Game"
#define GAMEOVER "GAME OVER"
#define SHAPE_COUNT 7
#define BLOCK_COUNT 4
#define MAX_SPEED 5
#define COLUMS 10
#define ROWS 20
#define RED RGB(255, 0, 0)
#define YELLOW RGB(255, 255, 0)
#define GRAY RGB(128, 128, 128)
#define BLACK RGB(0, 0, 0)
#define WHITE RGB(255, 255, 255)
#define STONE RGB(192, 192, 192)
#define CHARS_IN_LINE 14
#define SCORE "SCORE %4d"
/* 全局变量定义 */
char score_char[CHARS_IN_LINE] = {0};
char* press_enter = "Press Enter key...";
/* 帮助提示信息 */
char* help[] =
{
    "按空格键或向上键可以变换形状。",
    "按向左或向右键可以移动形状。",
    "按下键可以加快速度。",
    "按 Enter 键可以暂停游戏。",
    "加油！:-)",
    0
};
/* 自定义枚举类型,定义7种形态的游戏方块 */
typedef enum tetris_shape{
    ZShape = 0,
    SShape,
    LineShape,
    TShape,
    SquareShape,
    LShape,
```

```
        MirroredLShape
}shape;
/* 枚举游戏的状态 */
enum game_state
{
    game_start,
    game_run,
    game_pause,
    game_over
}state = game_start;
/* 定义方块的颜色 */
COLORREF shape_color[] =
{
    RGB(255, 0, 0),
    RGB(0, 255, 0),
    RGB(0, 0, 255),
    RGB(255, 255, 0),
    RGB(0, 255, 255),
    RGB(255, 0, 255),
    RGB(255, 255, 255)
};
/* 方块的 7 种类型 */
int shape_coordinate[SHAPE_COUNT][BLOCK_COUNT][2] =
{
    { { 0, -1 },   { 0, 0 },   { -1, 0 }, { -1, 1 } },
    { { 0, -1 },   { 0, 0 },   { 1, 0 },   { 1, 1 } },
    { { 0, -1 },   { 0, 0 },   { 0, 1 },   { 0, 2 } },
    { { -1, 0 },   { 0, 0 },   { 1, 0 },   { 0, 1 } },
    { { 0, 0 },    { 1, 0 },   { 0, 1 },   { 1, 1 } },
    { { -1, -1 }, { 0, -1 }, { 0, 0 },   { 0, 1 } },
    { { 1, -1 },   { 0, -1 }, { 0, 0 },   { 0, 1 } }
};
int score = 0;                        /* 得分 */
int next = 0;                         /* 下一个方块 */
int current = 0;                      /* 当前方块 */
int current_coordinate[4][2] = { 0 }; /* 当前方块的每一部分坐标 */
int table[ROWS][COLUMS] = {0};        /* 游戏桌面 */
int shapex = 0;                       /* 当前方块的 x 坐标 */
int shapey = 0;                       /* 当前方块的 y 坐标 */
int speed = 0;                        /* 方块下移速度 */
clock_t start = 0;                    /* 每一帧开始时间 */
clock_t finish = 0;                   /* 每一帧结束时间 */
/* Windows 绘图用变量 */
HWND gameWND;                         /* windows 窗口句柄 */
HBITMAP memBM;                        /* 内存位图 */
HBITMAP memBMOld;                     /* 内存原始位图 */
HDC memDC;                            /* 内存 DC */
RECT clientRC;                        /* 客户端矩形区域 */
HBRUSH blackBrush;                    /* 黑色画笔 */
HBRUSH stoneBrush;                    /* 深灰色画笔 */
HBRUSH shapeBrush[SHAPE_COUNT];       /* 方块画笔,7 种方块,每种一个 */
HPEN grayPen;                         /* 灰色画笔 */
HFONT bigFont;                        /* 大字体,用来显示游戏名字和 Game Over */
HFONT smallFont;                      /* 小字体,用来显示帮助信息等 */
```

```
/* 函数声明 */
/* 操作方块函数 */
int maxX();                              /* 取得当前方块的最大 x 坐标 */
int minX();                              /* 取得当前方块的最小 x 坐标 */
void turn_left();                        /* 将当前方块逆时针旋转 90° */
void turn_right();                       /* 将当前方块顺时针旋转 90° */
int out_of_table();                      /* 检查当前方块是否超出桌面范围 */
void transform();                        /* 旋转当前方块 */
int leftable();                          /* 判断当前方块能否左移 */
int rightable();                         /* 判断当前方块能否右移 */
int downable();                          /* 判断当前方块能否下移 */
void move_left();                        /* 向左移动当前方块 */
void move_right();                       /* 向右移动当前方块 */
/* 操作游戏桌面的函数 */
int add_to_table();                      /* 将当前方块固定到桌面上,若返回 0,表示游戏结束 */
void remove_full();                      /* 删除桌面上填满的行 */
/* 控制游戏函数 */
void new_game();                         /* 创建一个新游戏 */
void run_game();                         /* 运行游戏 */
void next_shape();                       /* 将下一个方块设为当前方块,并设置下一个方块 */
int random(int seed);                    /* 取得一个随机数,例如,random(7)将返回一个 0~6 的
随机数 */
/* 绘图函数 */
void paint();                            /* 将内存位图输出到窗口上 */
void draw_table();                       /* 绘制游戏桌面 */

/* 其他功能函数 */
void key_down(WPARAM wParam);            /* 处理按键事件 */
void resize();                           /* 改变窗口大小时调用的函数 */
void initialize();                       /* 初始化 */
void finalize();                         /* 结束时释放资源 */
/* 回调函数,用来处理 Windows 消息 */
LRESULT CALLBACK WndProc (HWND, UINT, WPARAM, LPARAM);
/* 取得当前方块的最大 x 坐标. */
int maxX()
{
    int i = 0;
    int x = current_coordinate[i][0];
    int m = x;
    for (i = 1; i < BLOCK_COUNT; i++)
    {
        x = current_coordinate[i][0];
        if (m < x)
        {
            m = x;
        }
    }
    return m;
}
/* 取得当前方块的最小 x 坐标. */
int minX()
{
    int i = 0;
    int x = current_coordinate[i][0];
```

```c
        int m = x;
        for (i = 1; i < BLOCK_COUNT; i++)
        {
            x = current_coordinate[i][0];
            if (m > x)
            {
                m = x;
            }
        }
        return m;
    }
    /* 将当前方块逆时针旋转90°。 */
    void turn_left()
    {
        int i = 0;
        int x, y;
        for (i = 0; i < 4; i++)
        {
            x = current_coordinate[i][0];
            y = current_coordinate[i][1];
            current_coordinate[i][0] = y;
            current_coordinate[i][1] = - x;
        }
    }
    /* 将当前方块顺时针旋转90°。 */
    void turn_right()
    {
        int i = 0;
        int x, y;
        for(i = 0; i < 4; i++)
        {
            x = current_coordinate[i][0];
            y = current_coordinate[i][1];
            current_coordinate[i][0] = - y;
            current_coordinate[i][1] = x;
        }
    }
    /* 检查当前方块是否超出桌面范围。 */
    int out_of_table()
    {
        int i = 0;
        int x, y;
        for (i = 0; i < 4; i++)
        {
            x = shapex + current_coordinate[i][0];
            y = shapey + current_coordinate[i][1];
            if (x < 0 || x > (COLUMS - 1) || y > (ROWS - 1))
            {
                return 1;
            }
            if (table[y][x])
            {
                return 1;
            }
```

```
        }
        return 0;
    }
    / * 旋转当前方块. * /
    void transform()
    {
        if (current == SquareShape)
        {
            return;
        }
        turn_right();
        if (out_of_table())
        {
            turn_left();
        }
    }
    / * 判断当前方块能否向左移动,能移动返回 1,否则返回 0。 * /
    int leftable()
    {
        int i = 0;
        int x, y;
        for (i = 0; i < 4; i++)
        {
            x = shapex + current_coordinate[i][0];
            y = shapey + current_coordinate[i][1];
            if (x <= 0 || table[y][x - 1] == 1)
            {
                return 0;
            }
        }
        return 1;
    }
    / * 判断当前方块能否向右移动,能移动返回 1,否则返回 0 * /
    int rightable()
    {
        int i = 0;
        int x, y;
        for (i = 0; i < 4; i++)
        {
            x = shapex + current_coordinate[i][0];
            y = shapey + current_coordinate[i][1];
            if (x >= (COLUMS - 1) || table[y][x + 1] == 1)
            {
                return 0;
            }
        }
        return 1;
    }
    / * 判断当前方块能否向下移动,能移动返回 1,否则返回 0。 * /
    int downable()
    {
        int i = 0;
        int x, y;
        for (i = 0; i < 4; i++)
```

```
    {
        x = shapex + current_coordinate[i][0];
        y = shapey + current_coordinate[i][1];
        if (y >= (ROWS - 1) || table[y + 1][x] == 1)
        {
            return 0;
        }
    }
    return 1;
}
/* 向左移动当前方块. */
void move_left()
{
    if (leftable())
    {
        shapex -- ;
    }
}
/* 向右移动当前方块. */
void move_right()
{
    if (rightable())
    {
        shapex++;
    }
}
/* 向下移动当前方块. */
void move_down()
{
    if (downable())
    {
        shapey++;
    }
    else
    {
        if(add_to_table())
        {
            remove_full();
            next_shape();
        }
        else
        {
            state = game_over;
        }
    }
}
/* 将当前方块固定到桌面上,若返回 0,表示游戏结束。 */
int add_to_table()
{
    int i = 0;
    int x, y;
    for (i = 0; i < 4; i++)
    {
        x = shapex + current_coordinate[i][0];
```

```
                y = shapey + current_coordinate[i][1];
                if (y < 0 || table[y][x] == 1)
                {
                    return 0;
                }
                table[y][x] = 1;
            }
            return 1;
        }
/* 删除桌面上填满的行. */
void remove_full()
{
    int c = 0;
    int i, j;
    for (i = ROWS - 1; i > 0; i--)
    {
        c = 0;
        for (j = 0; j < COLUMS; j++)
        {
            c += table[i][j];
        }
        if (c == COLUMS)
        {
            memmove(table[1], table[0], sizeof(int) * COLUMS * i);
            memset(table[0], 0, sizeof(int) * COLUMS);
            score++;
            speed = (score / 100) % MAX_SPEED;
            i++;
        }
        else if (c == 0)
        {
            break;
        }
    }
}
/* 创建一个新游戏。 */
void new_game()
{
    memset(table, 0, sizeof(int) * COLUMS * ROWS);    /* clear table */
    start = clock();                /* init clock */
    next = random(SHAPE_COUNT);     /* init next shape */
    score = 0;
    speed = 0;
}
/* 运行游戏. */
void run_game()
{
    finish = clock();
    if ((finish - start) > (MAX_SPEED - speed) * 100)
    {
        move_down();
        start = clock();
        InvalidateRect(gameWND, NULL, TRUE);
    }
```

```
}
/* 操作当前方块.将下一个方块设为当前方块,并随机生成下一个方块。*/
void next_shape()
{
    current = next;
    memcpy(current_coordinate, shape_coordinate[next], sizeof(int) * BLOCK_COUNT * 2);
    shapex = (COLUMS - ((maxX() - minX()))) / 2;
    shapey = 0;
    next = random(SHAPE_COUNT);
}
/* 取得一个随机数,例如,random(7)将返回一个 0～6 的随机数。*/
int random(int seed)
{
    if (seed == 0)
    {
        return 0;
    }
    srand( (unsigned)time( NULL ) );
    return (rand() % seed);
}
/* 绘图将内存位图输出到窗口上。*/
void paint()
{
    PAINTSTRUCT ps;
    HDC hdc;
    draw_table();
    hdc = BeginPaint(gameWND, &ps);
    BitBlt(hdc, clientRC.left, clientRC.top, clientRC.right, clientRC.bottom, memDC, 0, 0,
SRCCOPY);
    EndPaint(gameWND, &ps);
}
/* 绘制游戏桌面.首先用黑色矩形填充桌面背景区,接着判断游戏的状态,如果是开始状态,用黄字
显示游戏开始画面,
如果是结束状态,用红色字显示 GAME OVER.
如果是游戏运行状态,则依次绘制游戏桌面、当前方块、下一个方块、得分和游戏帮助等. */
void draw_table()
{
    HBRUSH hBrushOld;
    HPEN hPenOld;
    HFONT hFontOld;
    RECT rc;
    int x0, y0, w;
    int x, y, i, j;
    char * str;
    w = clientRC.bottom / (ROWS + 2);        /* 一个方块的宽度 */
    x0 = y0 = w;
    FillRect(memDC, &clientRC, blackBrush); /* 用黑色矩形填充桌面背景区 */
    /* 如果游戏是开始或结束状态 */
    if (state == game_start || state == game_over)
    {
        memcpy(&rc, &clientRC, sizeof(RECT));
        rc.bottom = rc.bottom / 2 ;
        hFontOld = (HFONT)SelectObject(memDC, bigFont);
        SetBkColor(memDC, BLACK);
```

```
            /*如果游戏是开始状态,用黄色字显示游戏开始画面*/
            if (state == game_start)
            {
                str = APP_TITLE;
                SetTextColor(memDC, YELLOW);
            }
            else                        /*如果游戏是结束状态,用红色字显示 GAME OVER*/
            {
                str = GAMEOVER;
                SetTextColor(memDC, RED);
            }
            DrawText(memDC, str, strlen(str), &rc, DT_SINGLELINE | DT_CENTER | DT_BOTTOM);
            SelectObject(memDC, hFontOld);
            hFontOld = (HFONT)SelectObject(memDC, smallFont);
            rc.top = rc.bottom;
            rc.bottom = rc.bottom * 2;
            if (state == game_over)
            {
                SetTextColor(memDC, YELLOW);
                sprintf(score_char, SCORE, score);
                DrawText(memDC, score_char, strlen(score_char), &rc, DT_SINGLELINE | DT_CENTER |
DT_TOP );
            }
            SetTextColor(memDC, STONE);
            DrawText(memDC, press_enter, strlen(press_enter), &rc, DT_SINGLELINE | DT_CENTER | DT
_VCENTER);
            SelectObject(memDC, hFontOld);
            return;
        }
        /*画桌面上残留的方块*/
        hBrushOld = (HBRUSH)SelectObject(memDC, stoneBrush);
        for (i = 0; i < ROWS; i++)
        {
            for (j = 0; j < COLUMS; j++)
            {
                if (table[i][j] == 1)
                {
                    x = x0 + j * w;
                    y = y0 + i * w;
                    Rectangle(memDC, x, y, x + w + 1, y + w + 1);
                }
            }
        }
        SelectObject(memDC, hBrushOld);
        /*画当前的方块*/
        hBrushOld = (HBRUSH)SelectObject(memDC, shapeBrush[current]);
        for(i = 0; i < 4; i++)
        {
            x = x0 + (current_coordinate[i][0] + shapex) * w;
            y = y0 + (current_coordinate[i][1] + shapey) * w;
            if(x < x0 || y < y0)
            {
                continue;
            }
```

```
                    Rectangle(memDC, x, y, x + w + 1, y + w + 1);
                }
                SelectObject(memDC, hBrushOld);
                /* 画桌面上的表格线条 */
                hPenOld = (HPEN)SelectObject(memDC, grayPen);
                for (i = 0; i <= ROWS; i++)
                {
                    MoveToEx(memDC, x0, y0 + i * w, NULL);
                    LineTo(memDC, x0 + COLUMS * w, y0 + i * w);
                }
                for (i = 0; i <= COLUMS; i++)
                {
                    MoveToEx(memDC, x0 + i * w, y0, NULL);
                    LineTo(memDC, x0 + i * w, y0 + ROWS * w);
                }
                SelectObject(memDC, hPenOld);
                /* 玩家得分 */
                x0 = x0 + COLUMS * w + 3 * w;
                y0 = y0 + w;
                hFontOld = (HFONT)SelectObject(memDC, smallFont);      /* 选择字体 */
                SetTextColor(memDC, YELLOW);                            /* 设置字体颜色 */
                sprintf(score_char, SCORE, score);
                TextOut(memDC, x0, y0, score_char, strlen(score_char));/* 输出得分 */
                /* 画下一个方块 */
                y0 += w;
                SetTextColor(memDC, STONE);
                TextOut(memDC, x0, y0, "NEXT", 4);
                x0 = x0 + w;
                y0 += 2 * w;
                hBrushOld = (HBRUSH)SelectObject(memDC, shapeBrush[next]);
                for(i = 0; i < 4; i++)
                {
                    x = x0 + shape_coordinate[next][i][0] * w;
                    y = y0 + shape_coordinate[next][i][1] * w;
                    Rectangle(memDC, x, y, x + w + 1, y + w + 1);
                }
                SelectObject(memDC, hBrushOld);
                /* 打印帮助信息 */
                x0 = (COLUMS + 2) * w;
                y0 += 4 * w;
                SetTextColor(memDC, GRAY);
                i = 0;
                while (help[i])
                {
                    TextOut(memDC, x0, y0, help[i], strlen(help[i]));
                    y0 += w;
                    i++;
                }
                SelectObject(memDC, hFontOld);
            }
```

/* 处理按键
(1) 如果游戏状态不是运行状态,按 Enter 键,进入游戏运行状态,再次按 Enter 键进入暂停状态,即 Enter 键是进行暂停/开始游戏的切换键。
(2) 游戏运行状态,按向上键(↑)旋转当前方块,按向左键(←)左移当前方块,按向右键(→)右移当前方块,按向下键(↓)下移当前方块。
按 Enter 键,暂停游戏,再次按 Enter 键,则恢复游戏运行状态。
*/

```
void key_down(WPARAM wParam)
{
    /* 如果游戏状态不是运行状态,按 Enter 键 */
    if (state != game_run)
    {
        if (wParam == VK_RETURN)
        {
            switch (state)
            {
            case game_start:                    /* 游戏开始状态 */
                next_shape();
                state = game_run;
                break;
            case game_pause:                    /* 游戏暂停状态 */
                state = game_run;
                break;
            case game_over:                     /* 游戏结束状态 */
                new_game();
                next_shape();
                state = game_run;
                break;
            }
        }
    }
    else                                        /* 如果游戏状态是运行状态 */
    {
        switch (wParam)
        {
        case VK_SPACE:
        case VK_UP:
            transform();                        /* 按空格或向上键,旋转当前方块 */
            break;
        case VK_LEFT:
            move_left();                        /* 左移当前方块 */
            break;
        case VK_RIGHT:
            move_right();                       /* 右移当前方块 */
            break;
        case VK_DOWN:
            move_down();                        /* 向下移动当前方块 */
            break;
        case VK_RETURN:
            state = game_pause;                 /* 按 Enter 键,暂停游戏 */
            break;
        }
    }
    InvalidateRect(gameWND, NULL, TRUE);
}
/* 改变窗口大小 */
void resize()
{
```

```
        HDC hdc;
        LOGFONT lf;
        hdc = GetDC(gameWND);
        GetClientRect(gameWND, &clientRC);
        SelectObject(memDC, memBMOld);
        DeleteObject(memBM);
        memBM = CreateCompatibleBitmap(hdc, clientRC.right, clientRC.bottom);
        memBMOld = (HBITMAP)SelectObject(memDC, memBM);
        DeleteObject(bigFont);
        memset(&lf, 0, sizeof(LOGFONT));
        lf.lfWidth = (clientRC.right - clientRC.left) / CHARS_IN_LINE;
        lf.lfHeight = (clientRC.bottom - clientRC.top) / 4;
        lf.lfItalic = 1;
        lf.lfWeight = FW_BOLD;
        bigFont = CreateFontIndirect(&lf);
        DeleteObject(smallFont);
        lf.lfHeight = clientRC.bottom / (ROWS + 2);
        lf.lfWidth = lf.lfHeight / 2;
        lf.lfItalic = 0;
        lf.lfWeight = FW_NORMAL;
        smallFont = CreateFontIndirect(&lf);
        ReleaseDC(gameWND, hdc);
    }
    /* 处理消息回调函数,用来处理 Windows 消息。*/
    LRESULT CALLBACK WndProc (HWND hwnd, UINT message, WPARAM wParam, LPARAM lParam)
    {
        switch (message)
        {
        case WM_SIZE:                           /* 响应改变窗口大小的消息 */
            resize();
            return 0;
        case WM_ERASEBKGND:                     /* 响应重画背景的消息 */
            return 0;
        case WM_PAINT:                          /* 响应画图的消息 */
            paint();
            return 0;
        case WM_KEYDOWN:                        /* 响应按键的消息 */
            key_down(wParam);
            return 0;
        case WM_DESTROY:                        /* 响应销毁窗口的消息 */
            PostQuitMessage(0);
            return 0 ;
        }
        /* 其他消息用 Windows 默认的消息处理函数处理 */
        return DefWindowProc (hwnd, message, wParam, lParam) ;
    }
    /* 初始化内存位图、画笔、字体等资源. */
    void initialize()
    {
        LOGFONT lf;
        HDC hdc;
        int i;
        hdc = GetDC(gameWND);
        GetClientRect(gameWND, &clientRC);      /* 取得窗口客户区大小 */
```

```
    memDC = CreateCompatibleDC(hdc);              /* 创建内存 DC */
    memBM = CreateCompatibleBitmap(hdc, clientRC.right, clientRC.bottom);  /* 创建内存位图 */
    memBMOld = (HBITMAP)SelectObject(memDC, memBM);  /* 将内存位图保存到内存 DC 中 */
    blackBrush = CreateSolidBrush(BLACK);         /* 创建黑色画笔 */
    stoneBrush = CreateSolidBrush(STONE);         /* 创建石头颜色画笔 */
    /* 创建每个方块对应颜色的画笔 */
    for (i = 0; i < SHAPE_COUNT; i++)
    {
        shapeBrush[i] = CreateSolidBrush(shape_color[i]);
    }
    grayPen = CreatePen(PS_SOLID, 1, GRAY);       /* 创建灰色画笔 */
    memset(&lf, 0, sizeof(LOGFONT));
    /* 创建一个大字体 */
    lf.lfWidth = (clientRC.right - clientRC.left) / CHARS_IN_LINE;
    lf.lfHeight = (clientRC.bottom - clientRC.top) / 4;
    lf.lfItalic = 1;
    lf.lfWeight = FW_BOLD;
    bigFont = CreateFontIndirect(&lf);
    /* 创建一个小字体 */
    lf.lfHeight = clientRC.bottom / (ROWS + 2);
    lf.lfWidth = lf.lfHeight / 2;
    lf.lfItalic = 0;
    lf.lfWeight = FW_NORMAL;
    smallFont = CreateFontIndirect(&lf);
    ReleaseDC(gameWND, hdc);                       /* 释放 DC */
}
/* 释放资源：游戏结束时调用该函数释放 initialize 中创建的资源。 */
void finalize()
{
    int i = 0;
    DeleteObject(blackBrush);
    DeleteObject(stoneBrush);
    for (i = 0; i < SHAPE_COUNT; i++)
    {
        DeleteObject(shapeBrush[i]);
    }
    DeleteObject(grayPen);
    DeleteObject(bigFont);
    DeleteObject(smallFont);
    SelectObject(memDC, memBMOld);
    DeleteObject(memBM);
    DeleteDC(memDC);
}
/* 入口函数.
Windows 程序的入口，类似于 DOS 程序的 main 函数。
*/
int WINAPI WinMain (HINSTANCE hInstance, HINSTANCE hPrevInstance,
                    PSTR szCmdLine, int iCmdShow)
{
    MSG msg;
    WNDCLASS wndclass;
```

```
/* 设置窗口样式 */
wndclass.style = CS_HREDRAW | CS_VREDRAW ;
wndclass.lpfnWndProc = WndProc ;
wndclass.cbClsExtra = 0 ;
wndclass.cbWndExtra = 0 ;
wndclass.hInstance = hInstance ;
wndclass.hIcon = LoadIcon (NULL, IDI_APPLICATION) ;
wndclass.hCursor = LoadCursor (NULL, IDC_ARROW) ;
wndclass.hbrBackground = (HBRUSH) GetStockObject (BLACK_BRUSH) ;
wndclass.lpszMenuName = NULL ;
wndclass.lpszClassName = APP_NAME ;
RegisterClass(&wndclass);
/* 创建 Windows 窗口 */
gameWND = CreateWindow(APP_NAME,
    APP_TITLE,
    WS_OVERLAPPEDWINDOW,
    CW_USEDEFAULT,
    CW_USEDEFAULT,
    CW_USEDEFAULT,
    CW_USEDEFAULT,
    NULL, NULL,
    hInstance, NULL);
initialize();
ShowWindow(gameWND, iCmdShow);
UpdateWindow(gameWND);
new_game();
for(;;)
{
    if (state == game_run)
    {
        run_game();
    }
    /* 判断是否有 Windows 消息 */
    if (PeekMessage( &msg, NULL, 0, 0, PM_NOREMOVE ))
    {
        if (GetMessage (&msg, NULL, 0, 0))
        {
            TranslateMessage(&msg);
            DispatchMessage(&msg);
        }
        else
        {
            break;
        }
    }
}
finalize();
return msg.wParam ;
}
```

B.5 程序运行情况

　　游戏运行后,首先进入欢迎主界面,如图 B-10 所示。在欢迎主界面中按任意键进入俄罗斯方块游戏,游戏界面如图 B-11 和图 B-12 所示。游戏结束界面如图 B-13 所示。

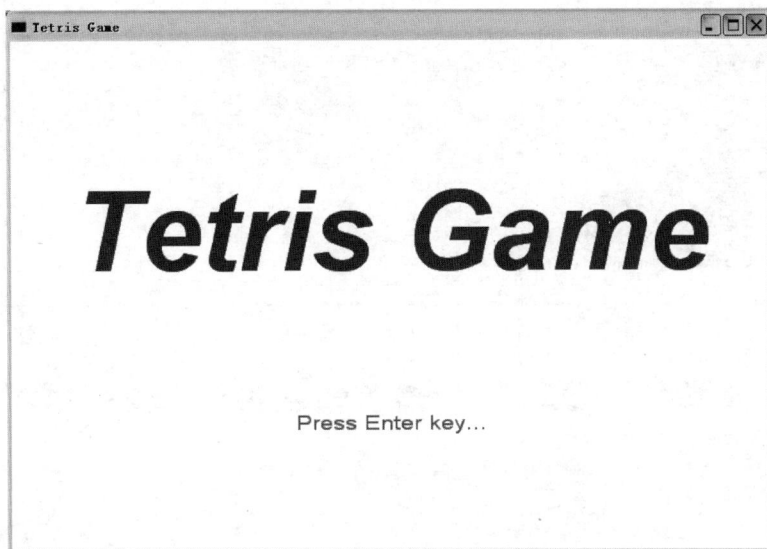

图 B-10　俄罗斯方块欢迎主界面

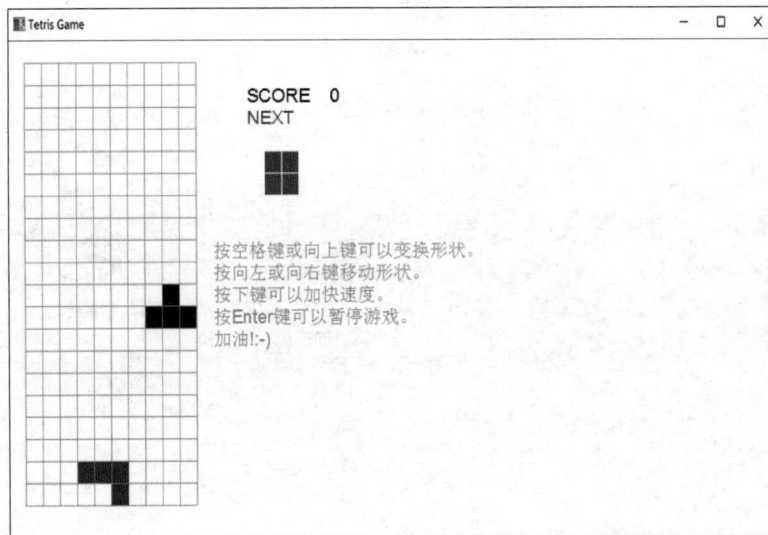

图 B-11　俄罗斯方块游戏界面 1

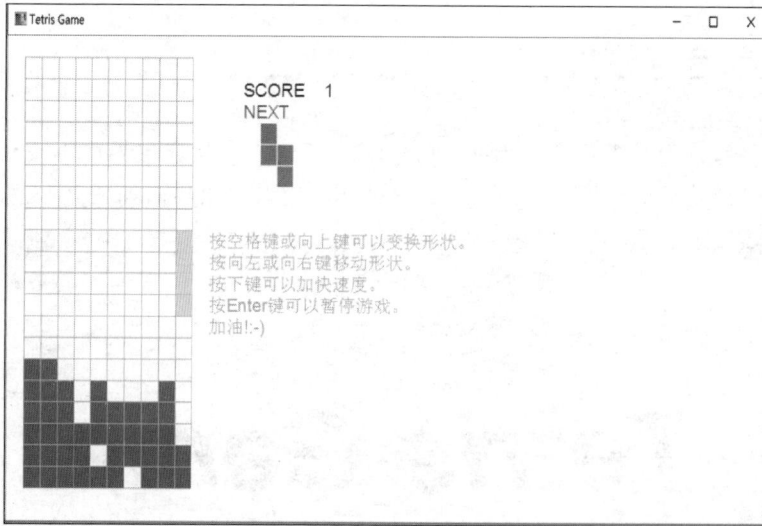

图 B-12　俄罗斯方块游戏界面 2

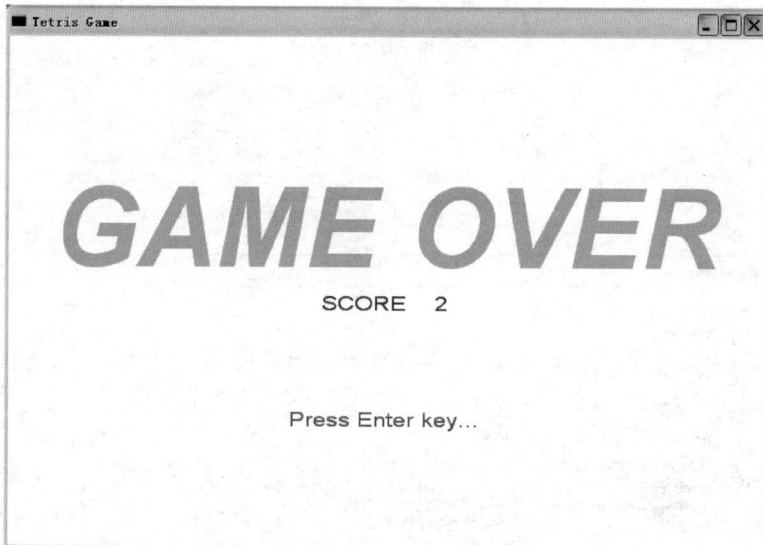

图 B-13　游戏结束界面

常用字符与ASCII代码对照表

常用字符与 ASCII 代码对照表如表 C-1 所示。

表 C-1　常用字符与 ASCII 代码对照表

ASCII 值	字符	名称	ASCII 值	字符	ASCII 值	字符	ASCII 值	字符
0	（null）	null	32	（space）	64	@	96	、
1	☺	SOH	33	!	65	A	97	a
2	●	STX	34	"	66	B	98	b
3	♥	ETX	35	#	67	C	99	c
4	◆	EOT	36	$	68	D	100	d
5	♣	ENQ	37	%	69	E	101	e
6	♠	ACK	38	&	70	F	102	f
7	（嘟声）	BEL	39	,	71	G	103	g
8	■	BS	40	(	72	H	104	h
9	（记忆）	HT	41	)	73	I	105	i
10	（换行）	LF	42	*	74	J	106	j
11	（起始位置）	VT	43	+	75	K	107	k
12	（换页）	FF	44	,	76	L	108	l
13	（回车）	CR	45	-	77	M	109	m
14	♫	SO	46	.	78	N	110	n
15	¤	SI	47	/	79	O	111	o
16	▶	DLE	48	0	80	P	112	p
17	◀	DC1	49	1	81	Q	113	q
18	↕	DC2	50	2	82	R	114	r
19	‖	DC3	51	3	83	S	115	s
20	¶	DC4	52	4	84	T	116	t
21	§	NAK	53	5	85	U	117	u
22	▬	SYN	54	6	86	V	118	v
23	↨	ETB	55	7	87	W	119	w
24	↑	CAN	56	8	88	X	120	x
25	↓	EM	57	9	89	Y	121	y
26	→	SUB	58	:	90	Z	122	z
27	←	ESC	59	;	91	[	123	{
28	∟	FS	60	<	92	\	124	|
29	◆	GS	61	=	93	]	125	}
30	▲	RS	62	>	94	^	126	~
31	▼	US	63	?	95	—	127	DEL

附录 D

库函数

库函数并不是 C 语言的一部分,它是由人们根据需要编制并提供给用户使用的。每一种 C 编译系统都提供了一批库函数,不同的编译系统所提供的库函数的数目和函数名以及函数功能是不完全相同的。ANSI C 标准提出了一批建议提供的标准库函数。它包括目前多数 C 编译系统所提供的库函数,但也有一些是某些 C 编译系统未曾实现的。考虑到通用性,本书列出 ANSI C 标准建议提供的、常用的部分库函数。对多数 C 编译系统,可以使用这些函数的绝大部分。由于 C 库函数的种类和数目很多(例如,还有屏幕和图形函数、时间日期函数、与系统有关的函数等,每一类函数又包括各种功能的函数),本附录不能全部介绍,只从教学需要的角度列出最基本的函数。读者在编制 C 程序时可能要用到更多的函数,请查阅所用系统的手册。

1. 数学函数

使用数学函数时,应该在源文件中使用 #include "math.h",如表 D-1 所示。

表 D-1　数学函数

函数名	函数类型和形参类型	功　　能	返回值	说明
acos	double acos(x) double x;	计算反余弦 arccos(x)的值	计算结果	应在 -1~1 范围内
asin	double asin(x) double x;	计算反正弦 arcsin(x)的值	计算结果	应在 -1~1 范围内
atan	double atan(x) double x;	计算反正切 arctan(x)的值	计算结果	
atan2	double atan2(x) double x;	计算 arctan(y/x)的值	计算结果	
cos	double cos(x) double x;	计算余弦 cos(x)的值	计算结果	x 的单位为弧度
cosh	double cosh(x) double x;	计算 x 的双曲余弦 cosh(x)的值	计算结果	
exp	double exp(x) double x;	计算指数 e^x 的值	计算结果	
fabs	double fabs(x) double x;	计算 x 的绝对值	计算结果	

续表

函数名	函数类型和形参类型	功 能	返回值	说明
floor	double floor(x) double x;	求出不大于 x 的最大整数	该整数的双精度实数	
fmod	double fmod(x,y) double x;	求整除 x/y 的余数	返回余数的双精度实数	
frexp	double frexp(val,eptr) double val; int * eptr;	把双精度数 val 分解为数字部分（尾数）x 和以 2 为底的指数 n,存放在 eptr 指向的变量中	返回数字部分	
log	double log(x) double x;	求自然对数 ln(x)的值	计算结果	
log10	double log10(x) double x;	求以 10 为底的对数 lg(x)的值	计算结果	
modf	double modf(val,iptr) double val; double iptr;	把双精度数 val 分解为整数部分和小数部分,把整数部分存放在 iptr 指向的单元	小数部分	
pow	double pow(x,y) double x,y;	求 x^y 的值	计算结果	
sin	double sin(x) double x;	计算正弦函数 sin(x)的值	计算结果	
sinh	double sinh(x) double x;	计算 x 的双曲正弦函数 sinh(x)的值	计算结果	
sqrt	double sqrt(x) double x;	计算 x 的平方根	计算结果	
tan	double tan(x) double x;	计算正切函数 tan(x)的值	计算结果	
tanh	double tanh(x) double x;	计算 x 的双曲正切函数 tanh(x)的值	计算结果	

2. 字符函数和字符串函数

ANSI C 标准要求在使用字符串时要包含头文件 string.h,在使用字符函数时要包含头文件 ctype.h,如表 D-2 所示。

表 D-2　字符函数和字符串函数

函数名	函数类型和形参类型	功 能	返回值	包含文件
isalnum	int isalnum(ch) int ch;	检查 ch 是否是字母（alpha）或数字（numeric）	是字母或数字返回 1;否则返回 0	ctype.h
isalpha	int isalpha(ch) int ch;	检查 ch 是否是字母字符	是返回 1; 不是,返回 0	ctype.h
iscntrl	int iscntrl(ch) int ch;	检查 ch 是否是控制字符（其 ASCII 码在 0x7f 或 0x00 和 0x1f 之间）	是返回 1; 不是,返回 0 （不包括空格）	ctype.h

续表

函数名	函数类型和形参类型	功　　能	返回值	包含文件
isdigit	int isdigit(ch) int ch;	检查 ch 是否是数字(0～9)	是返回 1; 不是,返回 0	ctype. h
isgraph	int isgraph(ch) int ch;	检查 ch 是否是可打印字符(其 ASCII 码在 0x21～0x7e 之间)	是返回 1; 不是,返回 0	ctype. h
islower	int islower(ch) int ch;	检查 ch 是否是小写字母(a～z)	是返回 1; 不是,返回 0	ctype. h
isprint	int isprint(ch) int ch;	检查 ch 是否是可打印字符(其 ASCII 码在 0x21～0x7e 之间)	是返回 1; 不是,返回 0	ctype. h
ispunct	int ispunct(ch) int ch;	检查 ch 是否是标点字符(不包括空格),即除字母、数字和空格以外的所有可打印字符	是返回 1; 不是,返回 0	ctype. h
isspace	int isspace(ch) int ch;	检查 ch 是否是空格、跳格符(制表符)或换行符	是返回 1; 不是,返回 0	ctype. h
isupper	int isupper(ch) int ch;	检查 ch 是否是大写字母(A～Z)	是返回 1; 不是,返回 0	ctype. h
isxdigit	int isxdigit(ch) int ch;	检查 ch 是否是十六进制数(即 0～9,A～F, a～f)	是返回 1; 不是,返回 0	ctype. h
strcat	char * strcat(str1,str2) char * str1, * str2;	把字符串 str2 接到 str1 后面,str1 最后面的'\0'被取消	str1	string. h
strchr	char * strchr(str,ch) char * str; int ch;	找出 str 指向的字符串中第一次出现字符 ch 的位置	返回指向该位置的指针,如找不到,则返回空指针	string. h
strcmp	int strcmp(str1,str2) char * str1, * str2;	比较两个字符串 str1、str2	str1 < str2,返回负数 str1＝str2,返回 0 str1 > str2,返回正数	string. h
strcpy	char * strcpy(str1,str2) char * str1, * str2;	把字符串 str2 指向的字符串复制到 str1 中	返回 str1	string. h
strlen	unsigned int strlen(str) char * str;	统计字符串 str 中字符的个数(不包括终止符'\0')	返回字符个数	string. h
strstr	char * strstr(str1,str2) char * str1, * str2;	找出 str2 字符串在 str1 字符串中第一次出现的位置(不包括 str2 的串结束符)	返回该位置的指针。如找不到,返回空指针	string. h
tolower	int tolower(ch) intch;	把 ch 字符转换为小写字母	返回 ch 所代表的字符的小写字母	string. h
toupper	int toupper(ch) int ch;	把 ch 字符转换为大写字母	与 ch 字符相对应的大写字母	string. h

3. 输入/输出函数

使用如表 D-3 所示的输入/输出函数,应该把 stdio.h 头文件包含到源程序文件中。

表 D-3 输入/输出函数

函数名	函数类型和形参类型	功　　能	返回值	说明
clearerr	void clearerr(fp) FILE * fp;	清除文件指针错误指示器	无	
fclose	int fclose(fp) FILE * fp;	关闭所指的文件,释放文件缓冲区	有错则返回非零值,否则返回 0	
feof	int feof(fp) FILE * fp;	检查文件是否结束	遇文件结束符返回非零值,否则返回 0	
fgetc	int fgetc(fp) FILE * fp;	从 fp 所指定的文件中取得下一个字符	返回所得到的字符。若读入有错,返回 EOF	
fgets	int fgets(buf,n,fp) char * buf; int n; FILE * fp;	从 fp 所指向的文件读取一个长度为 n−1 的字符串,存入起始地址为 buf 的空间	返回地址 buf,若遇文件结束或出错,返回 NULL	
fopen	FILE * fopen(filename,mode) char * filename, * mode;	以 mode 指定的方式打开名为 filename 的文件	成功,返回一个文件指针(文件信息区的起始地址),否则返回 0	
fprintf	int fprintf(fp, format, args,…) FILE * fp; char * format;	把 args 的值以 format 指定的格式输出到 fp 所指的文件中	实际输出的字符数	
fputc	int fputc(ch,fp) char ch; FILE * fp;	将字符 ch 输出到 fp 指定的文件中	成功,则返回该字符;否则返回 EOF	
fputs	int fputs(str,fp) char * str; FILE * fp;	将 str 指向的字符串输出到 fp 指定的文件中	返回 0,若出错则返回非零值	
fread	int fread(pt,size,n,fp) char * pt; unsigned size,n; FILE * fp;	从 fp 所指定的文件中读取长度为 size 的 n 个数据项,存到 pt 所指向的内存区	返回所读的数据项的个数,如遇文件结束或出错则返回 0	
fscanf	int fscanf(fp, format, args,…) FILE * fp; char * format;	从 fp 指定的文件中按 format 给定的格式将输入数据送到 args 所指向的内存单元(args 是指针)	输入的数据个数	

续表

函数名	函数类型和形参类型	功　能	返回值	说明
fseek	int fseek(fp,offset,base) FILE * fp; long offset; int base;	将 fp 所指向的文件位置指针移动以 base 所指出的位置为基准、以 offset 为位移量的位置	返回当前位置,否则返回—1	
ftell	long ftell(fp) FILE * fp	返回 fp 所指向的文件中的读/写位置	返回 fp 所指向的文件中的读/写位置	
fwrite	int fwrite(ptr,size,n,fp) char * ptr; unsigned size,n; FILE * fp;	把 ptr 所指向的 n×size 个字符输出到 fp 所指向的文件中	写到 fp 文件中的数据项的个数	
getc	int getc(fp) FILE * fp	从 fp 所指向的文件中读入一个字符	返回所读的字符,若文件结束或出错,返回 EOF	
getchar	int getchar(void)	从标准输入设备读取下一个字符	所读的字符,若文件结束或出错,返回—1	
getw	int getw(fp) FILE * fp	从 fp 所指向的文件中读取下一个字(整数)	输入的整数。若文件结束或出错,返回—1	非 ANSI 标准
printf	int printf（format, args,…） char * format;	将输出表列 args 的值输出到标准输出设备	输出字符的个数,若出错,返回负数	format 可以是一个字符串或字符数组的起始地址
putc	int putc(ch,fp) char ch; FILE * fp;	把一个字符 ch 输出到 fp 指定的文件中	输出的字符 ch,若出错,返回 EOF	
putchar	int putchar(ch) char ch;	把字符 ch 输出到标准的输出设备	输出的字符 ch,若出错,返回 EOF	
puts	int puts(str) char * str;	把 str 指向的字符串输出到标准输出设备,将'\0'转换为回车换行	返回换行符,若失败,返回 EOF	
putw	int putw(w,fp) int w; FILE * fp;	将一个整数 w(即一个字)输出到 fp 指定的文件中	返回输出的整数,若出错,返回 EOF	
rename	int rename(oldname,newname) char * oldname, * newname;	把由 oldname 所指的文件名改为由 newname 所指的文件名	成功返回 0,出错返回—1	
rewind	int rewind(fp) FILE * fp	将 fp 指示的文件中的位置指针置于文件开头位置,并清除文件结束标志和错误标志	无	

续表

函数名	函数类型和形参类型	功　能	返回值	说明
scanf	int scanf (format, args,…) char * format;	从标准输入设备按 format 指向的格式字符串规定的格式,输入数据给 args 所指向的单元	读入并赋给 args 的数据个数。遇文件结束返回 EOF,出错返回 0	

4.动态存储分配函数

ANSI 标准建议设 4 个有关的动态存储分配的函数(如表 D-4 所示),即 calloc()、malloc()、free()、realloc()。实际上,许多 C 编译系统实现时往往增加了一些其他函数。ANSI 标准建议在"stdlib.h"头文件中包含有关的信息,但许多 C 编译系统要求用"malloc.h"而不是"stdlib.h"。读者在使用时应查阅有关手册。

ANSI 标准要求动态分配系统返回 void 指针。void 指针具有一般性,它们可以指向任何类型的数据,但目前绝大多数 C 编译系统所提供的这类函数都返回 char 指针。无论是以上两种情况的哪一种,都需要用强制转换的方法把 char 指针转换成所需的类型。

表 D-4　动态存储分配函数

函数名	函数类型和形参类型	功　能	返　回　值
calloc	void(或 char) * calloc(n,size) unsigned n,size;	分配 n 个数据项的内存连续空间,每个数据项的大小为 size	分配内存单元的起始地址,如不成功,返回 0
free	void free(p) void(或 char) * p;	释放 p 所指的内存区	无
malloc	void(或 char) * malloc(size) unsigned size;	分配 size 字节的存储区	所分配的内存区,如内存不够,返回 0
realloc	void(或 char) * realloc(p,size) void(或 char) * p; unsigned size;	将 p 所指的已分配内存区的大小改为 size。size 可以比原来分配的空间大或小	返回指向该内存区的指针

参 考 文 献

［1］ 梁旭,谷晓琳,黄明,等.C 语言课程设计[M].3 版.北京：清华大学出版社,2015.

［2］ 李瑞,戚海英,刘月凡.C 程序设计基础[M].4 版.北京：清华大学出版社,2019.

［3］ 吴绍根,黄达峰.C 语言程序设计案例教程[M].北京：清华大学出版社,2018.